Adobe Premiere Pro CC 影视后期设计与制作

主　编　付银生
副主编　侯艳芳

北京希望电子出版社
Beijing Hope Electronic Press
www.bhp.com.cn

内容简介

本书以应用案例的讲解为主，以理论知识的阐述为辅，对 Premiere Pro CC 2019 软件进行了全面介绍。全书共 10 章，分别讲解了 Premiere 上手必学、素材处理、视频剪辑、关键帧和蒙版的应用、文字的应用、视频过渡效果、视频特效、调色、音频特效、项目的渲染输出等内容。每章最后都安排了两个有针对性的上手实操，以供练习使用。

本书结构合理，用语通俗，图文并茂，易教易学，适合作为影视后期相关课程的教材，也可作为广大视频剪辑爱好者和各类技术人员的参考用书。

图书在版编目（CIP）数据

Adobe Premiere Pro CC 影视后期设计与制作 / 付银生主编. -- 北京 : 北京希望电子出版社, 2022.4

ISBN 978-7-83002-817-6

Ⅰ. ①A… Ⅱ. ①付… Ⅲ. ①视频编辑软件 Ⅳ.TP317.53

中国版本图书馆 CIP 数据核字(2022)第 043886 号

出版：北京希望电子出版社
地址：北京市海淀区中关村大街 22 号
中科大厦 A 座 10 层
邮编：100190
网址：www.bhp.com.cn
电话：010-82620818（总机）转发行部
010-82626237（邮购）
传真：010-62543892
经销：各地新华书店

封面：库倍科技
编辑：付寒冰
校对：石文涛
开本：787mm×1092mm 1/16
印张：16.75
字数：397 千字
印刷：北京昌联印刷有限公司
版次：2023 年 1 月 1 版 2 次印刷

定价：59.80 元

计算机、互联网、移动网络技术的迭代更新为数字创意产业提供了硬件和软件基础，而Adobe、Corel、Autodesk等企业提供了先进的软件和服务支撑。数字创意产业的飞速发展迫切需要大量熟练掌握相关技术的从业者。2020年，中国第一届职业技能大赛将平面设计技术、网站设计与开发、3D数字游戏艺术、CAD机械设计等技术列入竞赛项目，这一举措引领了高技能人才的培养方向。

职业院校是培养数字创意技能人才的主力军。为了培养数字创意产业发展所需的高素质技能人才，我们组织了一批具备较强教科研能力的院校教师和富有实战经验的设计师，共同策划编写了本书。本书注重数字技术与美学艺术的结合，以实际工作项目为脉络，旨在使读者能够掌握视觉设计、创意设计、数字媒体应用开发、内容编辑等方面的技能，成为具备创新思维和专业技能的复合型人才。

写/作/特/色

1．项目实训，培养技能人才

对接职业标准和工作过程，以实际工作项目组织编写，注重专业技能与美学艺术的结合，重点培养学生的创新思维和专业技能。

2．内容全面，注重学习规律

将数字创意软件的常用功能融入实际案例，便于知识点的理解与吸收；采用“案例精讲→边用边学→经验之谈→上手实操”编写模式，符合轻松易学的学习规律。

3．编写专业，团队能力精湛

选择具备先进教育理念和专业影响力的院校教师、企业专家参与教材的编写工作，充分吸收行业发展中的新知识、新技术和新方法。

4．融媒体教学，随时随地学习

教材知识、案例视频、教学课件、配套素材等教学资源相互结合，互为补充；二维码轻松扫描，随时随地观看视频，实现泛在学习。

课/时/安/排

全书共10章，建议总课时为64课时，具体安排如下：

章　节	内　　容	理论教学	上机实训
第 1 章	Premiere 上手必学	2 课时	2 课时
第 2 章	素材处理	2 课时	2 课时
第 3 章	视频剪辑	4 课时	4 课时
第 4 章	关键帧和蒙版的应用	4 课时	4 课时
第 5 章	文字的应用	2 课时	2 课时
第 6 章	视频过渡效果	4 课时	4 课时
第 7 章	视频特效	4 课时	4 课时
第 8 章	调色	4 课时	4 课时
第 9 章	音频特效	4 课时	4 课时
第 10 章	项目的渲染输出	2 课时	2 课时

本书结构合理，讲解细致，特色鲜明，侧重于综合职业能力与职业素质的培养，融“教、学、做”于一体，适合应用型本科院校、职业院校、培训机构作为教材使用。为方便教学，我们还为用书教师提供了与书中内容同步的教学资源包（包括课件、素材、视频等）。

本书由付银生担任主编，侯艳芳担任副主编，由于水平有限，书中疏漏之处在所难免，希望读者朋友批评指正。

编　者

2022年8月

CONTENTS

目录

第1章 Premiere上手必学

第2章 素材处理

第3章 视频剪辑

第7章 视频特效

第8章 调色

第9章 音频特效

第10章 项目的渲染输出

第1章 Premiere上手必学

内容概要

Premiere软件主要用于视频剪辑，也可制作简单的视频特效。本章将介绍针对Premiere的一些基础知识。通过本章的学习，可以帮助读者了解视频剪辑的一些相关知识，对Premiere软件有一定的了解。

知识要点

- 熟悉常用术语。
- 认识Premiere的工作界面。
- 学会设置工作区内容。
- 了解相关软件知识。

数字资源

【本章案例素材来源】：“素材文件\第1章”目录下

【本章案例最终文件】：“素材文件\第1章\案例精讲\制作我的第一个小视频.prproj”

案例精讲 制作我的第一个小视频

Premiere软件的主要功能是剪辑视频。下面介绍利用Premiere软件制作视频的操作过程。

扫码观看视频

步骤01 启动Premiere软件，在弹出的“主页”对话框中单击“新建项目”按钮，打开“新建项目”对话框，如图1-1所示。

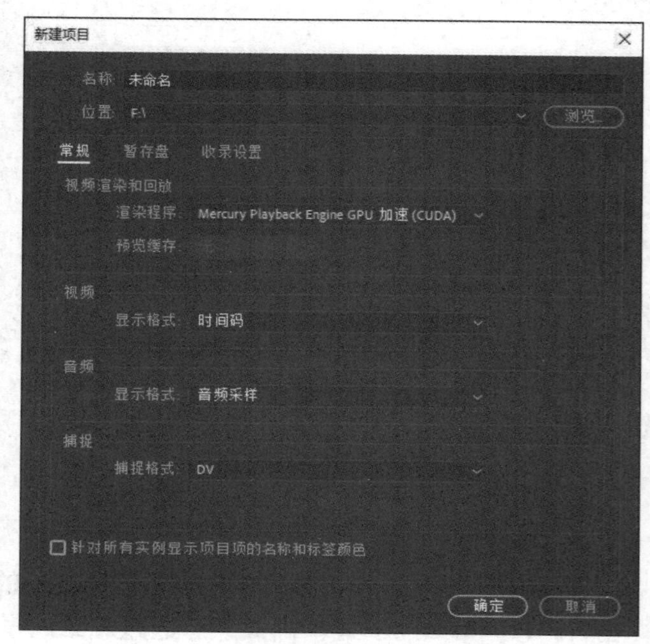

图 1-1

步骤02 在弹出的“新建项目”对话框中设置名称、位置等，完成后单击“确定”按钮即可新建项目，如图1-2所示。

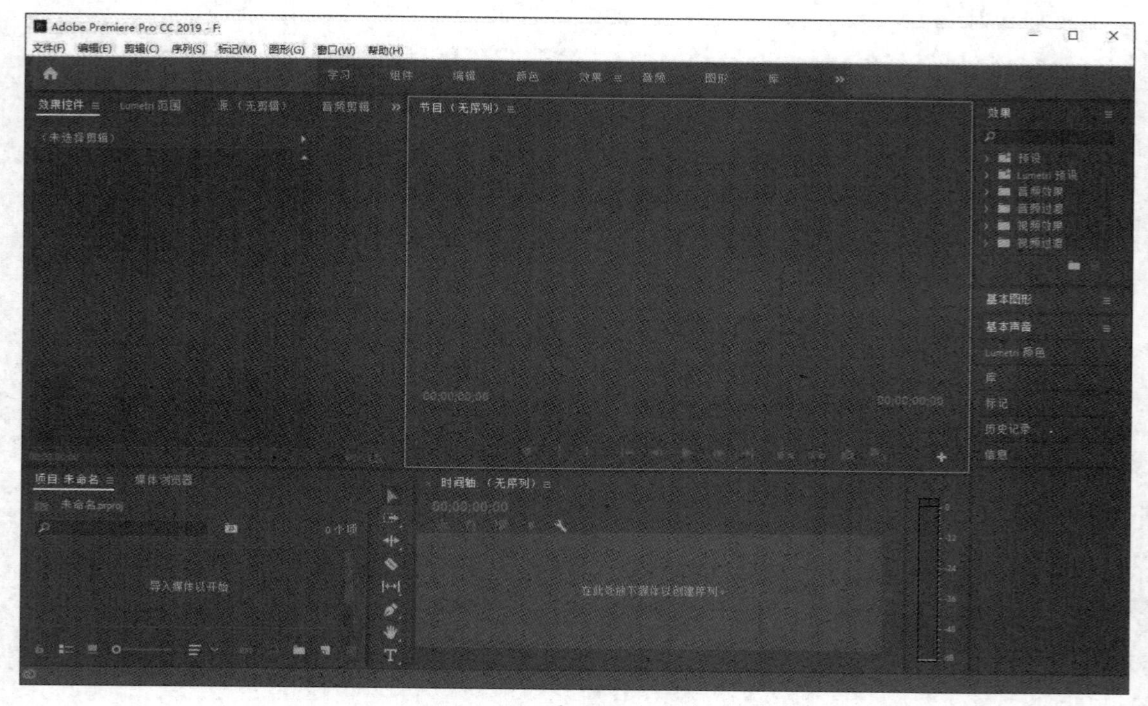

图 1-2

步骤03 执行“文件”→“新建”→“序列”命令，在弹出的“新建序列”对话框中选择合适的预设，切换至“设置”选项卡调整参数，如图1-3所示。

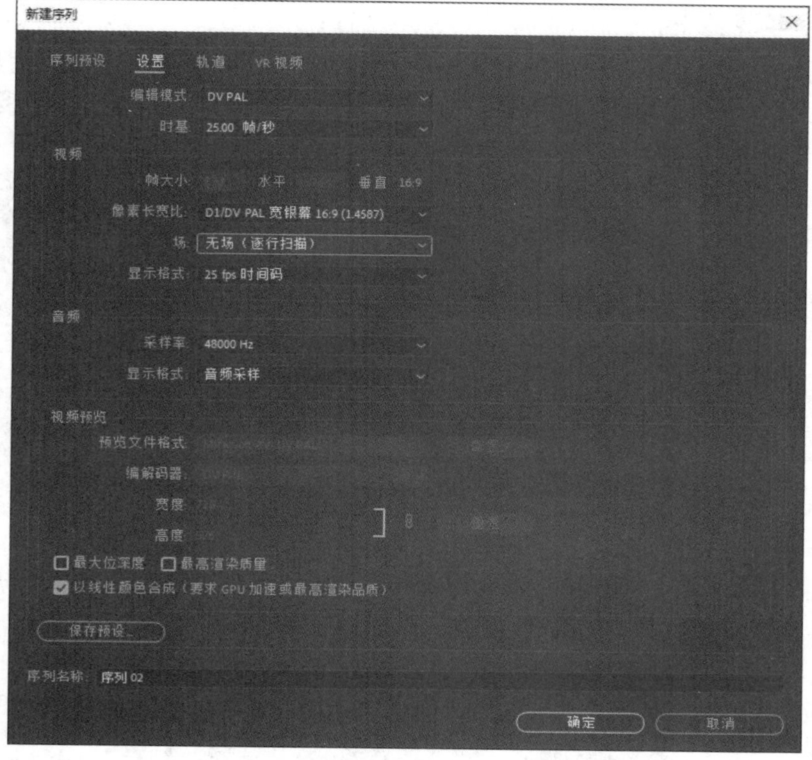

图 1-3

步骤04 完成后单击“确定”按钮即可新建序列，如图1-4所示。

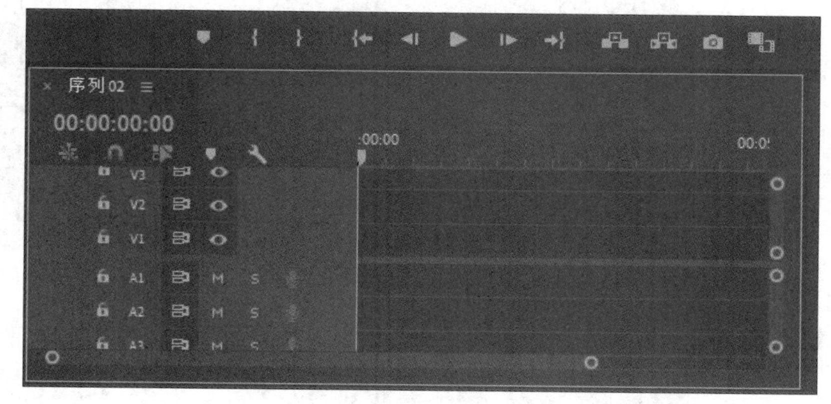

图 1-4

步骤05 执行“文件”→“导入”命令，在弹出的“导入”对话框中选中要导入的素材文件，单击“打开”按钮，导入素材文件，如图1-5所示。

图 1-5

步骤06 选中“项目”面板中的视频素材，拖动至“时间轴”面板中的V1轨道中，在弹出的“剪辑不匹配警告”对话框中单击“保持现有设置”按钮，效果如图1-6所示。

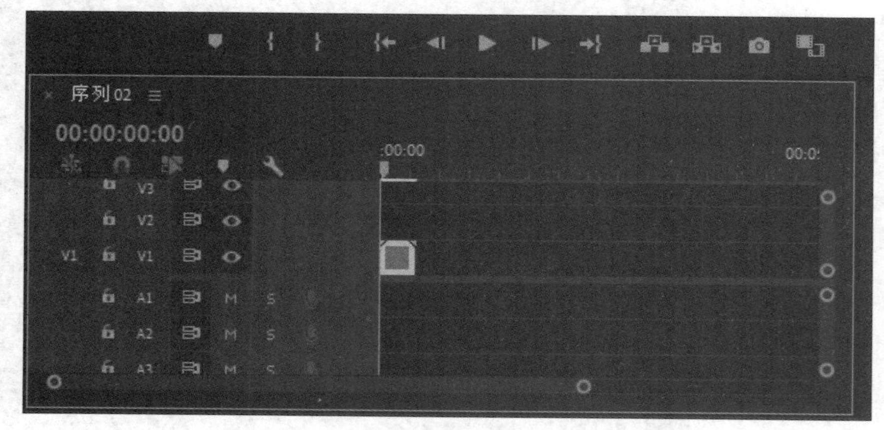

图 1-6

步骤07 选中“时间轴”面板中的视频素材，右击，在弹出的快捷菜单中选择“缩放为帧大小”选项，将素材文件缩放至合适大小，如图1-7所示。

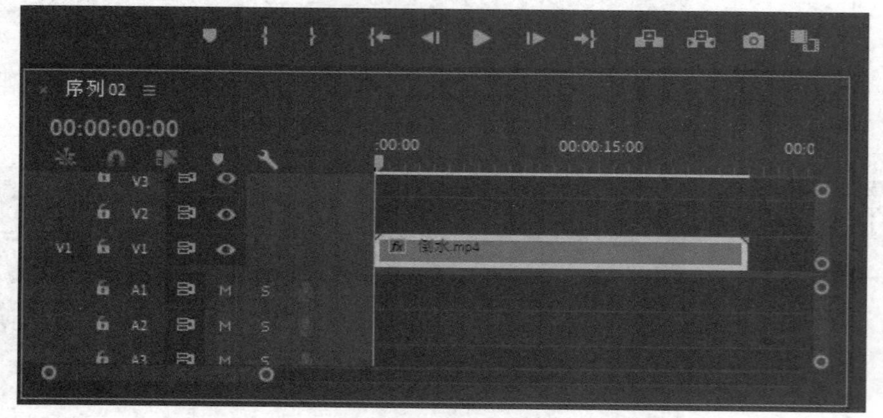

图 1-7

步骤08 拖动“项目”面板中的音频素材至“时间轴”面板中的A1轨道中，如图1-8所示。

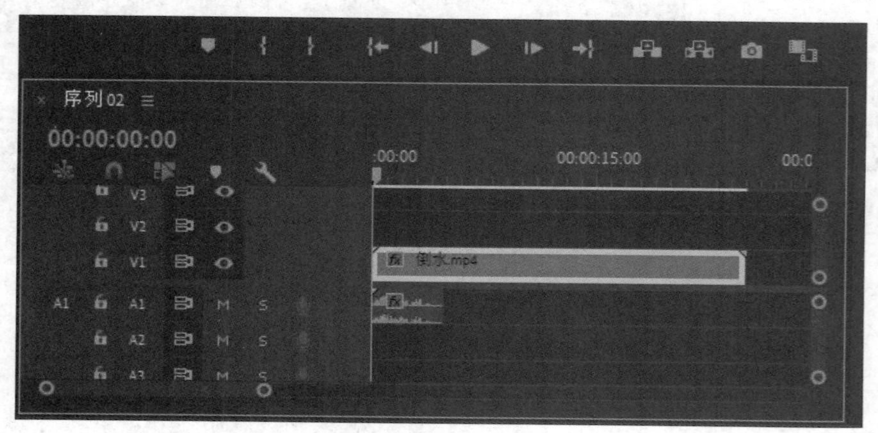

图 1-8

步骤09 选中“时间轴”面板中的视频素材，右击，在弹出的快捷菜单中选择“速度/持续时间”选项，在弹出的“剪辑速度/持续时间”对话框中设置持续时间与音频一致，如图1-9所示。完成后单击“确定”按钮，效果如图1-10所示。

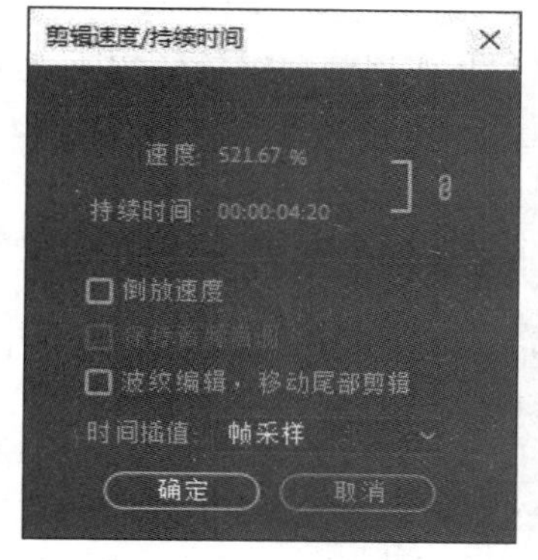

图 1-9

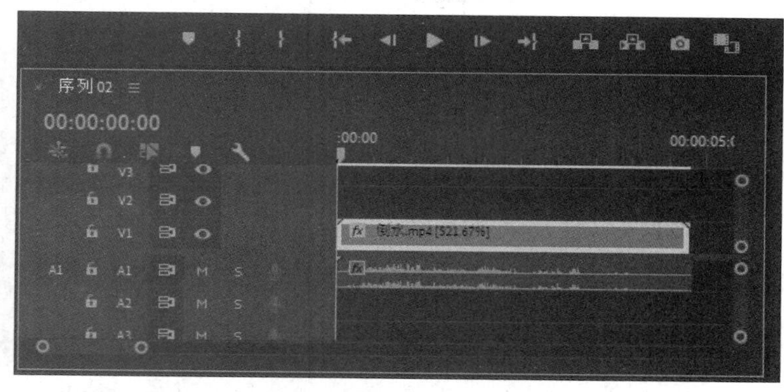

图 1-10

步骤10 执行“文件”→“另存为”命令，在弹出的“保存项目”对话框中设置文件名和存储位置等，完成后单击“保存”按钮即可保存项目文件，如图1-11所示。

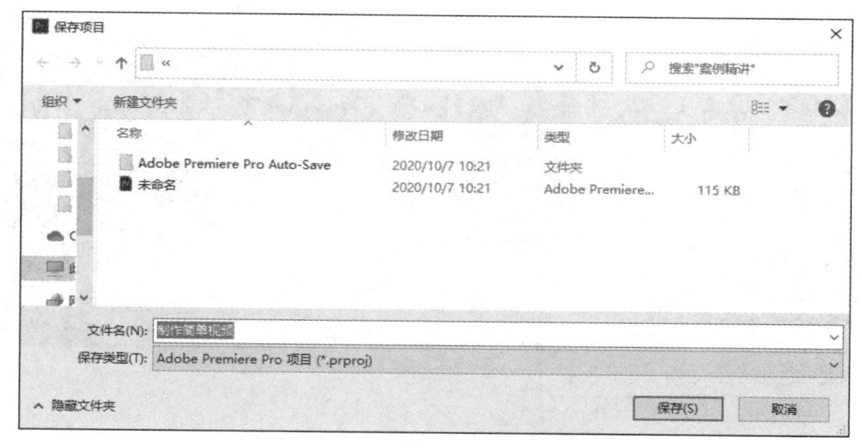

图 1-11

到这里就完成了一个简单视频的制作。

你学会了吗？

边用边学

1.1 认识Premiere软件

Premiere软件是Adobe公司出品的一款专业视频剪辑软件，与其他视频剪辑软件相比，Premiere软件的编辑画面质量较好，且有较好的兼容性，又方便与Adobe公司旗下的其他软件相互协作，因此被广泛应用于广告制作、电视节目制作、专业视频数码处理等领域。如图1-12所示为Premiere制作的视频效果。

图 1-12

1.2 熟悉常用术语

为了更好地学习Premiere软件，读者可以在学习Premiere软件之前先熟悉影视后期制作过程中的常见术语。下面将针对一些常见术语进行介绍。

1.2.1 帧

帧是影像动画中最小的时间单位，每一帧都是静止的图像，一系列的单个图片组成常见的活动画面。通常来说，帧速率（fps）是指画面中每秒刷新图片的帧数，即影像动画的画面数，数值越大，播放越流畅。

1.2.2 分辨率

分辨率是指屏幕图像的精密度，即显示器所能显示的像素的多少，显示器中可显示的像素越多，画面就越精细。一般常用于视频的分辨率有720P、1 080P、2K和4K等。

1.2.3 电视制式

电视制式即电视信号的标准，世界上主要使用的电视制式分为PAL、NTSC和SECAM 3种。我国大部分地区使用的电视制式为PAL制式。

其中，PAL制式的标准分辨率为1 024×576，帧速率为25 fps；NTSC制式的标准分辨率为853×480，帧速率为29.97 fps；SECAM制式的标准分辨率为720×576，帧速率为25 fps。启动Premiere软件后，按Ctrl+N组合键可以在弹出的“新建序列”对话框中选择预设好的制式类型，如图1-13所示。

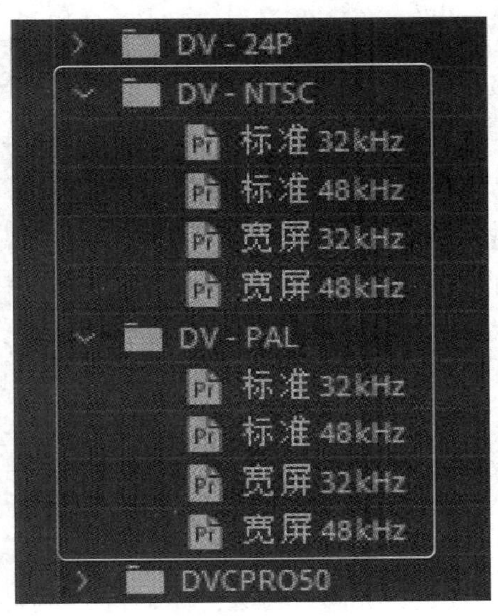

图 1-13

1.2.4 场

场是电视系统中的另一个概念。在采用隔行扫描方式进行播放的设备中，每一帧画面都会被拆分进行显示，而拆分后得到的残缺画面就称为“场”。

场以水平线分割的方式保存帧的内容，在显示时先显示第一个场的交错间隔内容，然后再选择第二个场来填充第一个场留下的缝隙，这些场依顺序显示在NTSC制式或PAL制式的监视器上，产生高质量的平滑图像。

1.2.5 时间码

时间码是影视后期编辑和特效处理中视频的时间标准，格式为“小时：分钟：秒：帧”。通过使用时间码，可以识别记录视频数据流中的每一帧，便于在编辑和广播中进行控制。

1.3 认识工作界面

Premiere软件的工作界面由多个活动面板组成，选择不同的模式会展现不同的面板。以常见的“效果”工作区为例，该面板主要由标题栏，菜单栏，效果控件面板，项目、媒体浏览器面板，工具面板，“时间轴”面板等多个活动面板组成，如图1-14所示。

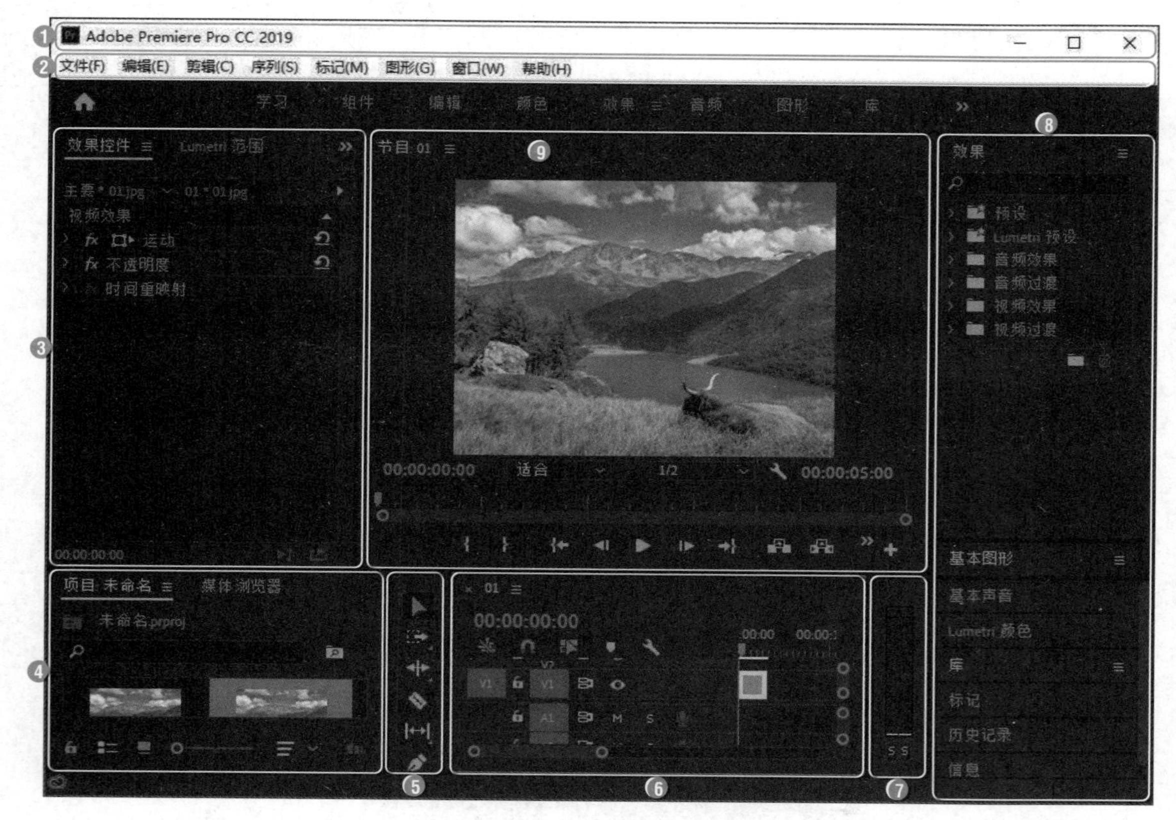

①标题栏；②菜单栏；③效果控件、Lumetri 范围、源监视器、音频剪辑混合器面板组；④项目、媒体浏览器面板组；⑤工具面板；⑥“时间轴”面板；⑦音频仪表；⑧效果面板组；⑨节目监视器。

图 1-14

“效果”工作区中各部分介绍如下：

- **标题栏：**用于显示程序、文件名称和位置。
- **菜单栏：**用于放置文件、编辑、剪辑、序列、标记、图形、窗口和帮助8组菜单选项，每个菜单选项代表一类命令。
- **效果控件面板组：**用于放置“效果控件”面板、“Lumetri范围”面板、“源监视器”面板和“音频剪辑混合器”面板。
- **项目、媒体浏览器面板组：**用于放置“项目”面板和“媒体浏览器”面板。
- **工具面板：**用于放置Premiere软件中的工具。
- **“时间轴”面板：**用于编辑处理音视频素材。
- **音频仪表：**用于显示音频情况。
- **效果面板组：**包括“效果”面板、“基本图形”面板、“基本声音”面板、“Lumetri颜色”面板、“库”面板、“标记”面板、“历史记录”面板和“信息”面板等。

1.4 认识面板

Premiere软件中的面板功能非常强大，通过各种面板，用户可以对素材文件进行剪辑编辑来达到需要的效果。下面将针对一些常用面板进行介绍。

1.4.1 “效果控件”面板

“效果控件”面板中包括了应用于当前所选素材的所有效果及其自身的固定效果，在该面板中可以对添加的效果进行设置。如图1-15所示为添加了“时间码”视频效果的素材的“效果控件”面板。

在该面板中，“运动”“不透明度”和“时间重映射”等属性是素材的固定效果，“时间码”是添加的视频效果。

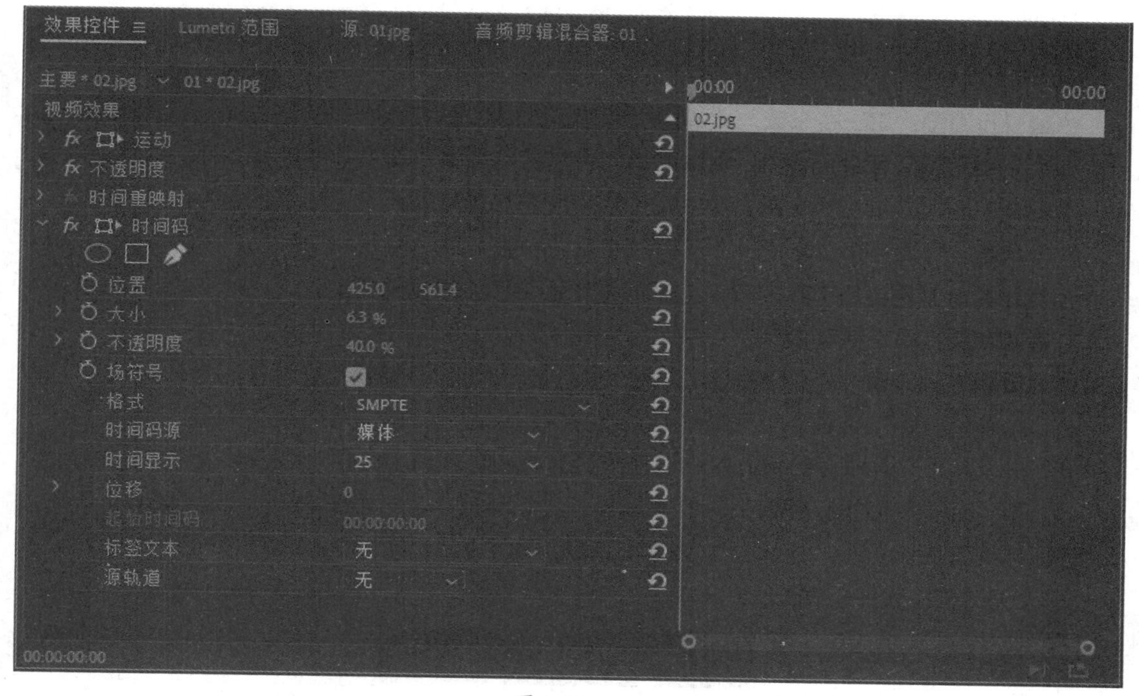

图 1-15

1.4.2 “节目监视器”面板

“节目监视器”面板主要用于查看媒体素材编辑合成后的效果，便于用户进行预览和调整。

1.4.3 “效果”面板

“效果”面板主要用于放置媒体特效效果，包括视频效果、视频过渡效果、音频效果、音频过渡效果等，也包括一些预设好的效果。

1.4.4 “项目”面板

“项目”面板主要用于放置、导入和管理素材文件，如图1-16所示。

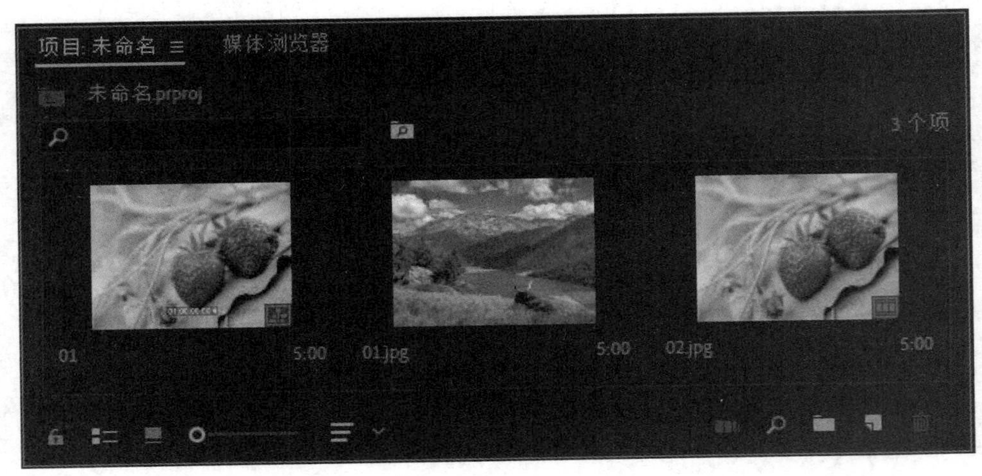

图 1-16

其中，“项目”面板中一些常用按钮的作用如下：

- **项目可写**：用于在只读与读/写之间切换项目。
- **列表视图**：单击该按钮，将以列表形式展示“项目”面板中的素材文件。
- **图标视图**：单击该按钮，将以图标形式展示“项目”面板中的素材文件。
- **查找**：用于打开“查找”对话框以查找需要的素材文件。
- **新建素材箱**：用于在“项目”面板中新建文件夹归类整理素材。
- **新建项**：用于新建素材。
- **清除**：用于清除不需要的素材。

1.4.5 “工具”面板

“工具”面板中存放有可以编辑时间轴面板中素材的工具，包括用于剪辑处理素材的“选择工具”“剃刀工具”和“比率拉伸工具”，以及用于绘制图形或输入文字的“矩形工具”和“文字工具”等，如图1-17所示。

图 1-17

1.4.6 “时间轴”面板

“时间轴”面板是Premiere软件中重要的面板之一，主要用于编辑媒体素材，如图1-18所示为添加了素材的“时间轴”面板。

下面将针对“时间轴”面板中的一些设置进行介绍。

- **播放指示器位置**00;00;00;00：用于显示当前时间线所在位置。
- **对齐**：选中该按钮，移动素材靠近后将自动对齐。
- **添加标记**：用于添加素材标记。
- **时间轴显示设置**：用于设置时间轴显示内容。
- **切换轨道锁定**：选中该按钮，当前轨道将被锁定，不可进行编辑。

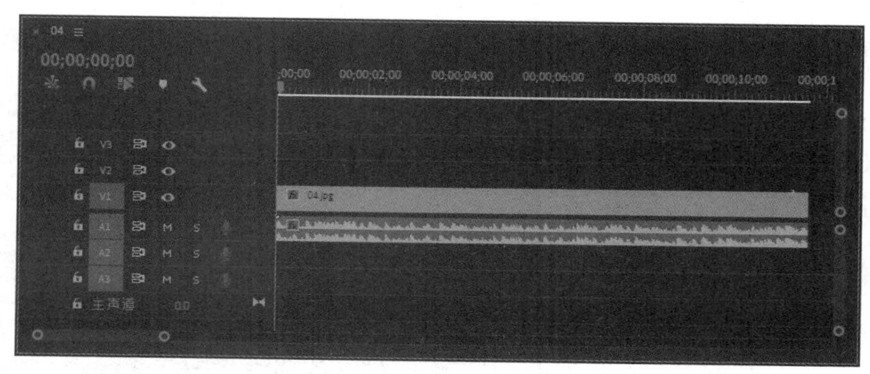

图 1-18

- **切换轨道输出**：用于设置素材的显示与隐藏。
- **视频轨道**：用于编辑图像、视频等素材文件。V开头的即为视频轨道。
- **音频轨道**：用于编辑音频文件。A开头的即为音频轨道。
- **静音轨道**：用于设置当前轨道音频静音。
- **独奏轨道**：用于设置当前轨道以外的音频静音。
- **导航条**：用于控制素材显示比例和显示位置。
- **播放指示器**：用于指示当前时间线位置。

1.4.7 “字幕”面板

“字幕”面板可以用于添加设置旧版标题文字，也可以编辑绘制形状，如图1-19所示为打开的“字幕”面板。

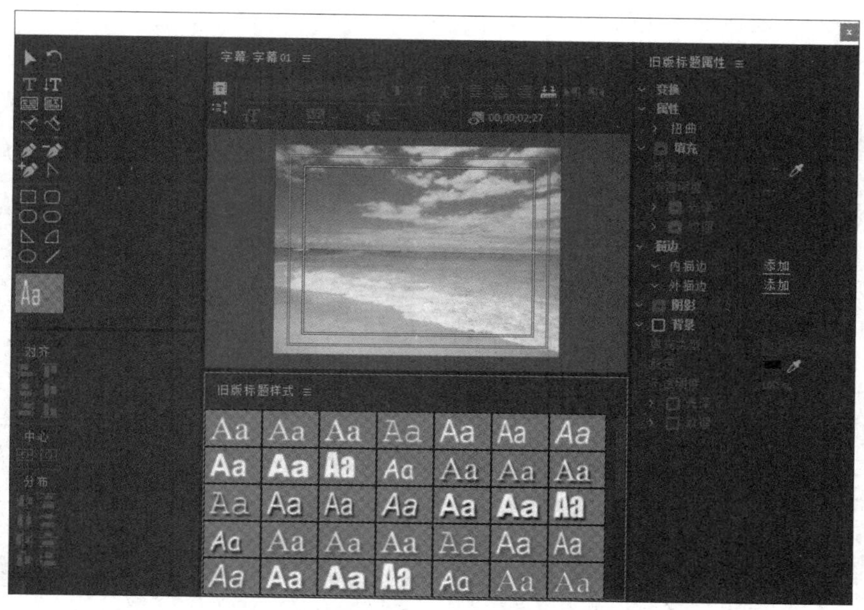

图 1-19

执行“文件”→“新建”→“旧版标题”命令，打开“字幕”面板。在该面板中可以输入文字或绘制图形，也可以对输入内容的参数进行编辑。

1.5 自定义工作区

Premiere软件的工作界面中含有多个活动面板，除了选择预设好的“学习”“编辑”和“效果”等模式调整工作界面的布局外，还可以根据自身使用习惯对工作界面中的面板进行调整。下面将进行具体讲解。

1.5.1 打开或关闭面板

打开Premiere软件后，若工作界面中未显示需要的面板，可以执行“窗口”命令，在弹出的下拉列表中执行相应的子命令，即可打开需要的面板。

若想关闭不需要的面板，移动鼠标至其名称上，右击，在弹出的快捷菜单中选择“关闭面板”选项即可关闭，如图1-20所示为“媒体浏览器”面板弹出的快捷菜单。

不同面板弹出的快捷菜单的内容也会有所不同。

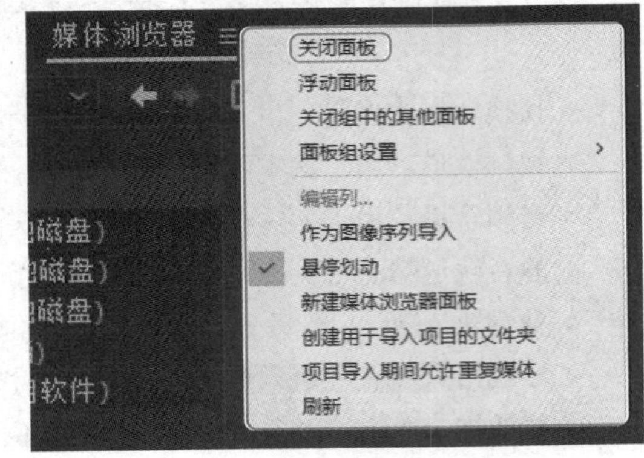

图 1-20

1.5.2 浮动面板

移动鼠标至面板名称上，右击，在弹出的快捷菜单中选择“浮动面板”选项即可将面板浮动显示。移动浮动面板至其他面板、面板组或窗口的边缘处，待出现蓝条即可将浮动面板置于鼠标放置的位置，图1-21和图1-22所示为浮动面板效果。

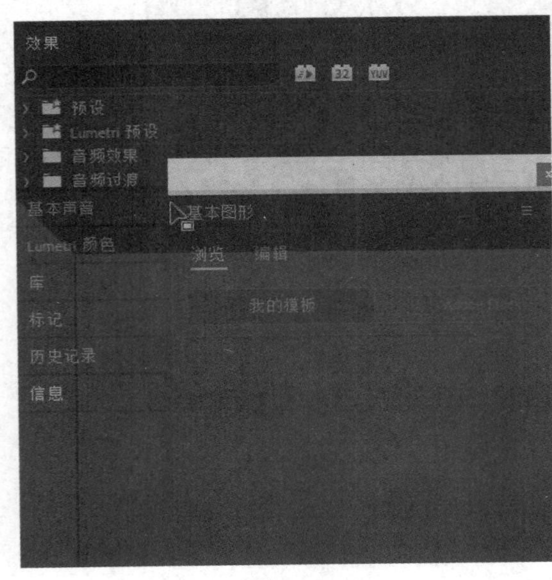

图 1-21

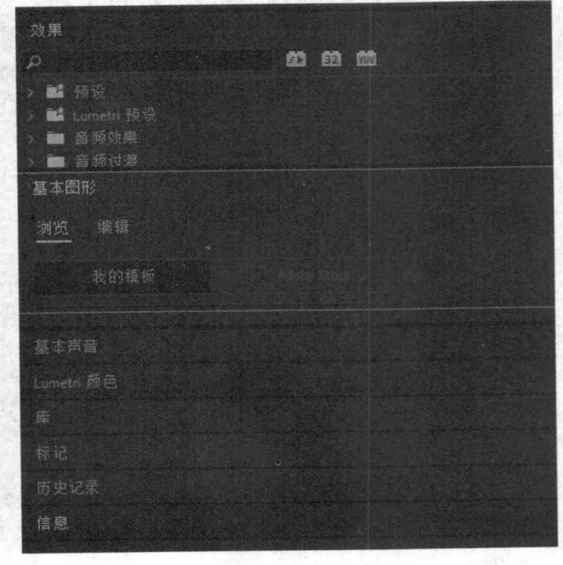

图 1-22

按住Ctrl键拖动面板名称，也可以将面板浮动显示。

1.5.3　调整面板大小

当鼠标光标位于多个面板组交叉处时，光标变为▣状，按住鼠标左键拖动即可改变与之相连的面板组的大小，如图1-23所示；当鼠标光标位于相邻面板组之间时，光标变为▣状，按住鼠标左键拖动即可改变相邻面板组的大小，如图1-24所示。

图 1-23

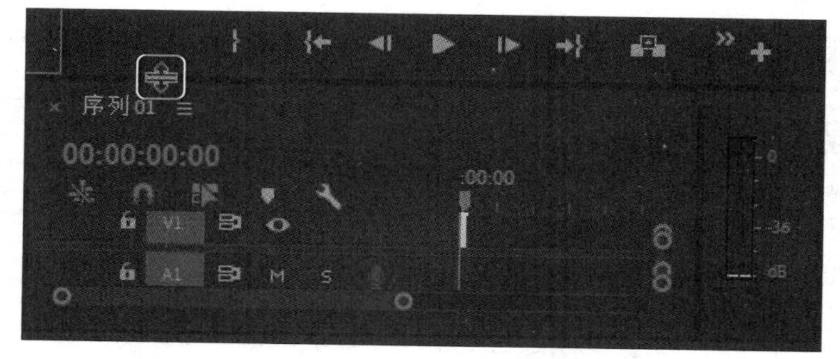

图 1-24

1.6　设置首选项

执行“编辑”→“首选项”命令，在弹出的菜单栏中选择相应的子选项，可以打开“首选项”对话框进行设置。图1-25所示为打开的“首选项”对话框。

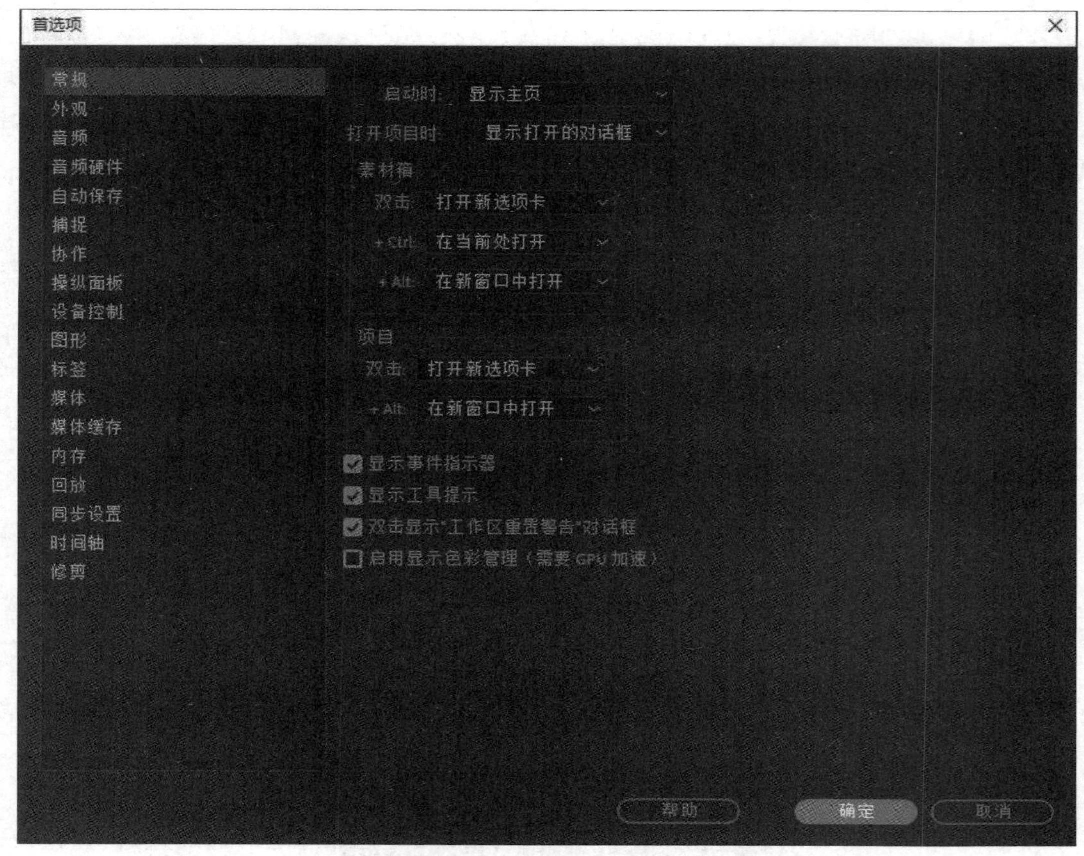

图 1-25

在弹出的“首选项”对话框中，用户可以对相关的常规选项、外观等参数进行设置，以达到需要的效果。

若想恢复默认首选项设置，可以在启动Premiere软件时按住Alt 键至出现启动画面即可。

1.7　相关软件介绍

Premiere软件是一款专业的视频剪辑软件，在视频编辑制作的过程中，往往需要多个软件共同协作来制作更绚丽的视频效果。下面将针对一些视频编辑软件进行介绍。

1.7.1　Adobe After Effects

Adobe After Effects软件是Adobe公司出品的一款非线性特效制作视频软件，属于层类型后期软件。该软件主要用于特效制作，结合Cinema 4D等三维软件的使用，可以制作出引人注目的动态图形和震撼人心的视觉效果。

1.7.2　Adobe Photoshop

Photoshop是Adobe公司旗下的一款专业的图像处理软件，主要用于制作平面作品。在编辑视频的过程中，该软件可以和After Effects软件、Premiere软件协同工作，制作出丰富的视频效果。

1.7.3 Adobe Illustrator

Illustrator软件与Photoshop软件类似，都属于平面软件，但Illustrator软件主要用于矢量图形处理方面。

1.7.4 会声会影

会声会影与Premiere软件同属于视频编辑软件，但会声会影的操作更为简单，在专业性上略逊色于Premiere等专业软件，更适合家庭日常使用。

经验之谈 DV视频和模拟视频

一般来说，生活中常见的家用微型便携式摄像机记录的信号是数字信号，这种摄像机又叫作“DV摄像机”。DV摄像机具有数字信号便于处理、损耗小等优点。

传统的PAL制式、NTSC制式的视频素材都是模拟信号。计算机处理的视频都是数字信号。外部模拟视频的输入过程是一个模拟/数字的转换过程，称为A/D（模/数）转换。

模拟信号是指在时间和幅度方向上都是连续变化的信号，数字信号是指在时间和幅度方向上都是离散的信号。模拟/数字转换分为两步：第一步是把信号转换为时间方向离散的信号，而每一个离散信号在幅度方向连续；第二步是把这些信号转换为时间、幅度方向都是离散的数字信号。第一步过程称为采样，第二步过程称为量化。

采样是根据这一频率的时钟脉冲，获得该时刻的信号幅度值。采样时的时钟频率称为采样频率。采样频率越高，效果越好，但需要的存储空间也越大。采样获得的信号在幅度方向上是在这一范围内连续的值。

奈奎斯特采样定理描述了采样的频率应该满足的条件：令f为所采样信号的最高变化频率，那么采样频率必须不低于$2f$，才可以正确地反映原信号。其中，最低的采样频率$2f$称为奈奎斯特频率。

量化是把采样获得的信号在幅度方向上进一步离散化的过程。在电压信号的变化范围内取一定的间隔，在这个间隔范围内的电压值都规定为某一个确定值来进行量化。例如，如果在计算机中用4比特编码来表示量化结果，则可以进行16级的量化。把电压的变化范围平均划分为16级电平，每一级对应值分别在0~15之间。

由于一般的视频信号都采用YUV格式，进行量化也是按照各个分量来进行的。人眼对于图像中色度信号的变化不敏感，而对亮度信号的变化敏感。利用这个特性，可以把图像中表达颜色的信号去掉一些，而人眼不易察觉。所以一般U、V信号都可以进行压缩，而整体效果并不差。另外，人眼对于图像细节的分辨能力有限，可以把图像中的高频信号去掉而不易察觉。利用人眼的这些视觉特性进行采样，就有了不同的采样格式。不同的采样格式是指YUV三种信号的打样频率的比例关系不同。它们的比例关系通常采用“Y：U：V”的形式表示， 常用的采样格式有4：4：4、4：1：1、4：2：2、4：2：0等。

上手实操

实操一 新建键盘布局预设

在Premiere中，用户可以新建键盘布局，然后在该布局中创建自己习惯使用的快捷键。

设计要领

- 启动Premiere软件，执行“编辑”→“快捷键”命令，打开“键盘快捷键”对话框。
- 单击“键盘布局预设”右侧的“另存为”按钮，在弹出的“键盘布局设置”对话框中命名，即可完成新建键盘布局预设。

扫码观看视频

实操二 设置自动保存

启动Premiere软件后，通过“首选项”对话框可以设置文件的自动保存时间。

设计要领

- 启动Premiere软件，执行“编辑”→“首选项”→“自动保存”命令，打开“首选项”对话框。
- 根据个人需求，在对话框中进行设置即可。

你学会了吗？

第2章 素材处理

内容概要

Premiere软件工作时，需要用到大量素材文件。通过本章的学习，读者将了解如何导入素材，并对其进行整理，使操作过程更加清晰，同时学会如何在Premiere软件中新建素材文件。

知识要点

- 学会导入素材。
- 学会整理素材文件。
- 学会新建素材文件。

数字资源

【本章案例素材来源】：“素材文件\第2章”目录下

【本章案例最终文件】：“素材文件\第2章\案例精讲\制作电视节目倒计时效果.prproj”

案例精讲 制作电视节目倒计时效果

扫码观看视频

本案例通过制作电视节目倒计时效果，讲解如何导入素材文件、新建素材文件和整理素材。

步骤 01 启动Premiere软件，新建项目和序列后，执行“文件”→“导入”命令，在弹出的“导入”对话框中选中要打开的素材文件，如图2-1所示。

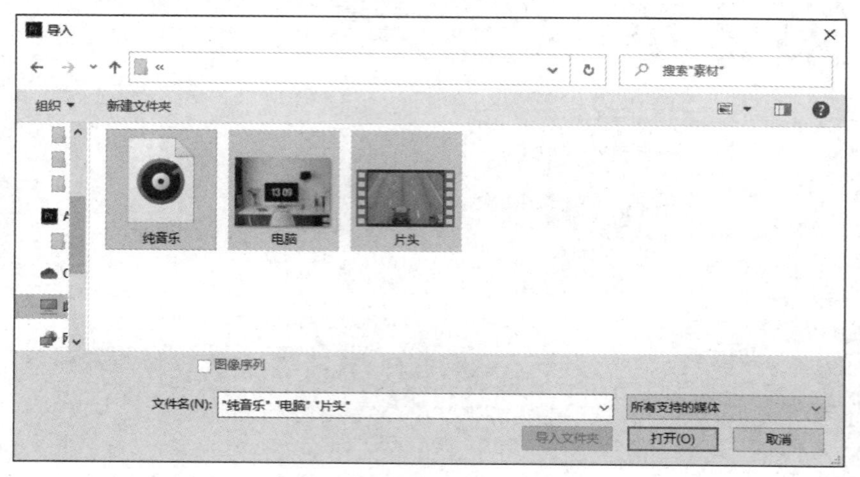

图 2-1

步骤 02 完成后单击“打开”按钮，导入素材文件，如图2-2所示。

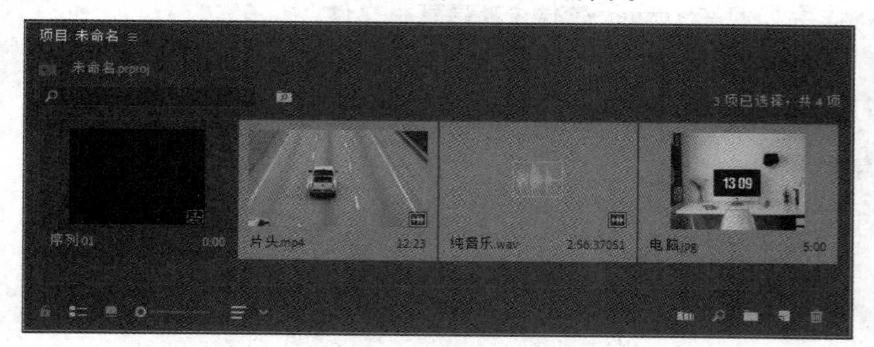

图 2-2

步骤 03 选中“项目”面板中的素材文件，单击素材名称，重命名素材文件，完成后如图2-3所示。

图 2-3

步骤 04 单击“项目”面板底部的“新建项”按钮，在弹出的快捷菜单中选择“通用倒计时片头”选项，打开“新建通用倒计时片头”对话框并设置参数，如图2-4所示。

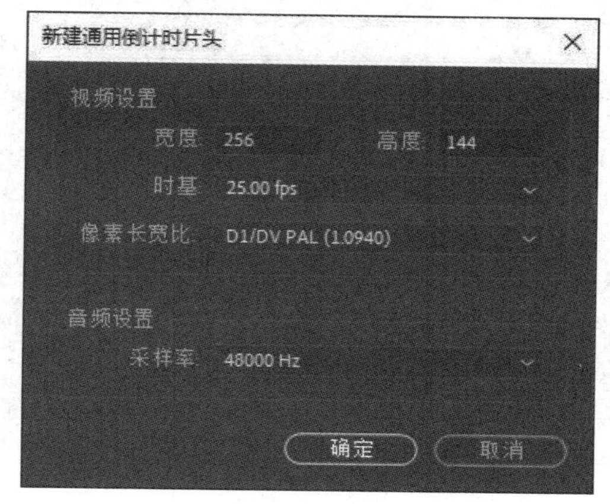

图 2-4

步骤 05 设置完成后单击“确定”按钮，打开“通用倒计时设置”对话框并设置参数，如图2-5所示。完成后单击“确定”按钮，即可在“项目”面板中新建倒计时片头素材，如图2-6所示。

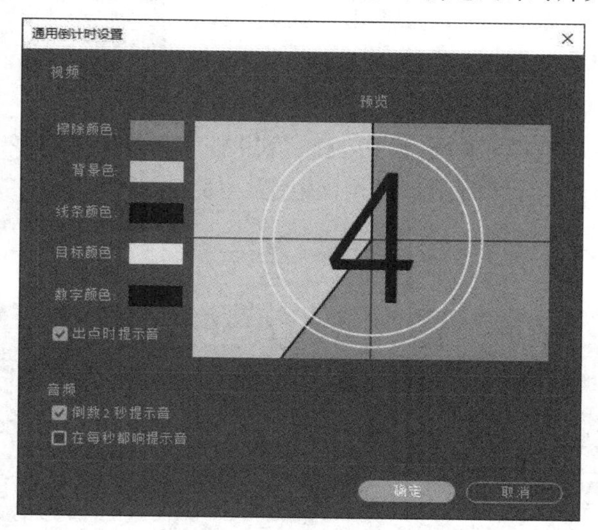

图 2-5

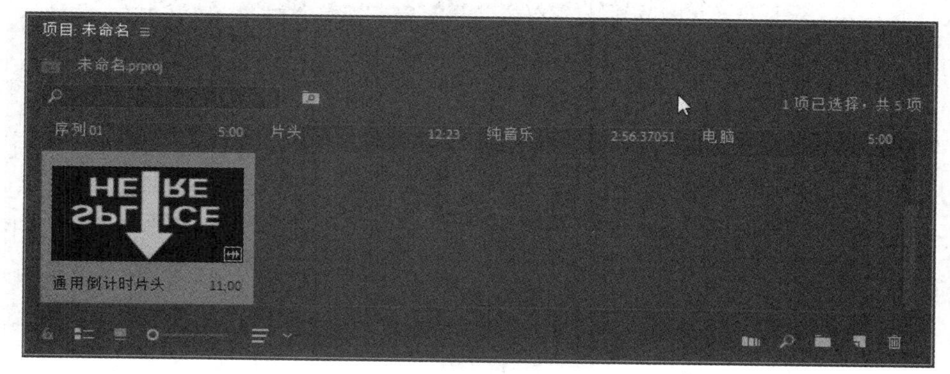

图 2-6

步骤06 选中“电脑”素材，拖动至“时间轴”面板中的V1轨道中，如图2-7所示。

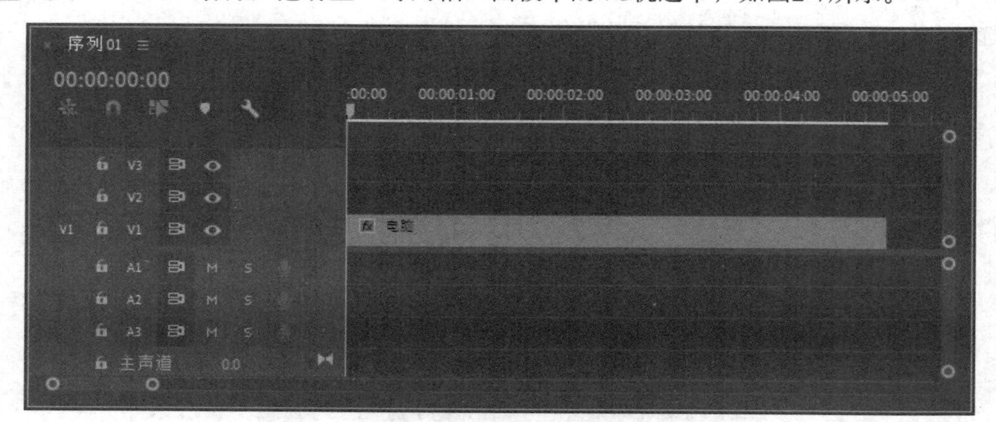

图 2-7

步骤07 选中“时间轴”面板中的素材文件，右击，在弹出的快捷菜单中选择“速度/持续时间”选项，打开“剪辑速度/持续时间”对话框，设置持续时间为“00:00:23:23”，如图2-8所示。完成后单击“确定”按钮，调整素材持续时间。

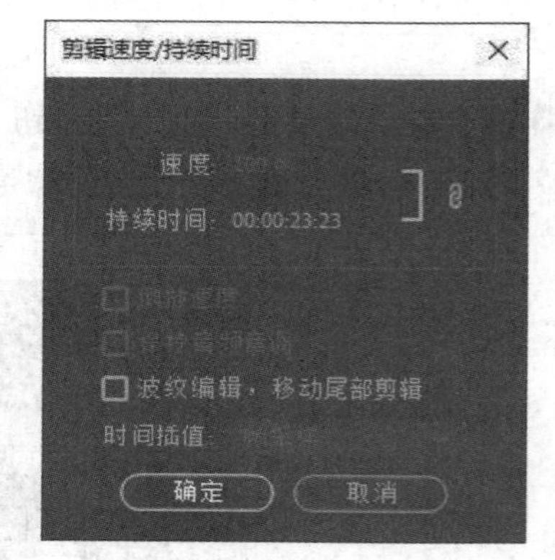

图 2-8

步骤08 选中“项目”面板中的“通用倒计时片头”素材，拖动至“时间轴”面板中的V2轨道中，在“效果控件”面板中调整位置参数，使其处于屏幕的中心位置，如图2-9和图2-10所示。

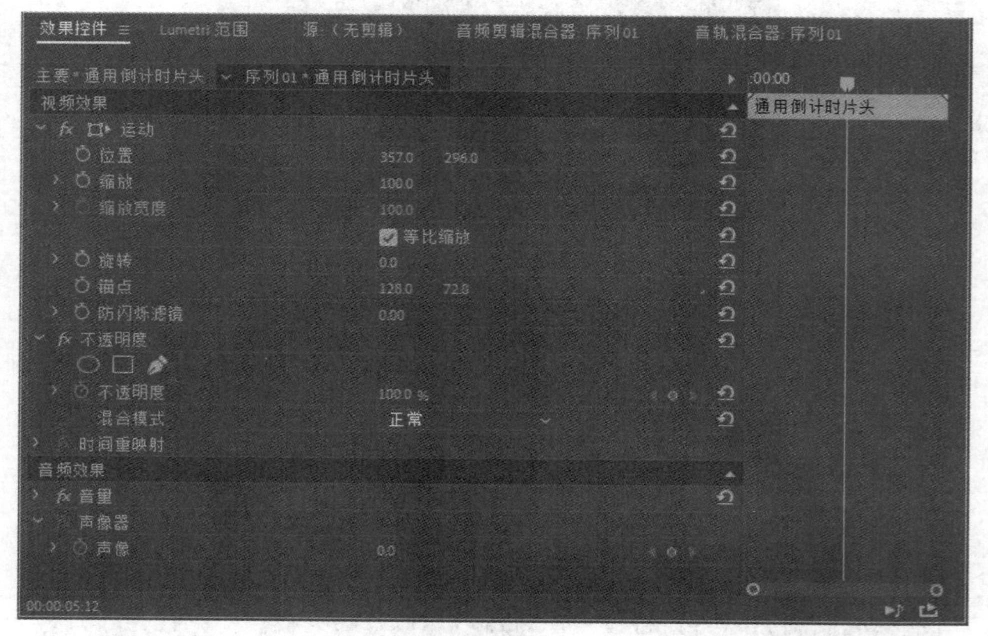

图 2-9

图 2-10

步骤09 使用相同的方法，拖动“片头”素材至V2轨道中“通用倒计时片头”素材后面，并在“效果控件”面板中调整位置和缩放参数，如图2-11和图2-12所示。

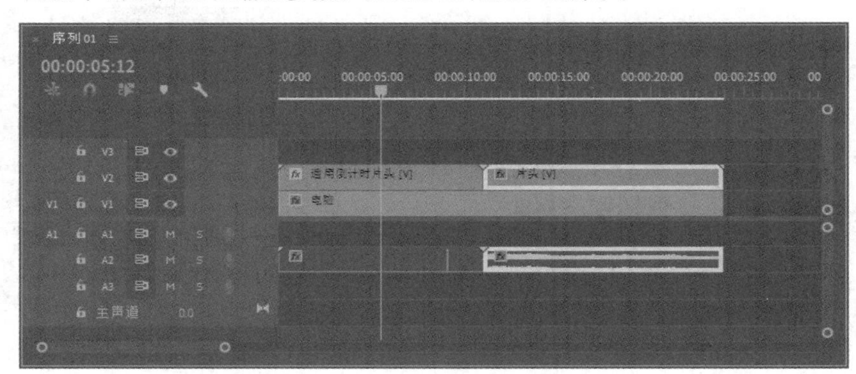

图 2-11

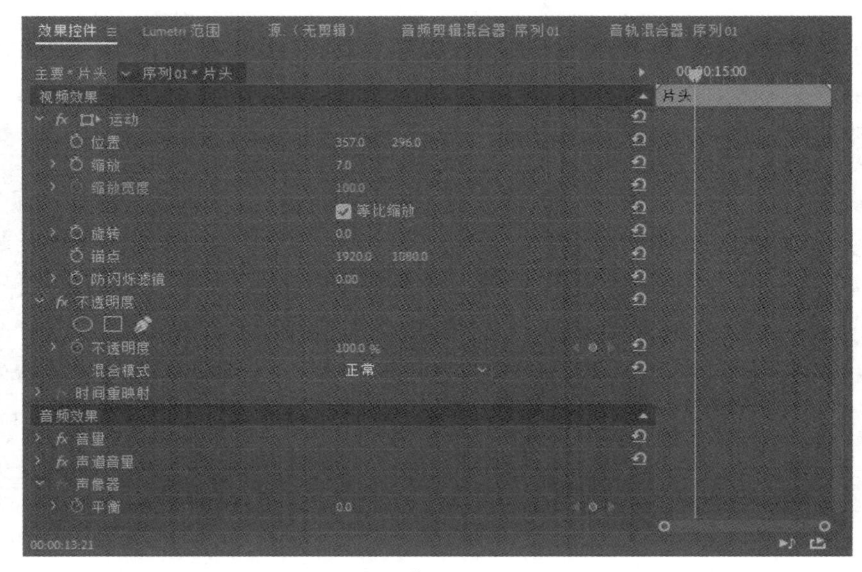

图 2-12

步骤10 选中“时间轴”面板中的“片头”素材，右击，在弹出的快捷菜单中选择“取消链接”选项，取消音视频链接，并删除音频文件，如图2-13所示。

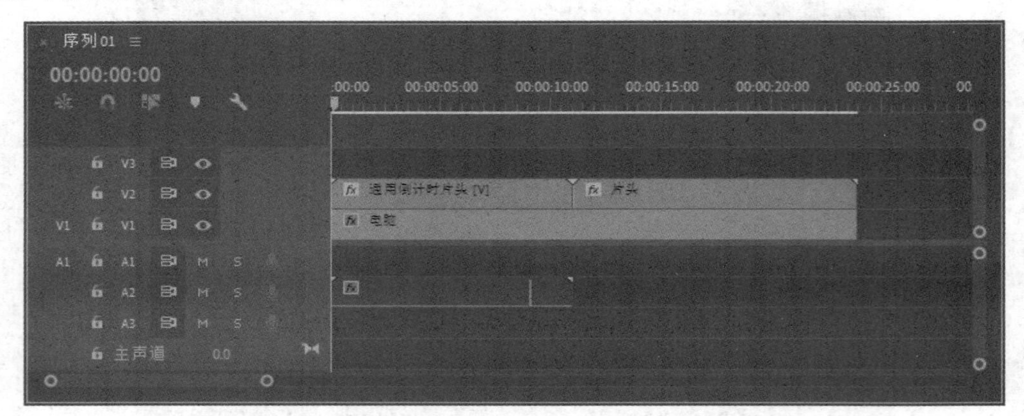

图 2-13

步骤11 选中“项目”面板中的音频文件，拖动至A1轨道中，调整其位置在倒计时音频后面，如图2-14所示。

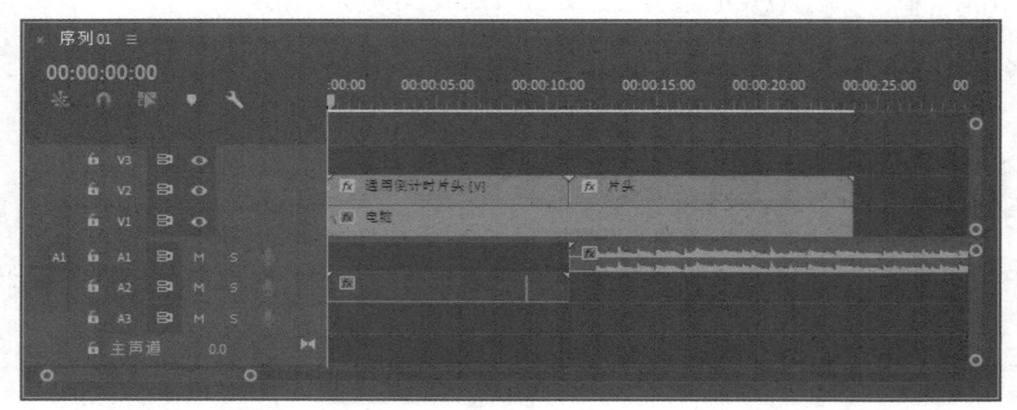

图 2-14

步骤12 移动时间线至V1轨道素材末端，使用“剃刀工具”在A1轨道中时间线处单击，剪切素材文件，并删除多余部分，如图2-15所示。

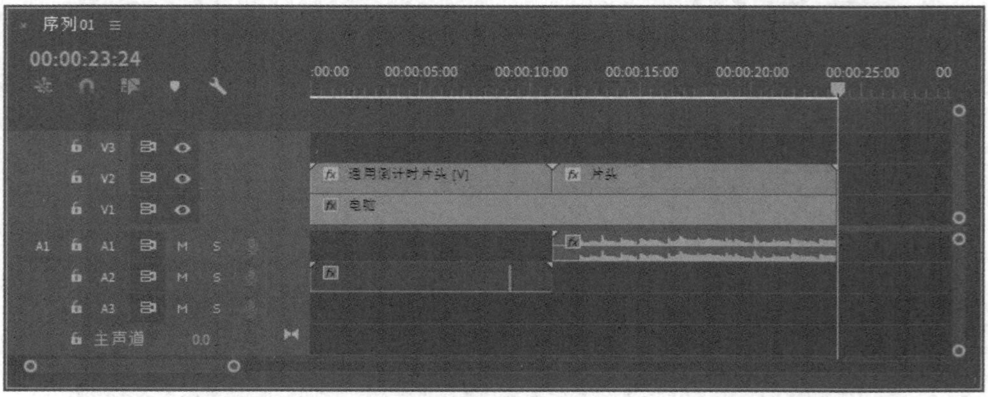

图 2-15

步骤13 完成后在“节目监视器”面板中预览效果，如图2-16所示。

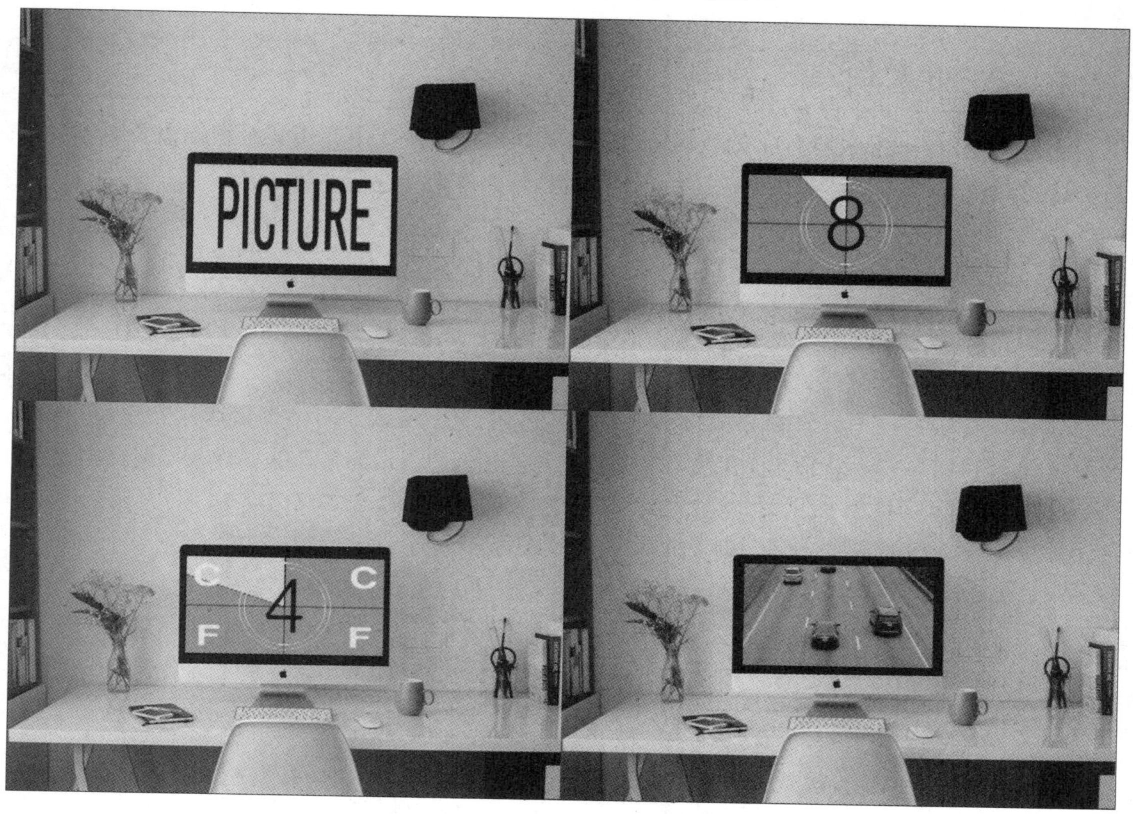

图 2-16

到这里就完成了电视节目倒计时效果视频的制作。

你学会了吗？

边用边学

2.1 整理素材

素材是使用Premiere软件编辑视频的基础，在Premiere软件中，用户可根据需要对素材进行编辑整理，方便后期查找与使用。下面将针对如何处理素材进行讲解。

2.1.1 导入素材

下面将介绍Premiere软件导入素材文件的几种方式。

1. 使用菜单命令导入素材

执行“文件”→“导入”命令或按Ctrl+I组合键，打开“导入”对话框，选择要导入的素材文件，单击“打开”按钮即可打开选中的素材文件。图2-17所示为打开的“导入”对话框。

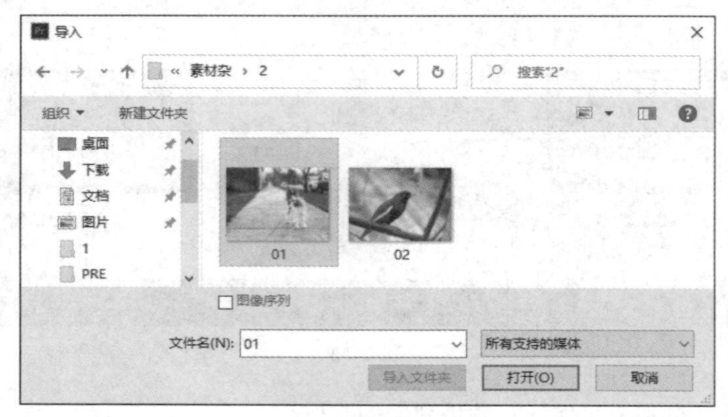

图 2-17

2. 使用“项目”面板导入素材

除了使用“文件”菜单导入素材文件，还可以在“项目”面板中空白处右击，在弹出的快捷菜单中选择“导入”选项，如图2-18所示，即可打开“导入”对话框导入素材。

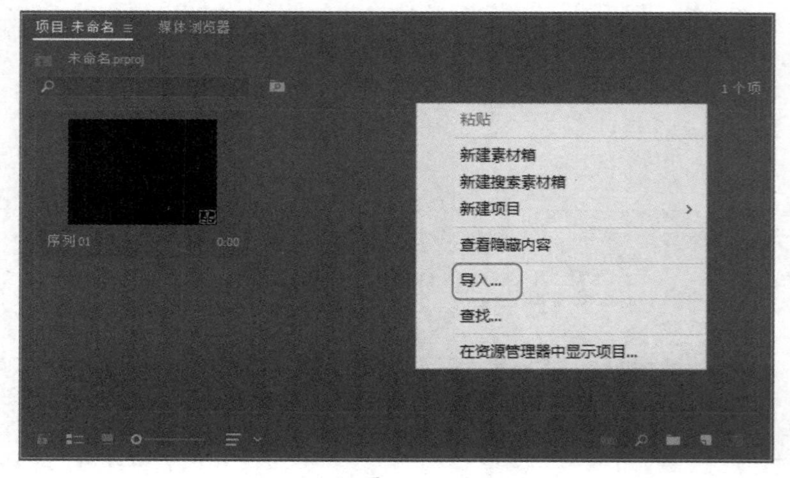

图 2-18

也可以在“项目”面板空白处双击，打开“导入”对话框进行操作。

3. 使用“媒体浏览器”面板导入素材

启动Premiere软件，在“媒体浏览器”面板中找到需要导入的素材文件，右击，在弹出的快捷菜单中选择“导入”选项，即可导入选中素材，如图2-19所示。

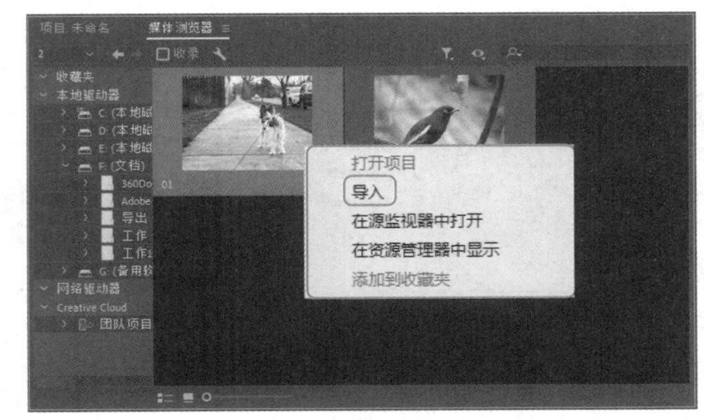

图 2-19

4. 直接拖入外部素材

除了以上方式外，还可以直接选中要导入的素材文件，拖动至“项目”面板或“时间轴”面板中。

2.1.2 打包素材

在编辑制作视频的过程中，可以将使用过的素材打包保存，避免因移动素材位置而导致的素材丢失等问题。

执行“文件”→“项目管理”命令，打开“项目管理器”对话框，如图2-20所示。在该对话框中对参数进行设置，完成后单击“确定”按钮，即可完成素材的打包操作，如图2-21所示。

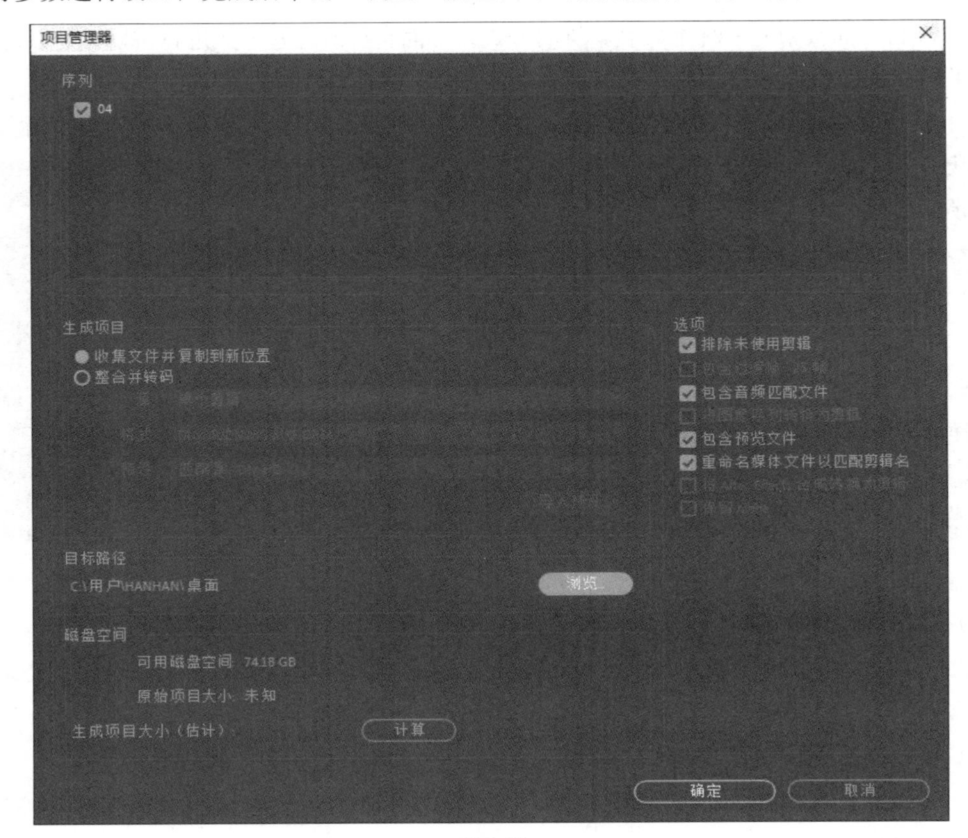

图 2-20

图 2-21

2.1.3　重命名素材

为了便于操作和区分，将素材文件导入至“项目”面板或“时间轴”面板中后，还可以对素材名称进行修改，该操作不会影响素材在文件夹中的命名。

1. 在“项目”面板中重命名素材

在“项目”面板中有多种重命名素材的方式，下面将针对这些方式进行讲解。

（1）通过命令修改素材名称。

选中素材文件，执行“剪辑”→“重命名”命令，此时“项目”面板中的素材名称变为可编辑状态，如图2-22所示，输入新的名称即可。也可以选中素材文件，右击，在弹出的快捷菜单中选择“重命名”选项，修改素材名称。

图 2-22

（2）单击修改素材名称。

选中“项目”面板中的素材文件，单击素材名称，即可将素材名称变为可编辑状态，从而进行修改。

（3）通过快捷键修改素材名称。

除了以上几种方式外，还可以选中“项目”面板中的素材文件，按Enter键进入编辑状态，即可修改素材名称。

2. 在“时间轴”面板中重命名素材

将素材添加至“时间轴”面板中后，素材的名称不会随着“项目”面板中名称的改变而改变，此时若想保持素材名称一致，可以在“时间轴”面板中对素材名称进行修改。

选中“时间轴”面板中的素材文件，执行“剪辑”→“重命名”命令或者右击，在弹出的快捷菜单中选择“重命名”选项，即可打开“重命名剪辑”对话框，如图2-23所示，修改“剪辑名称”后单击“确定”按钮，即可重命名剪辑名称。

图 2-23

2.1.4 编组素材

编组素材可以帮助用户同时操作素材，方便对多个素材做出相同的操作。

在“时间轴”面板中选中要编组的素材文件，右击，在弹出的快捷菜单中选择“编组”选项，即可将素材文件编组。编组后的素材文件可以同时选中并移动，也可以同时添加视频效果。图2-24和图2-25所示为添加“水平翻转”视频效果的显示效果。

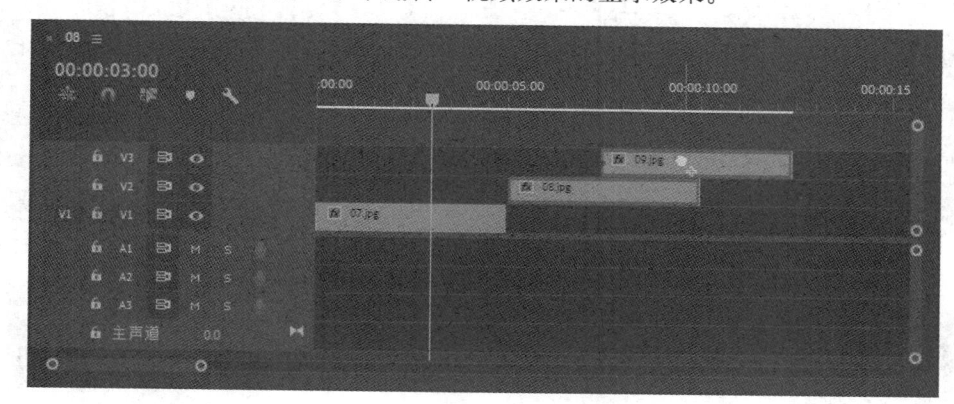

图 2-24

图 2-25

选中编组对象，无法在“效果控件”面板中设置添加效果的参数，这里可以按住Alt键在“时间轴”面板中选中单个素材，在“效果控件”面板中对添加的效果进行设置，图2-26所示为调整的“网格”视频效果的参数，调整后的效果如图2-27所示。

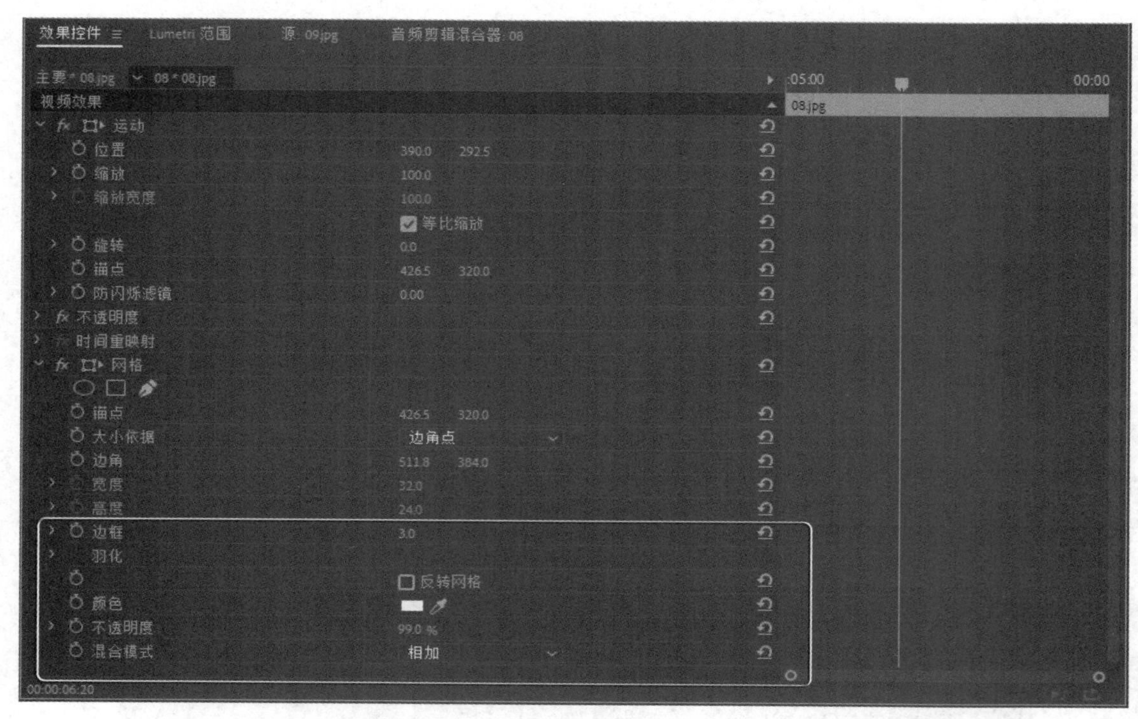

图 2-26

图 2-27

若想取消编组素材，可以在“时间轴”面板中选中编组素材，右击，在弹出的快捷菜单中选择“取消编组”选项，即可取消素材编组。取消素材编组后，不影响已添加的效果。

2.1.5 嵌套素材

嵌套素材和编组素材都可以同时操作多个素材，但与编组素材相比，嵌套素材可以将单个或多个素材合成一个序列进行操作。

在“时间轴”面板中选中要嵌套的素材文件，右击，在弹出的快捷菜单中选择“嵌套”选项，打开“嵌套序列名称”对话框并设置序列名称，即可将素材嵌套。嵌套后的素材合成一个序列，如图2-28所示。

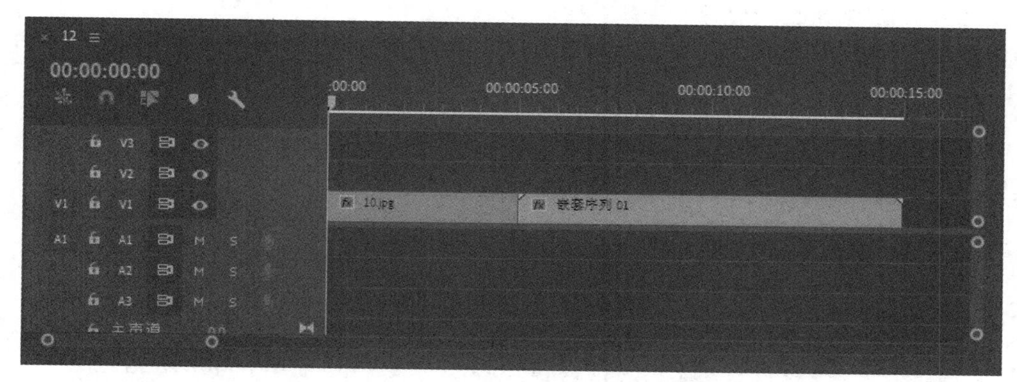

图 2-28

值得注意的是，嵌套素材的操作不可逆，若想调整嵌套序列，可以双击嵌套序列进入嵌套内部进行调整，如图2-29所示。

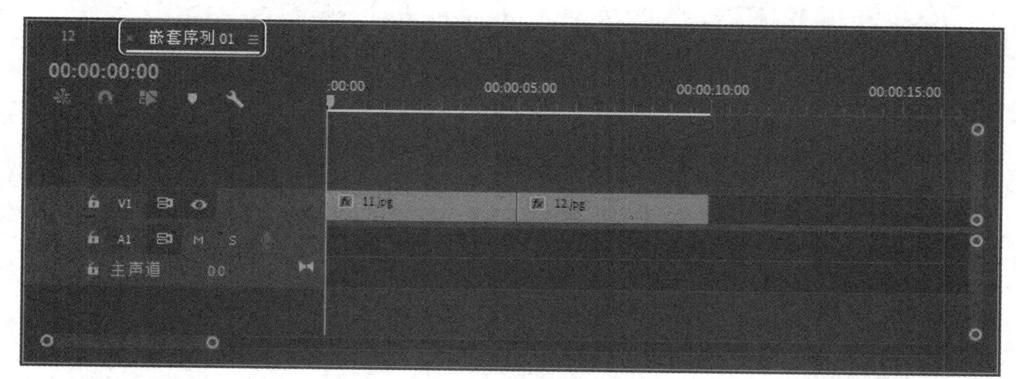

图 2-29

通过使用嵌套序列，可以提高工作效率，并可以帮助用户完成复杂任务。

2.1.6 替换素材

使用Premiere软件制作视频后，若对其中的素材不满意，又不想重新制作效果，可以使用“替换素材”命令，将素材替换掉。

在“项目”面板中选中要替换的素材文件，右击，在弹出的快捷菜单中选择“替换素材”选项，打开“替换素材”对话框，在该对话框中选择合适的素材，如图2-30所示。完成后单击“选择”按钮，即可将原素材替换掉，如图2-31所示。

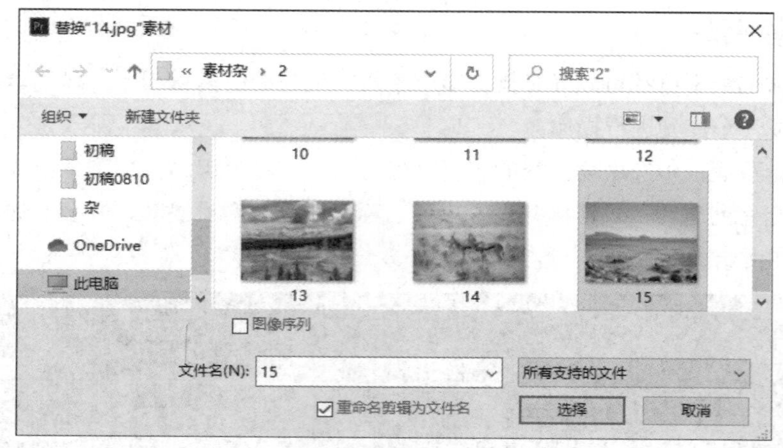

图 2-30

图 2-31

替换后，原有效果保持不变，如图2-32所示。

图 2-32

2.1.7 链接媒体

在使用Premiere软件制作视频的过程中，若重命名、删除或改变原素材位置时，很可能会导致素材缺失，这时可以使用“链接媒体”命令重新链接媒体素材。

在“项目”面板中选中脱机素材，右击，在弹出的快捷菜单中选择“链接媒体”选项，打开“链接媒体”对话框，如图2-33所示。单击“查找”按钮，在弹出的“查找文件”对话框中找到脱机素材，如图2-34所示。完成后单击“确定”按钮，即可重新链接媒体素材。

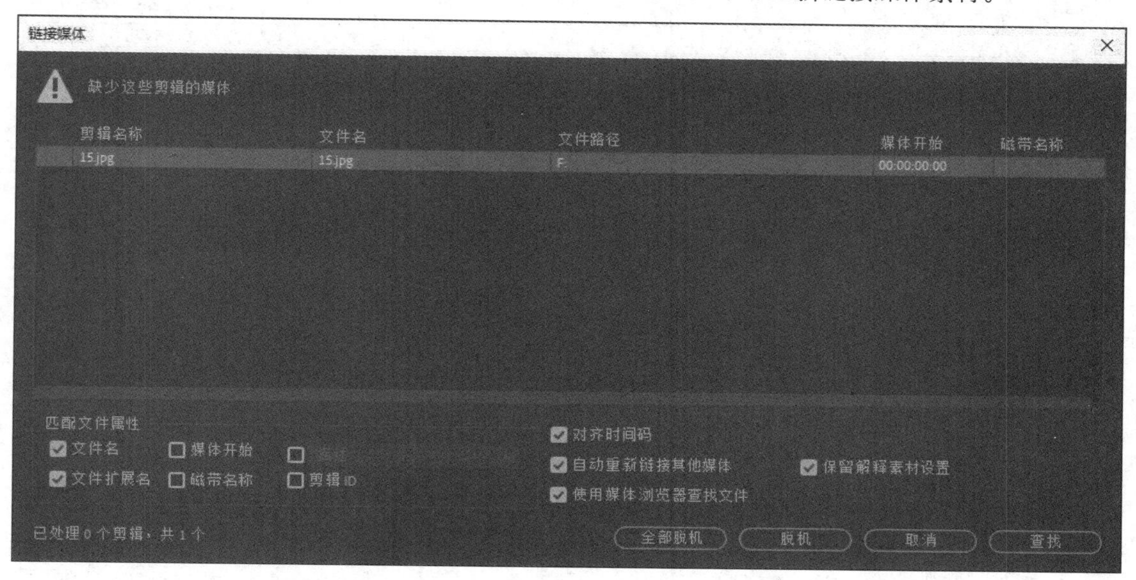

图 2-33

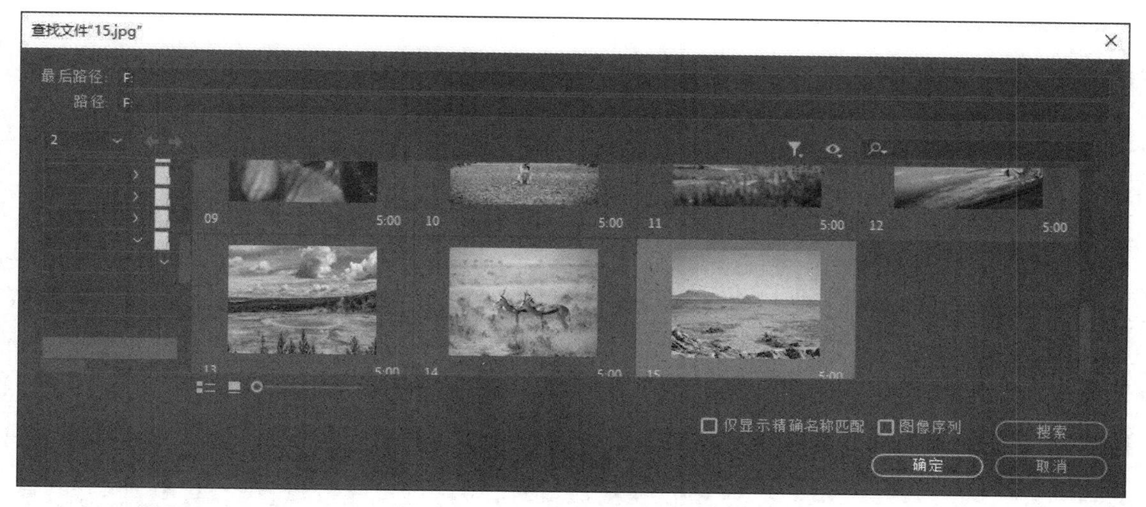

图 2-34

在使用“链接媒体”命令重新查找脱机素材时，用户可以在“链接媒体”对话框的底部设置“匹配文件属性”，以便更为高效迅速地找到缺失的素材。

2.1.8 新建素材箱

在使用Premiere软件制作视频的过程中，若素材文件过多，可以使用素材箱对素材进行归类整理。

单击“项目”面板底部的“新建素材箱”按钮，可在“项目”面板中创建素材箱并进行命名，如图2-35所示。命名后选中“项目”面板中相应的素材，拖动至素材箱中，如图2-36所示。

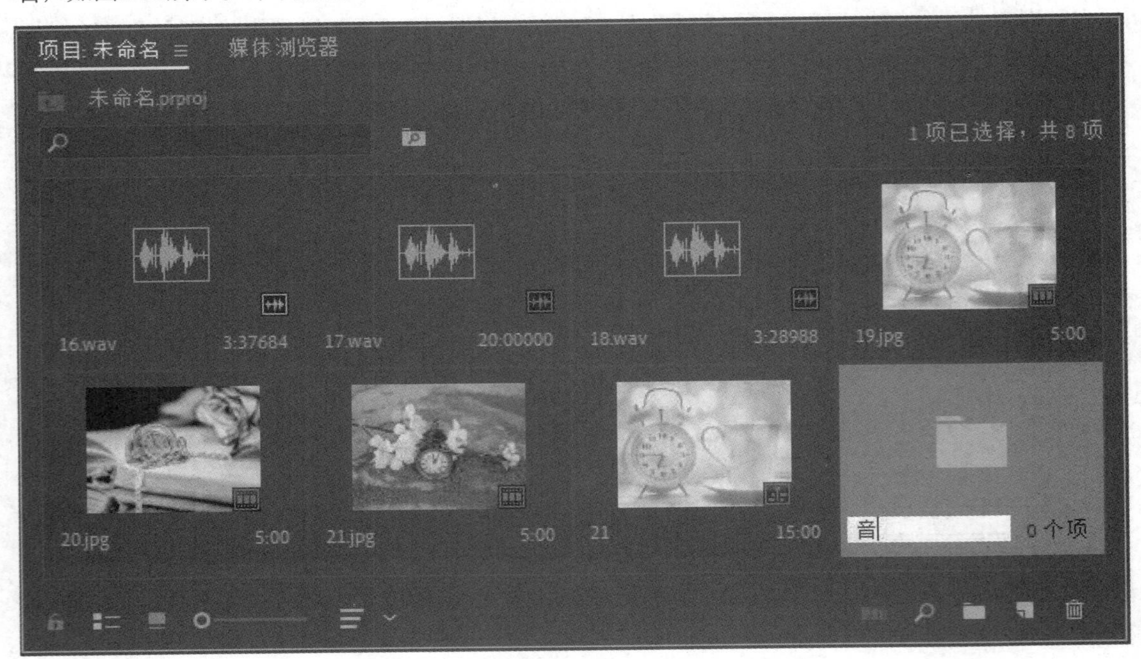

图 2-35

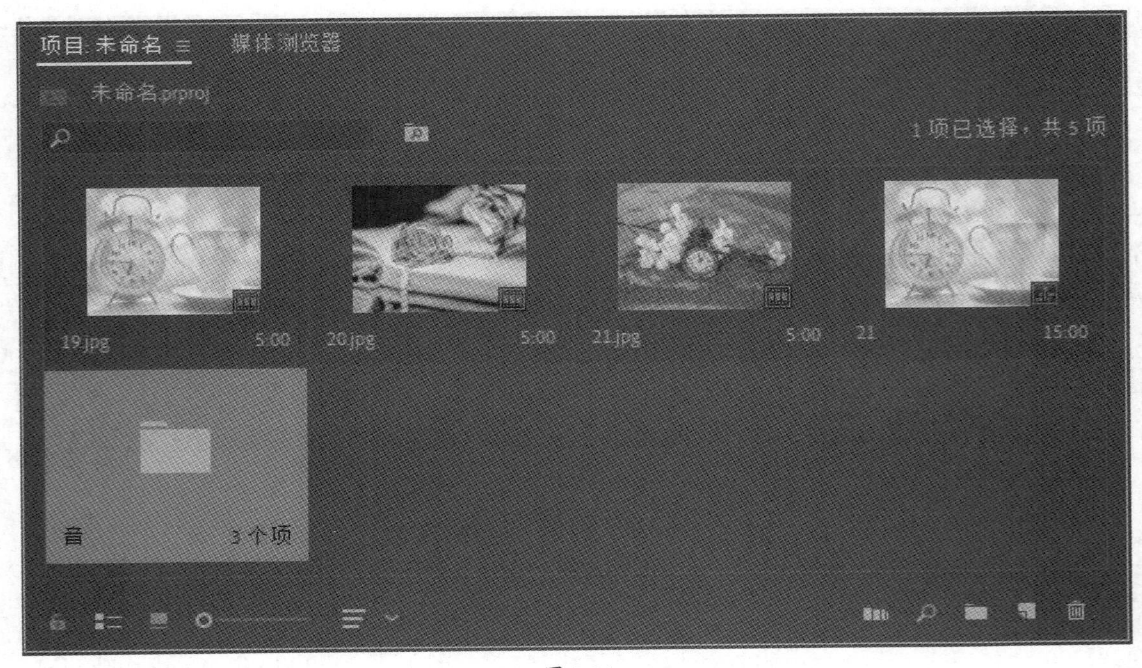

图 2-36

双击素材箱可以打开“素材箱”面板查看素材，如图2-37所示。

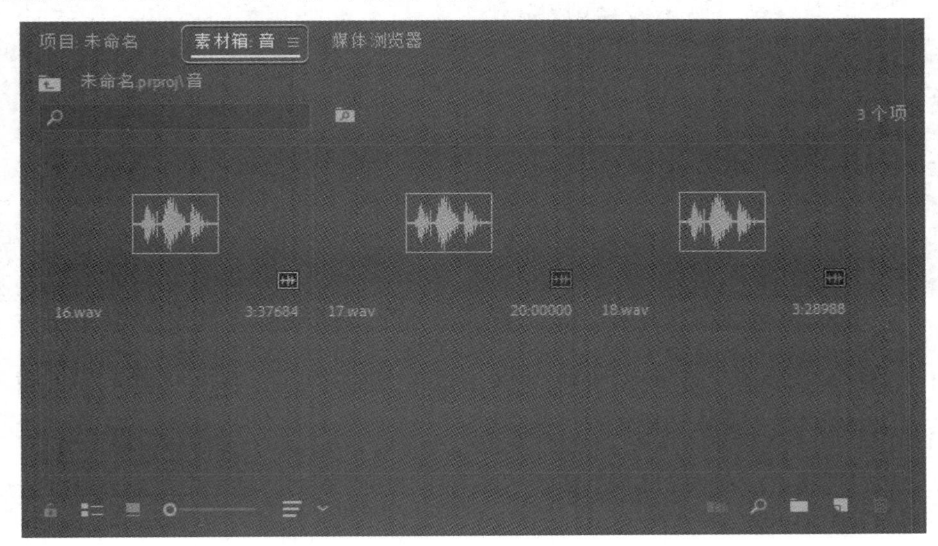

图 2-37

除了单击“项目”面板底部的“新建素材箱”按钮，也可以选中要建立素材箱的素材文件，拖动至“新建素材箱”按钮上，即可新建素材箱。或者在“项目”面板中右击，在弹出的快捷菜单中选择“新建素材箱”选项新建素材箱。

2.1.9 失效和启用素材

在处理素材的过程中，若想加速操作或预览，可以通过使素材暂时失效的方法来实现。

在“时间轴”面板中选中要失效的素材文件，右击，在弹出的快捷菜单中取消选中“启用”选项，即可失效素材，此时“节目监视器”面板中显示为黑色，如图2-38所示。失效素材在“时间轴”面板中颜色变为深紫色，如图2-39所示。

图 2-38

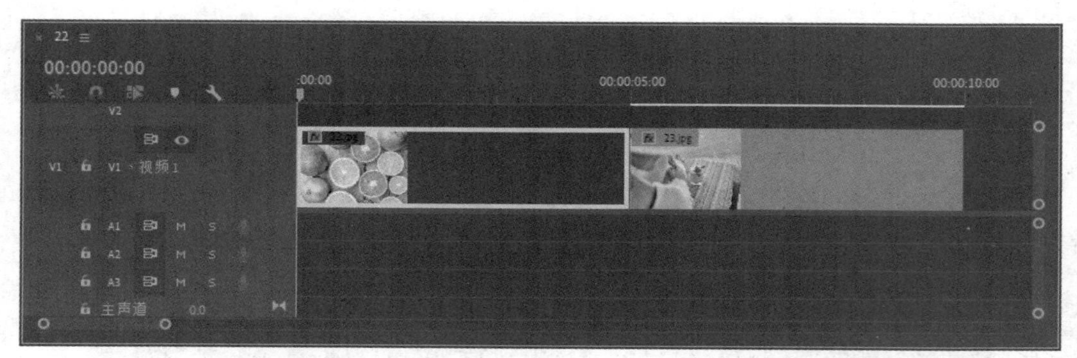

图 2-39

选中失效素材，右击，在弹出的快捷菜单中重新选择“启用”选项，即可启用素材文件，使其在“节目监视器”面板中显现。

2.2 新建素材

除了导入素材外，Premiere软件还提供了新建素材文件的方法。下面将针对如何在Premiere软件中新建素材进行讲解。

2.2.1 调整图层

调整图层是一个透明的图层，通过调整图层，可以将同一效果应用至时间轴上的多个序列上，调整图层会影响图层堆叠顺序中位于其下的所有图层。

新建调整图层的方式非常简单，单击“项目”面板底部的“新建项”按钮，在弹出的快捷菜单中选择“调整图层”选项，打开“调整图层”对话框进行设置，完成后单击“确定”按钮即可创建调整图层，如图2-40所示。

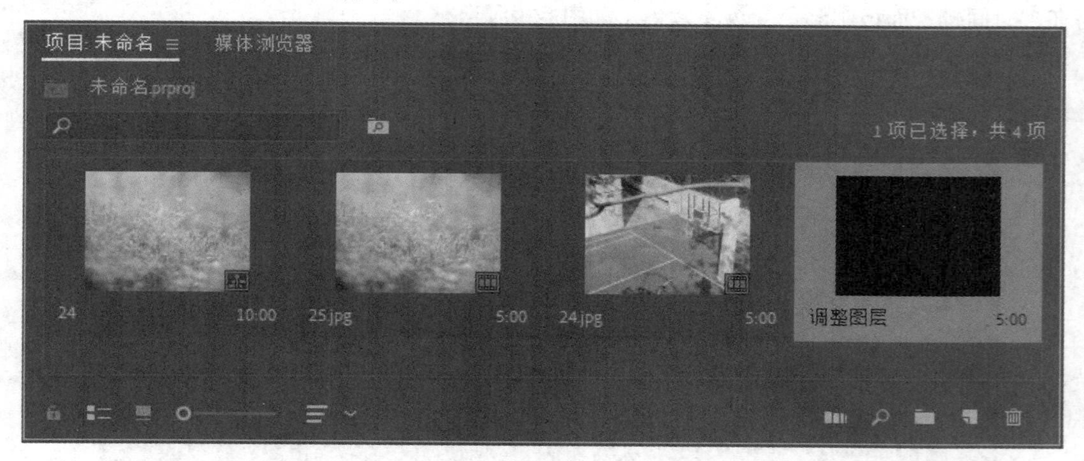

图 2-40

将新建的调整图层拖动至“时间轴”面板中，并设置合适的持续时间，添加效果后即可看到位于其下的图层也显示了对应的视频效果，图2-41和图2-42所示为添加“四色渐变”视频效果的显示效果。

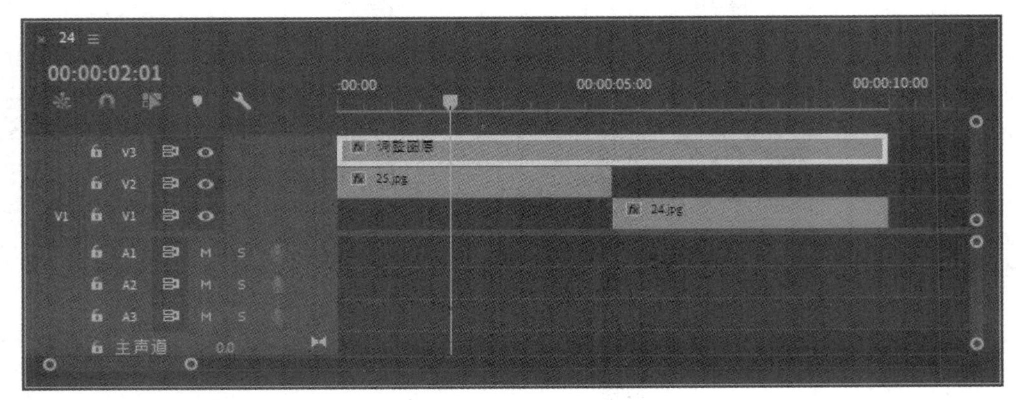

图 2-41

图 2-42

除了使用“新建项”按钮新建调整图层，也可以在“项目”面板空白处右击，在弹出的快捷菜单中选择“新建项目”→“调整图层”选项新建调整图层。

2.2.2 彩条

彩条可以正确反映出各种彩色的亮度、色调和色饱和度，帮助用户检验视频通道传输质量。在Premiere软件中，用户可以通过“新建项”按钮新建彩条。

单击“项目”面板底部的“新建项”按钮，在弹出的快捷菜单中选择“彩条”选项，打开“新建彩条”对话框，设置参数后单击“确定”按钮即可在“项目”面板中新建彩条，如图2-43所示。拖动至“时间轴”面板中即可在画面中显示，如图2-44所示。

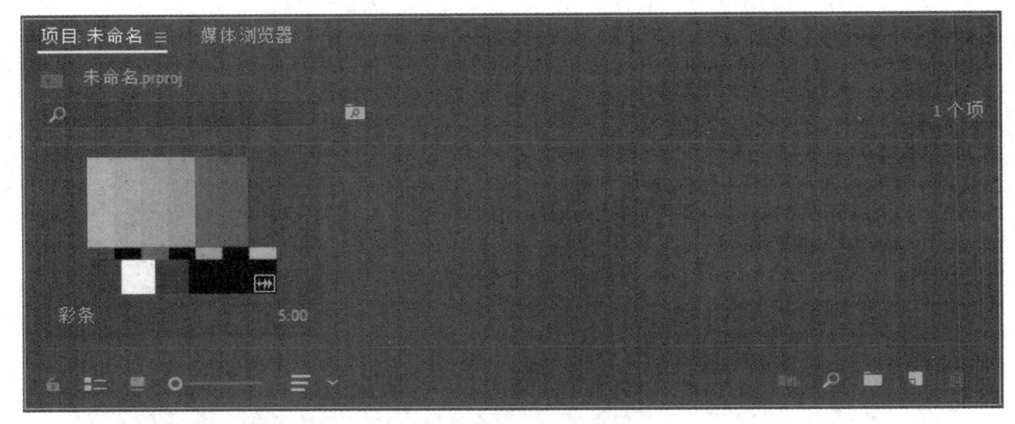

图 2-43

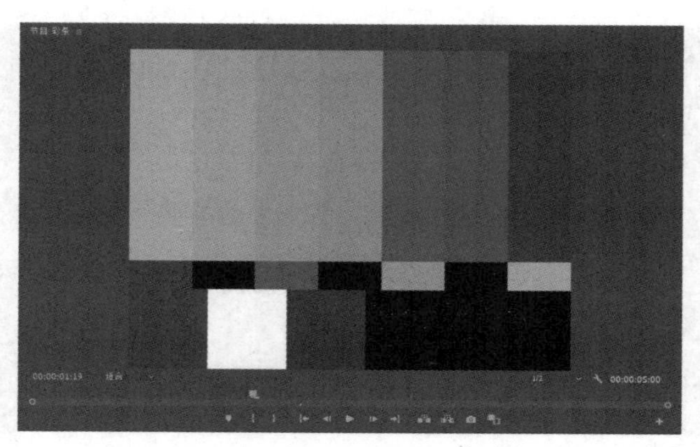

图 2-44

新建的彩条带有音频信息，如图2-45所示。

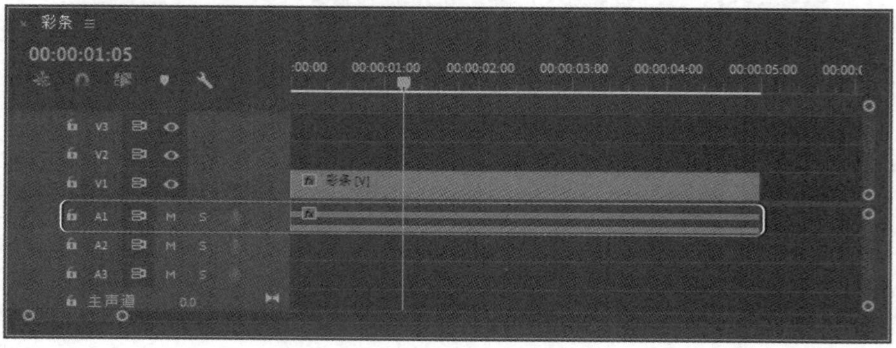

图 2-45

与调整图层的新建方式一致，彩条也可以通过在“项目”面板空白处右击，在弹出的快捷菜单中选择“新建项目”→“彩条”选项新建。

2.2.3　黑场视频

黑场视频效果可以帮助用户制作转场，使素材间的切换流畅自然。

单击“项目”面板底部的“新建项”按钮，在弹出的快捷菜单中选择“黑场视频”选项，打开“新建黑场视频”对话框，设置参数后单击“确定”按钮即可在“项目”面板中新建黑场视频，如图2-46所示。拖动至“时间轴”面板中即可在画面中显示。

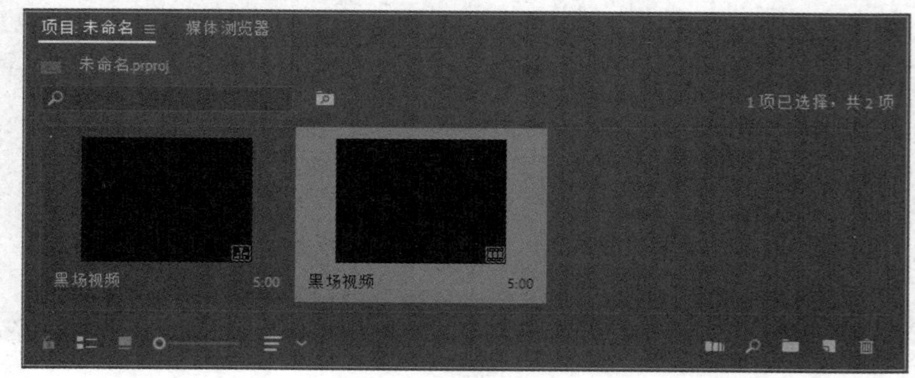

图 2-46

2.2.4 颜色遮罩

单击“项目”面板底部的“新建项”按钮，在弹出的快捷菜单中选择“颜色遮罩”选项，打开“新建颜色遮罩”对话框，设置参数后单击“确定”按钮，在弹出的“拾色器”对话框中对颜色进行设置，设置完成后单击“确定”按钮，设置颜色遮罩名称，即可在“项目”面板中创建颜色遮罩素材，如图2-47所示。

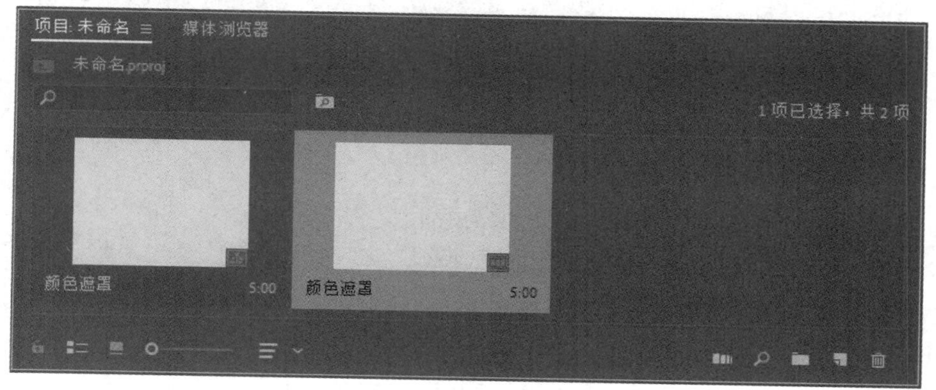

图 2-47

在“项目”面板中双击颜色遮罩素材，可在弹出的“拾色器”对话框中对素材颜色进行修改，拖动至“时间轴”面板中的素材颜色也会发生相应的变化。

2.2.5 通用倒计时片头

倒计时片头可以制作倒计时效果。下面针对Premiere软件中自带的通用倒计时片头进行介绍。

单击“项目”面板底部的“新建项”按钮，在弹出的快捷菜单中选择“通用倒计时片头”选项，打开“新建通用倒计时片头”对话框，设置参数后单击“确定”按钮，打开“通用倒计时设置”对话框，如图2-48所示。完成后单击“确定”按钮，即可在“项目”面板中新建倒计时片头素材，如图2-49所示。新建的片头默认时长为11秒。

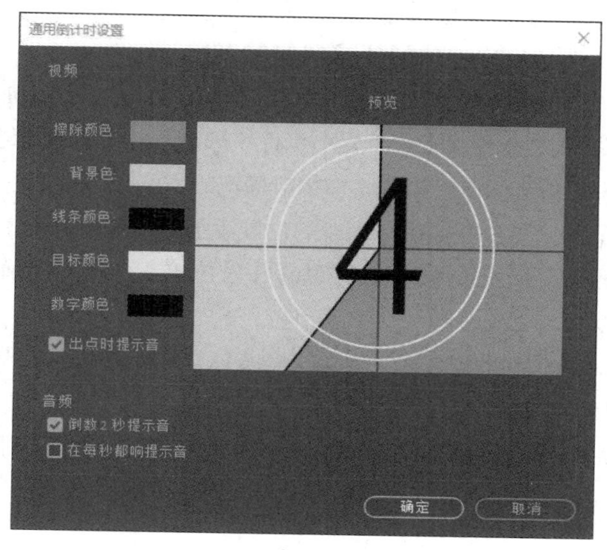

图 2-48

图 2-49

“通用倒计时设置”对话框中部分参数的作用如下：

- **擦除颜色：**用于指定圆形1秒擦除区域的颜色。
- **背景色：**用于指定擦除颜色后的区域颜色。
- **线条颜色：**用于设置水平和垂直线条的颜色。
- **目标颜色：**用于显示准星颜色，即数字周围的双圆形颜色。
- **数字颜色：**用于指定倒数数字颜色。
- **出点时提示音：**选中该复选框后将在片头的最后一帧中显示提示圈。
- **倒数2秒提示音：**选中该复选框后将在数字2后播放提示音。
- **在每秒都响提示音：**选中该复选框后将在每秒开始时播放提示音。

经验之谈 标记素材

“源监视器”面板的标记工具用于设置素材片段的标记，“节目监视器”面板的标记工具用于设置序列中时间标尺上的标记。

为“源监视器”面板中的素材设置标记点的方法如下：

步骤 01 在“源监视器”面板中选择要设置标记的素材。

步骤 02 在“源监视器”面板中找到设置标记的位置，然后单击“添加标记”按钮为该处添加一个标记点，可以按M键，也可以在菜单栏中执行“标记”→“添加标记”命令。

用户可在此为其添加章节标记，为其添加章节标记的方法如下：

步骤 01 “添加章节标记”：在编辑标识线的位置添加一个章节标记。

步骤 02 在“源监视器”面板中选择需要添加标记的位置，右击，在弹出的快捷菜单中选择“添加章节标记”命令。

步骤 03 在弹出的对话框中将其名称设置为“章节标记”，选中“章节标记”单选按钮，其他参数为默认设置，如图2-50所示。

步骤 04 设置完成后，单击“确定”按钮，即可在“源监视器”面板中为其添加章节标记，如图2-51所示。

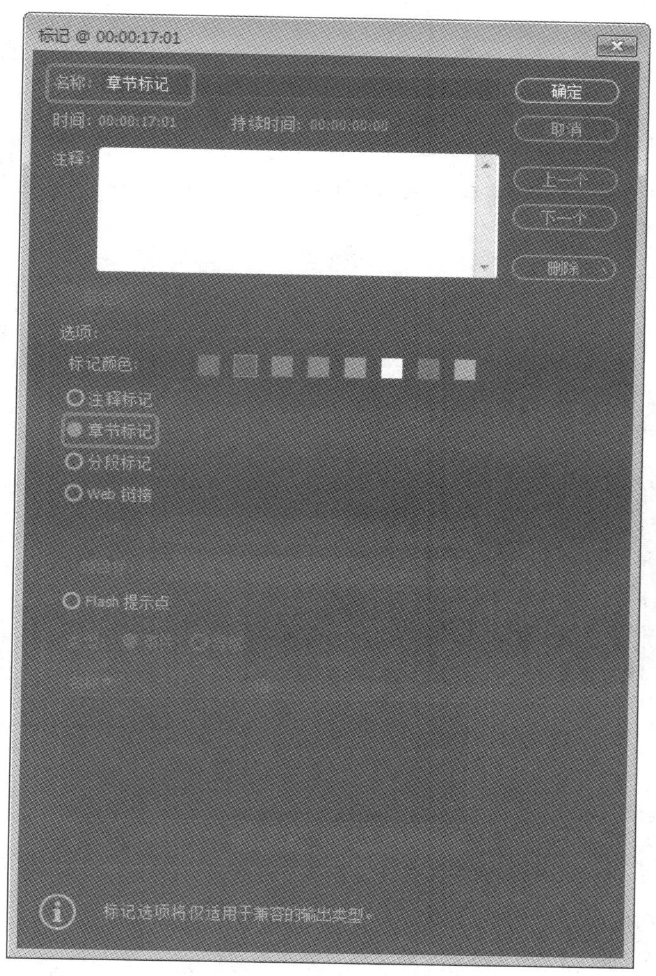
标记 @ 00:00:17:01
名称：章节标记
确定
时间：00:00:17:01
持续时间：00:00:00:00
取消
注释：
上一个
下一个
删除
选项：
标记颜色：
注释标记
章节标记
分段标记
Web 链接
Flash 提示点
标记选项将仅适用于兼容的输出类型。

图 2-50

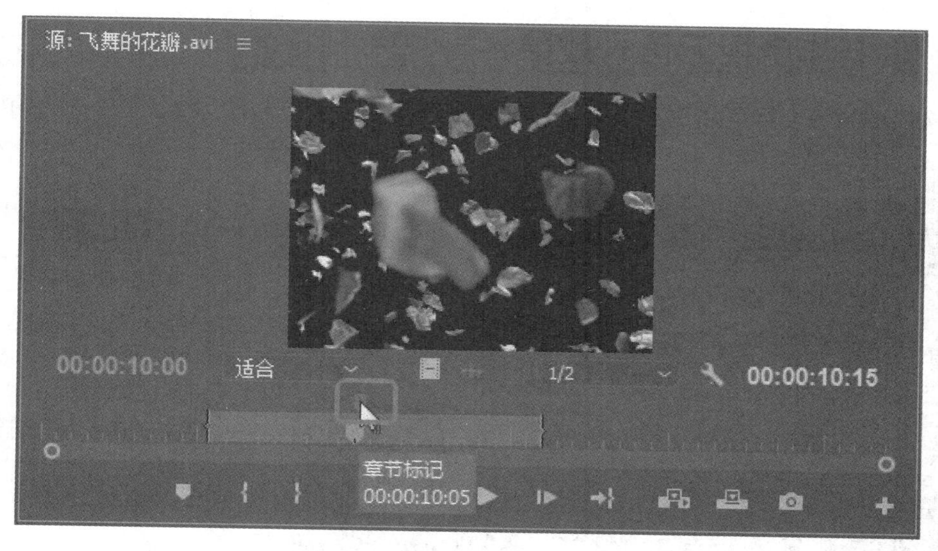
源：飞舞的花瓣.avi
00:00:10:00
适合
1/2
00:00:10:15
章节标记
00:00:10:05

图 2-51

上手实操

实操一 编组素材

为了有效地管理和组织素材，用户可以使用“编组”命令将两个或多个对象进行编组，如图2-52所示。

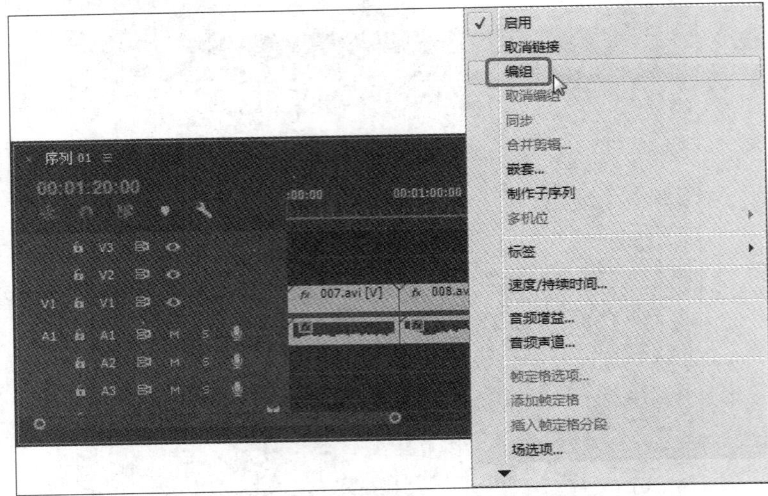

图 2-52

设计要领

- 启动Premiere软件，新建项目，自行选择并导入两个素材。
- 将导入的素材依次拖拽至“序列”面板，自行进行简单设置。
- 选中设置好的两个对象，使用“编组”命令将其编组。

扫码观看视频

实操二 制作电视无信号效果

本实操主要练习如何新建彩条素材文件，来制作电视无信号的效果。图2-53所示为变化效果。

图 2-53

设计要领

- 启动Premiere软件，导入素材文件。
- 新建彩条素材。
- 将素材文件依次置入至“时间轴”面板中，调整素材持续时间即可。

第3章 视频剪辑

内容概要

Premiere软件中有多种剪辑素材的方法，用户可以结合剪辑工具、“时间轴”面板及监视器面板等多种方式编辑素材。本章主要介绍剪辑工具的作用及如何在监视器面板中剪辑素材文件。

知识要点

- 熟悉剪辑工具的应用。
- 了解剪辑素材的方法。
- 学会在“监视器”面板中操作素材。

数字资源

【本章案例素材来源】：“素材文件\第3章”目录下

【本章案例最终文件】：“素材文件\第3章\案例精讲\制作生活短视频.prproj”

案例精讲 制作生活短视频

本案例将通过制作生活短视频来介绍一些剪辑工具的应用。主要涉及的知识点包括“监视器”面板的使用、剪辑工具的应用以及视频效果的添加。

扫码观看视频

步骤 01 启动Premiere软件，新建项目和序列，执行“文件”→“导入”命令，导入素材文件“读书.mp4”“音乐.mp4”“休闲.mp4”，如图3-1所示。

图 3-1

步骤 02 选中“项目”面板中的素材“读书.mp4”，拖动至“时间轴”面板中的V1轨道中，如图3-2所示。

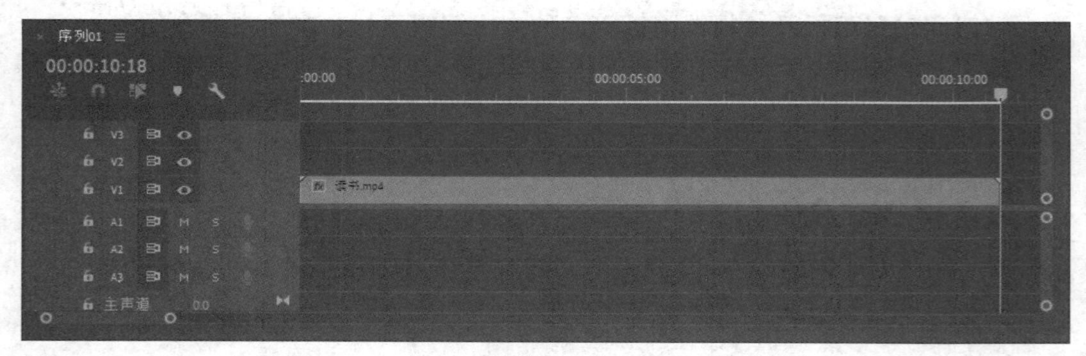

图 3-2

步骤 03 移动时间线至10秒处，单击“工具”面板中的“剃刀工具”，在时间线处单击，剪切素材并删除多余部分，如图3-3所示。

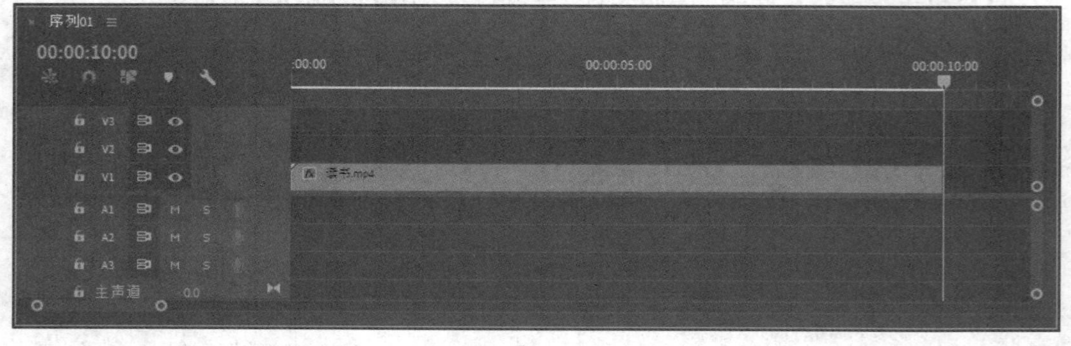

图 3-3

步骤04 在“效果”面板中搜索“圆形”视频效果，拖动至V2轨道素材上，在“效果控件”面板中调整参数，如图3-4所示。

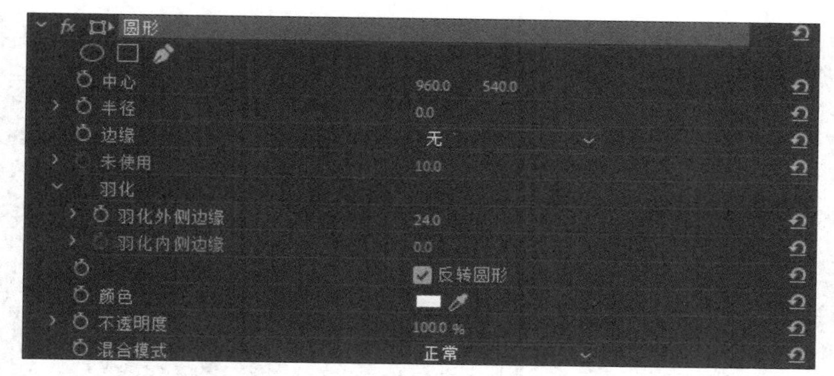

图 3-4

步骤05 单击“圆形”参数中“半径”参数前的“切换动画”按钮，添加关键帧，如图3-5所示。

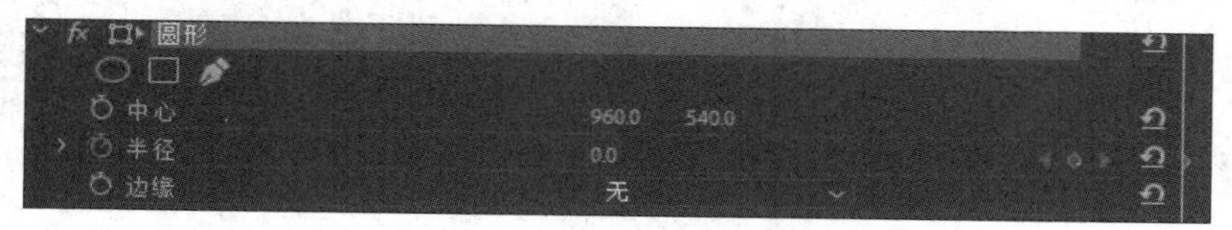

图 3-5

步骤06 移动时间线至3秒处，调整“圆形”参数中“半径”参数，新建关键帧，如图3-6所示。

图 3-6

步骤07 在“效果”面板中搜索“线性擦除”视频效果，拖动至V2轨道素材上，移动时间线至4秒处，在“效果控件”面板中调整参数，并单击“线性擦除”参数中“过渡完成”参数前的“切换动画”按钮，添加关键帧，如图3-7所示。

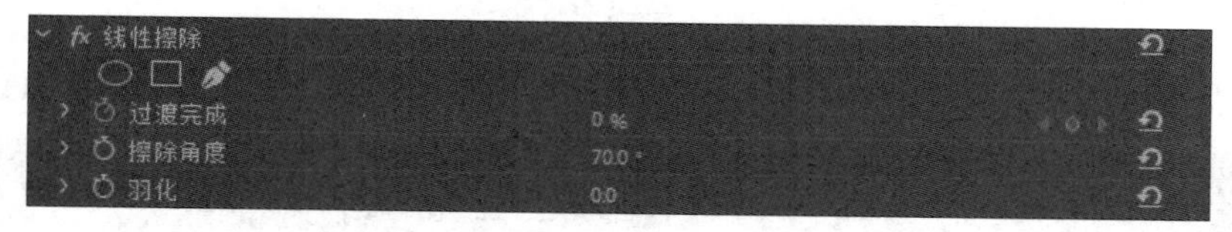

图 3-7

步骤08 移动时间线，调整“线性擦除”参数中“过渡完成”参数，再次添加关键帧，重复几次，如图3-8所示。

图 3-8

步骤 09 在“项目”面板中双击“音乐.mp4”素材，打开“源监视器”面板，移动时间线至“00:00:03:23”处，单击“源监视器”面板中的“标记入点”按钮，添加入点，如图3-9所示。

图 3-9

步骤 10 使用相同的方法，移动时间线至“00:00:13:23”处，单击“源监视器”面板中的“标记出点”按钮，添加出点，如图3-10所示。

图 3-10

步骤 11 拖动“源监视器”面板中的素材至“时间轴”面板中的V1轨道中，如图3-11所示。

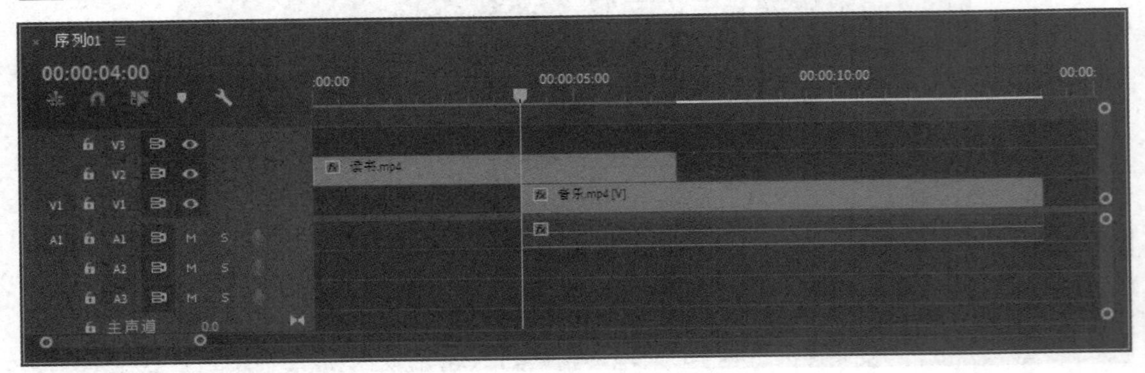

图 3-11

步骤 12 在“效果”面板中搜索“水平翻转”视频效果，拖动至V1轨道素材上，翻转素材对象，效果如图3-12所示。

图 3-12

步骤 13 在“项目”面板中双击“休闲.mp4”素材，打开“源监视器”面板，使用相同的方法，在“00:00:14:00”和“00:00:20:00”处添加入点和出点，如图3-13所示。拖动“源监视器”面板中的素材至“时间轴”面板中的V2轨道中，如图3-14所示。

图 3-13

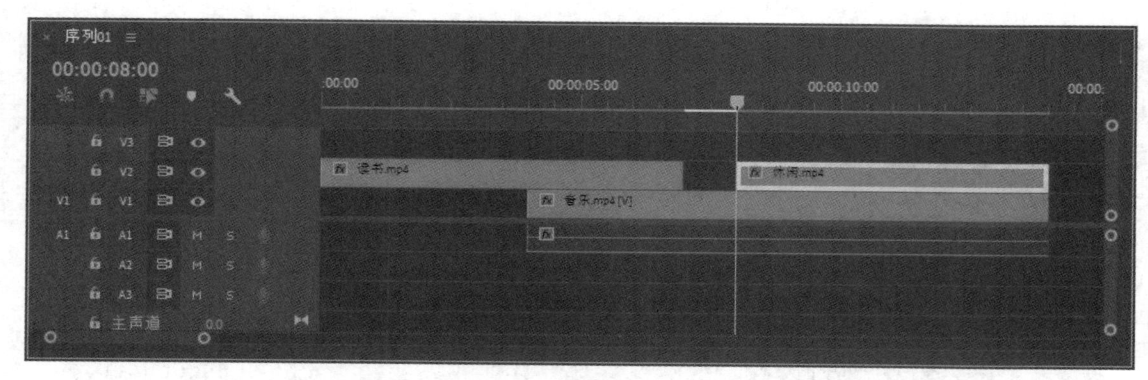

图 3-14

步骤 14 在“效果”面板中搜索“线性擦除”视频效果，拖动至“休闲.mp4”素材上，移动时间线至“休闲.mp4”素材起始处；在“效果控件”面板中调整参数，并单击“线性擦除”参数中“过渡完成”参数前的“切换动画”按钮，添加关键帧，如图3-15所示。

图 3-15

步骤 15 移动时间线，调整“线性擦除”参数中“过渡完成”参数，再次添加关键帧，重复几次，如图3-16所示。

图 3-16

步骤 16 到这里就完成了生活短视频的制作。在“节目监视器”面板中预览效果如图3-17所示。

图 3-17

边用边学

3.1 剪辑工具

在Premiere软件中，通过“工具”面板中的工具可以更好地对“时间轴”面板中的素材进行编辑，图3-18所示为“工具”面板。下面将对此进行介绍。

图 3-18

3.1.1 选择工具

“选择工具”▶是可以选中“时间轴”面板中的素材片段、菜单项和其他对象的标准工具，使用完其他工具后，按V键可以快速切换至“选择工具”▶。

3.1.2 选择轨道工具

“选择轨道工具”的功能和“选择工具”▶类似，都可以选择并调整素材片段在“时间轴”面板中轨道上的位置。但与“选择工具”▶不同的是，“选择轨道工具”可以选择箭头方向上所有轨道中的素材进行编辑。

“选择轨道工具”分为“向前选择轨道工具”和“向后选择轨道工具”两种，分别对应不同的方向。以“向前选择轨道工具”的使用为例，单击选中“工具”面板中的“向前选择轨道工具”，移动鼠标光标至“时间轴”面板中单击，即可选中以箭头所在位置为界的同方向的所有素材，如图3-19和图3-20所示。

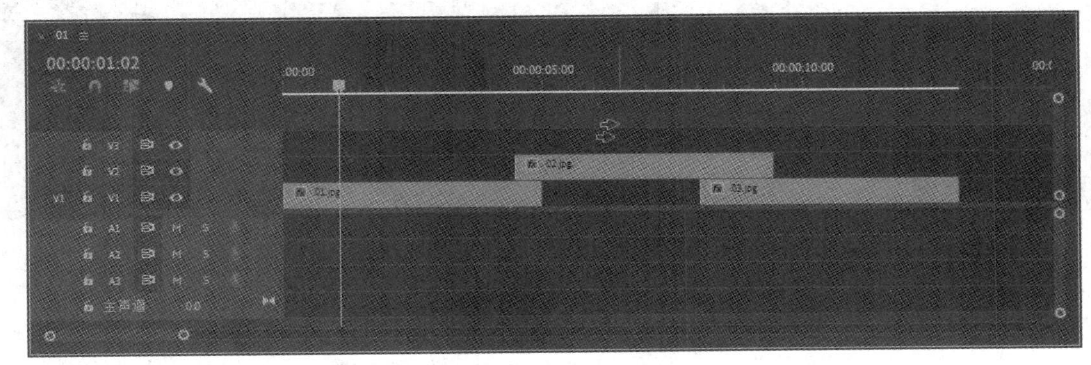

图 3-19

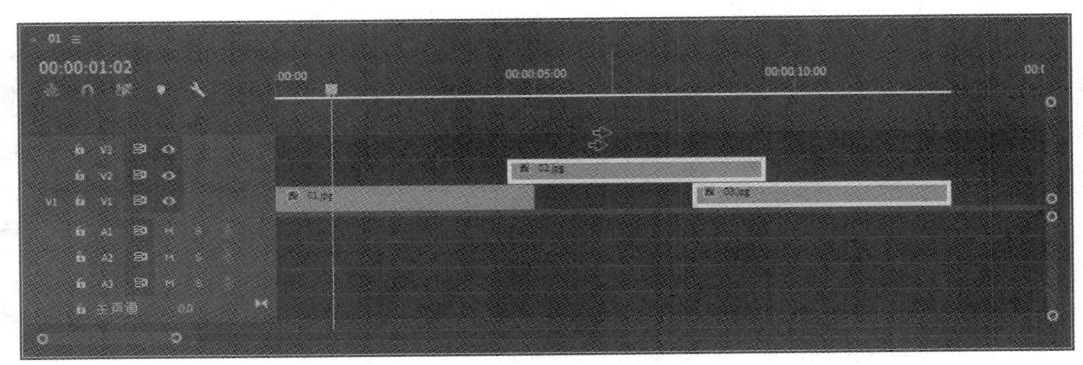

图 3-20

3.1.3 波纹编辑工具

“波纹编辑工具” 可以调整素材的出点或入点，且保持相邻素材之间不出现空缺。

选中“工具”面板中的“波纹编辑工具” ，移动鼠标光标至“时间轴”面板中相邻素材之间，当光标变为 时，按住鼠标左键拖动即可修改素材的出点或入点位置，调整后相邻的素材自动补位上前。图3-21和图3-22所示为调整前一段素材出点后前后对比效果。

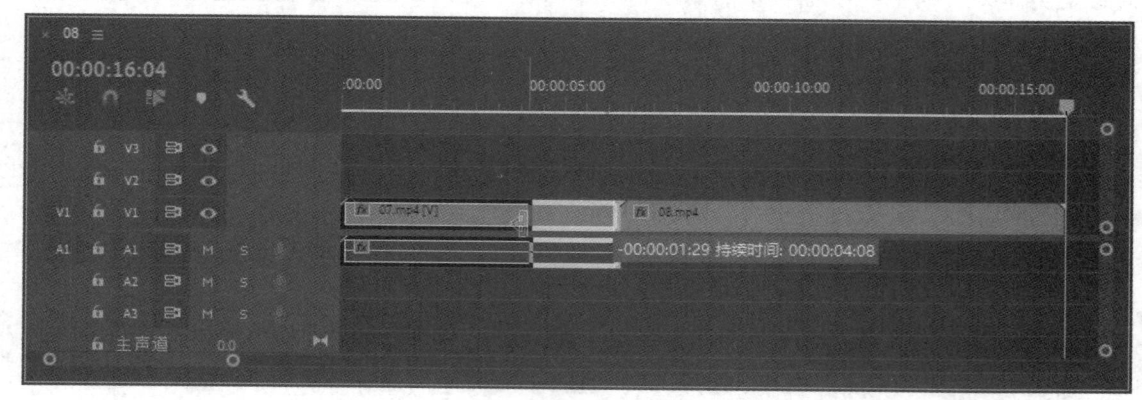

图 3-21

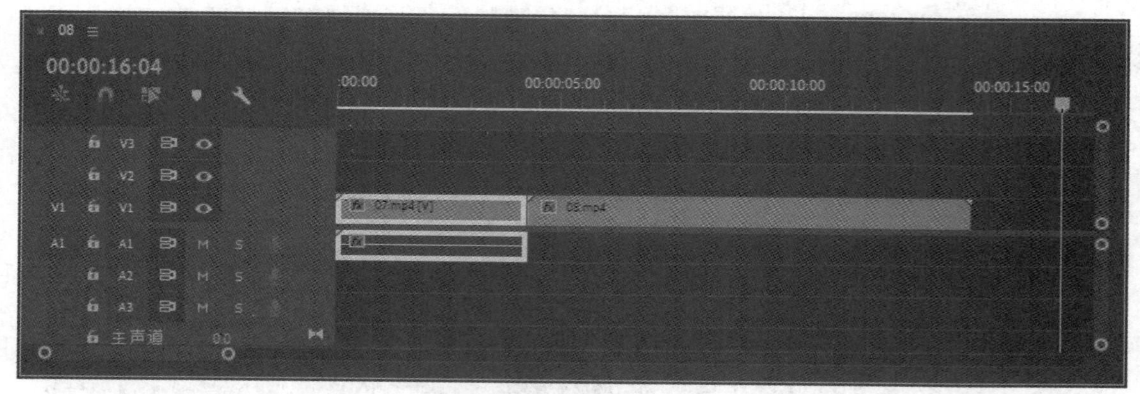

图 3-22

3.1.4 滚动编辑工具

“滚动编辑工具” 可以调整一个素材片段的入点和与之相邻的另一个素材片段的出点，且保持两个素材片段的总持续时间不变。

选中“工具”面板中的“滚动编辑工具” ，移动到两个素材之间，当鼠标指针变为 时，按住鼠标左键拖动即可调整素材出点和入点。图3-23所示为向右拖动出入点的效果（左侧素材文件出点处需有余量以供调节），可以看到左侧素材文件长度变长，右侧素材文件长度变短，但总长度不变。

若向左拖动素材，右侧素材入点处需有余量以供调节。此时右侧素材文件长度变长，左侧素材文件长度变短，但总长度依然保持不变，如图3-24所示。

当鼠标指针位于两个素材中间变为 时，双击，会在“节目监视器”面板中弹出详细的修整面板，以便对素材微调，如图3-25所示。

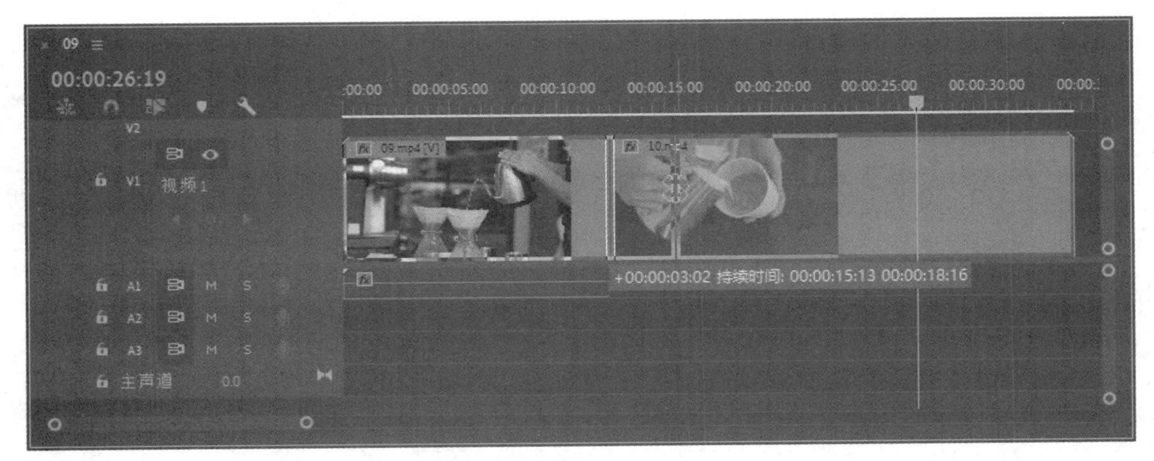

图 3-23

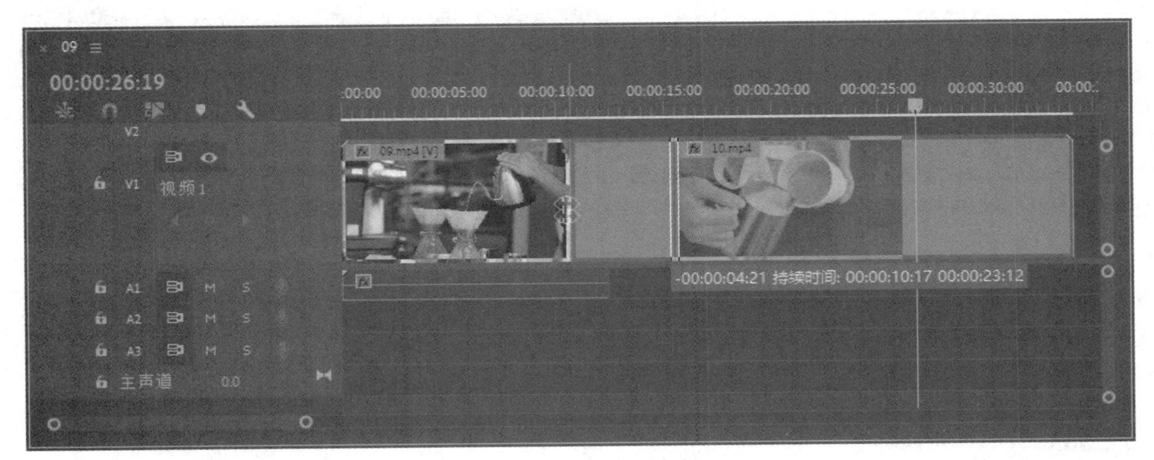

图 3-24

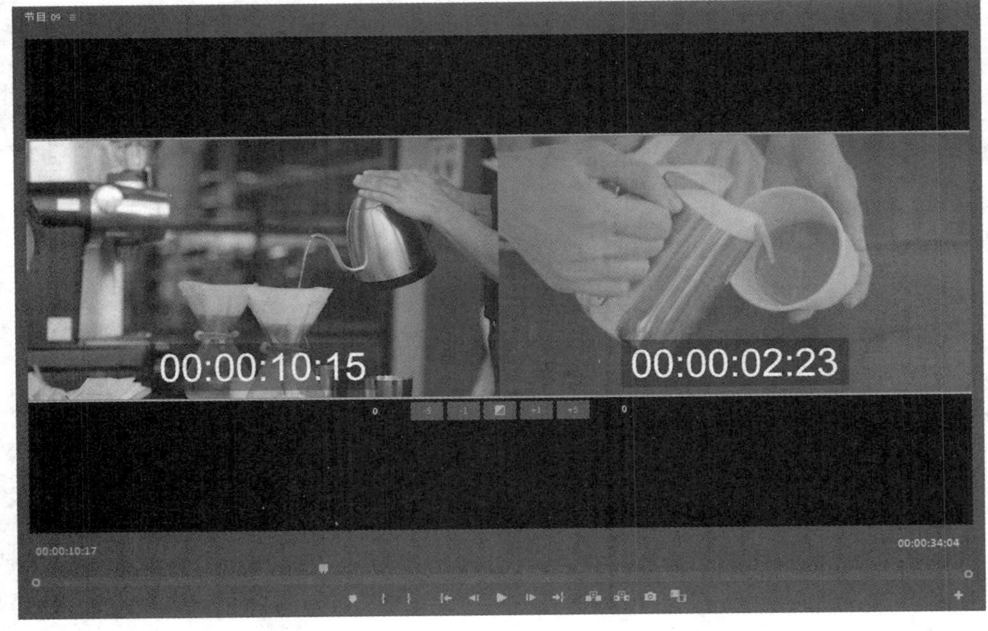

图 3-25

3.1.5 比率拉伸工具

“比率拉伸工具”可以通过调整素材播放速度来改变素材片段的持续时间。

选中“工具”面板中的“比率拉伸工具”，移动光标至素材片段的出点或入点处，当鼠标指针变为时，按住鼠标进行拖动即可调整素材持续时间，调整前后效果如图3-26和图3-27所示。

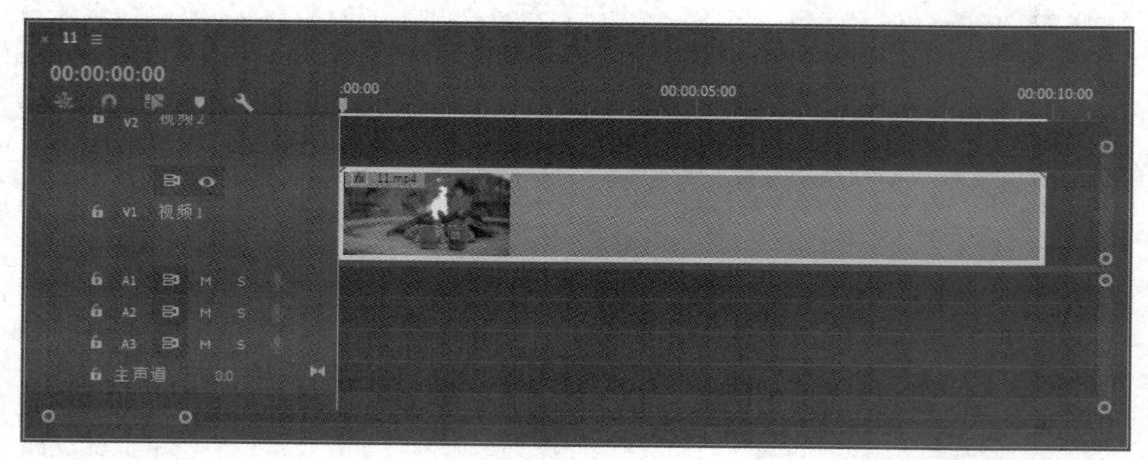

图 3-26

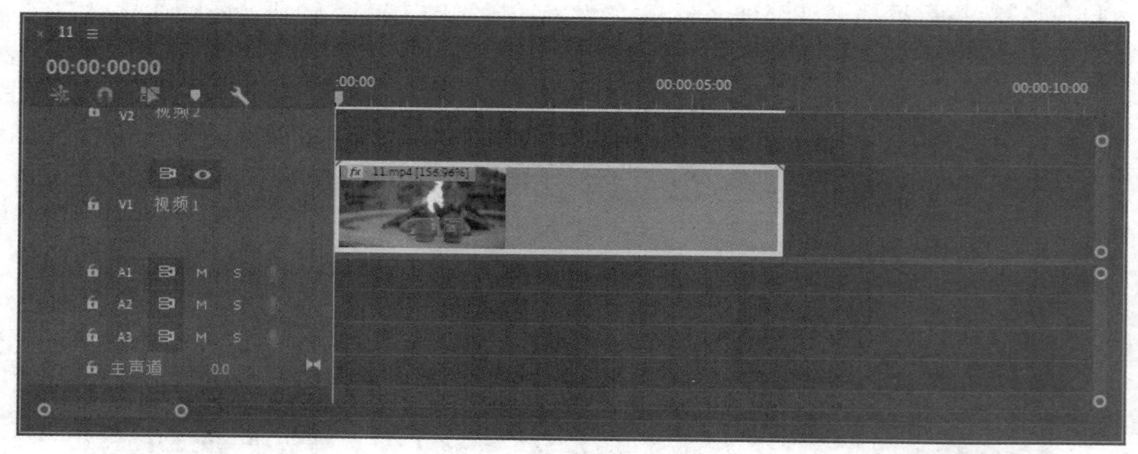

图 3-27

若想调整精确的持续时间，可以在“时间轴”面板中选中要调整的素材片段，右击，在弹出的快捷菜单中选择“速度/持续时间”命令，打开“剪辑速度/持续时间”对话框，如图3-28所示。

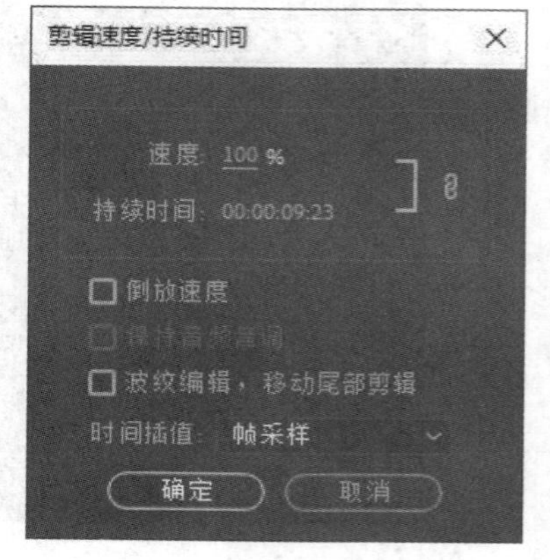

图 3-28

在该对话框中，可以对素材的速度或持续时间进行设置，下面将具体介绍：

- **速度：** 用于调整素材片段播放速度。大于100%为加速播放，小于100%为减速播放，等于100%为正常速度播放。

- **持续时间：**用于显示更改后的素材片段的持续时间，也可以用于直接设置素材的持续时间。
- **倒放速度：**选中该复选框后，将反向播放素材片段。
- **保持音频音调：**选中该复选框后，素材片段的音频播放速度不变。
- **波纹编辑，移动尾部剪辑：**选中该复选框后，片段加速导致的缝隙处将被自动填补上。

3.1.6 剃刀工具

"剃刀工具"主要用于剪切"时间轴"面板中的素材文件，快捷键为C键。

选中"工具"面板中的"剃刀工具"，移动鼠标光标至"时间轴"面板中要剪切的素材上单击，即可将素材文件分成独立的两部分，如图3-29和图3-30所示。

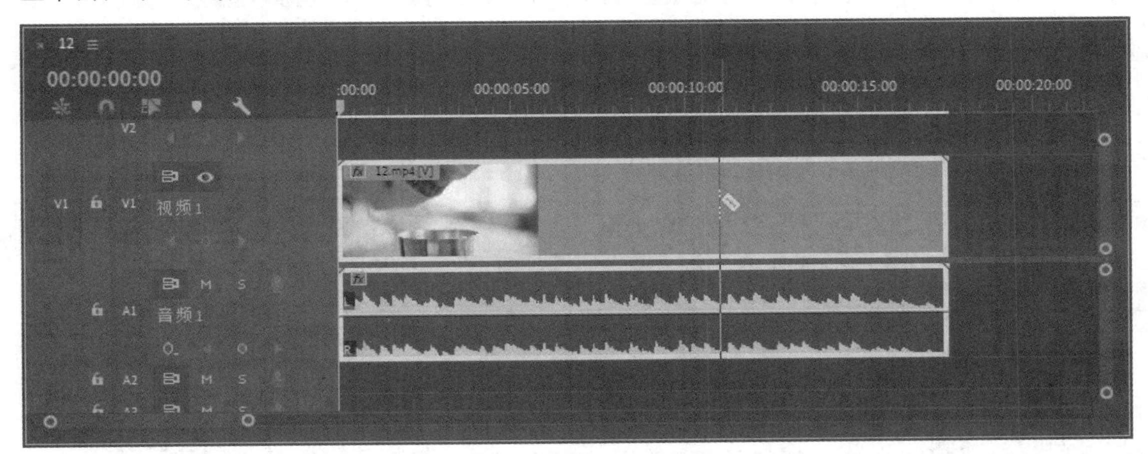

图 3-29

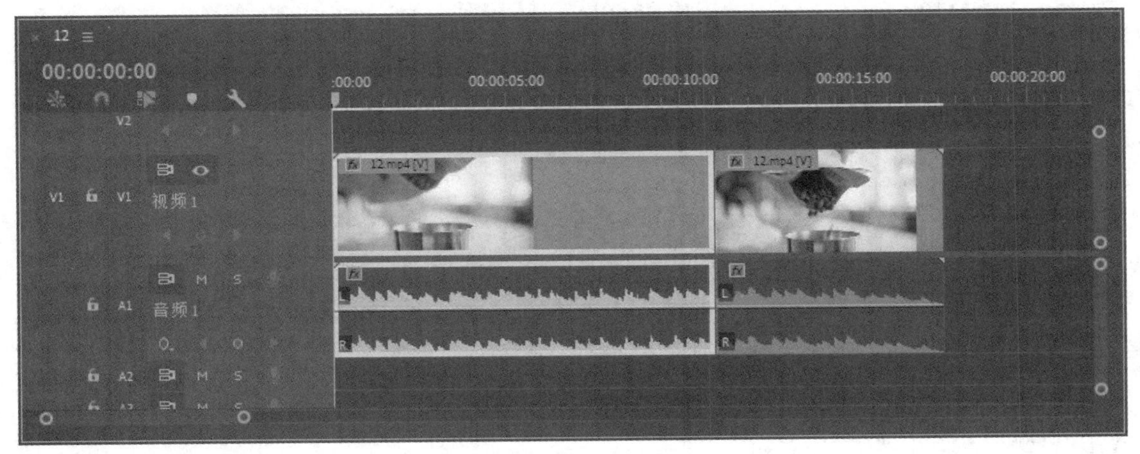

图 3-30

若仅剪切链接素材的视频或音频，可以按住Alt键在素材上单击即可。图3-31所示为仅剪切视频的效果。

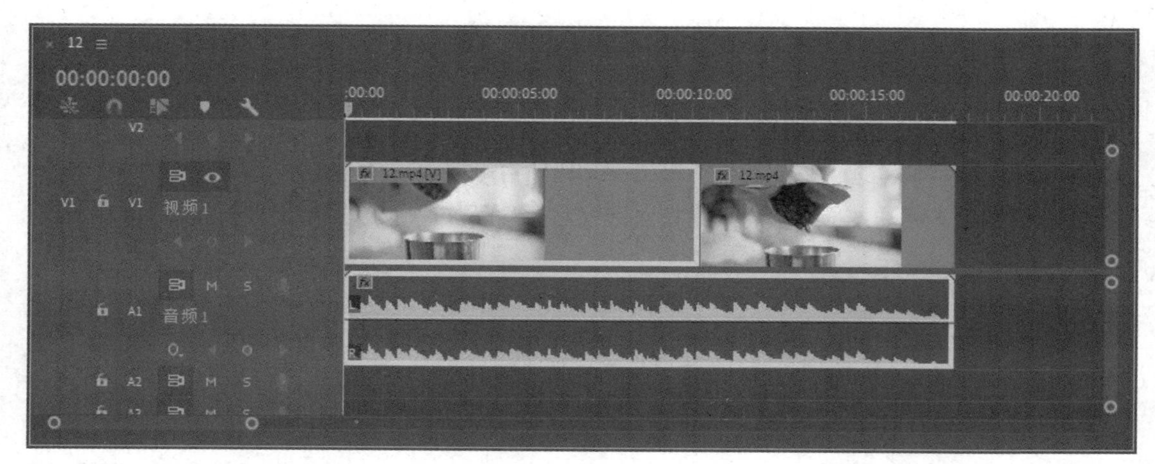

图 3-31

若想精准地剪切素材片段，可以移动时间标记至准确的位置，保持“时间轴”面板中“对齐”按钮属于选中状态，移动鼠标靠近时间标记单击，或者按Ctrl+K组合键，即可从时间标记处剪切素材，如图3-32和图3-33所示。

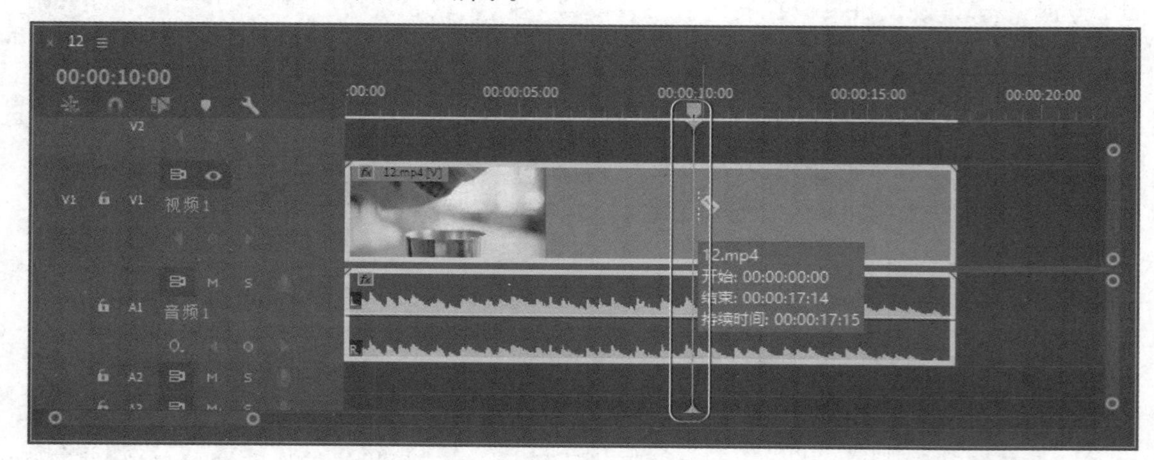

图 3-32

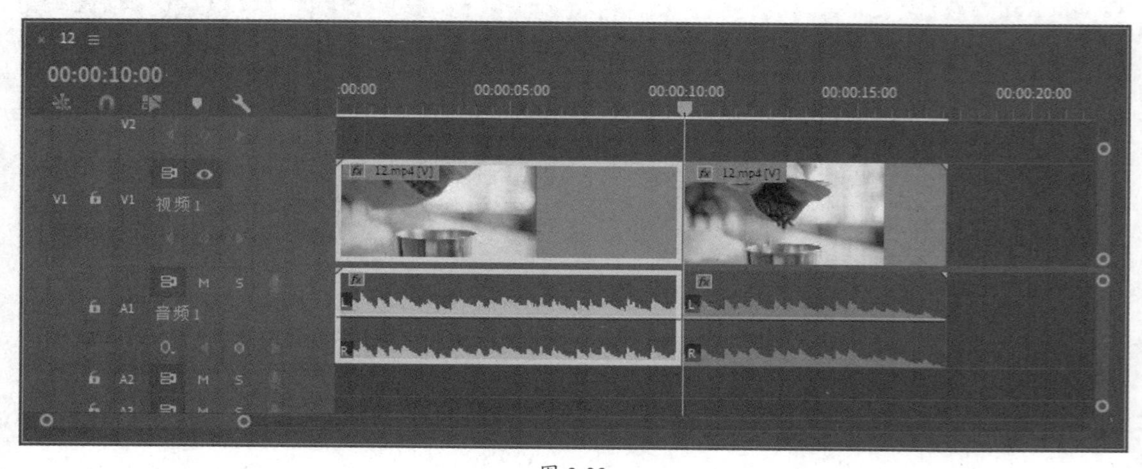

图 3-33

当“时间轴”面板中多条轨道上都有素材时，按住Shift键使用“剃刀工具”在素材上单击，将剪切鼠标光标所在处所有轨道中的素材，如图3-34所示。

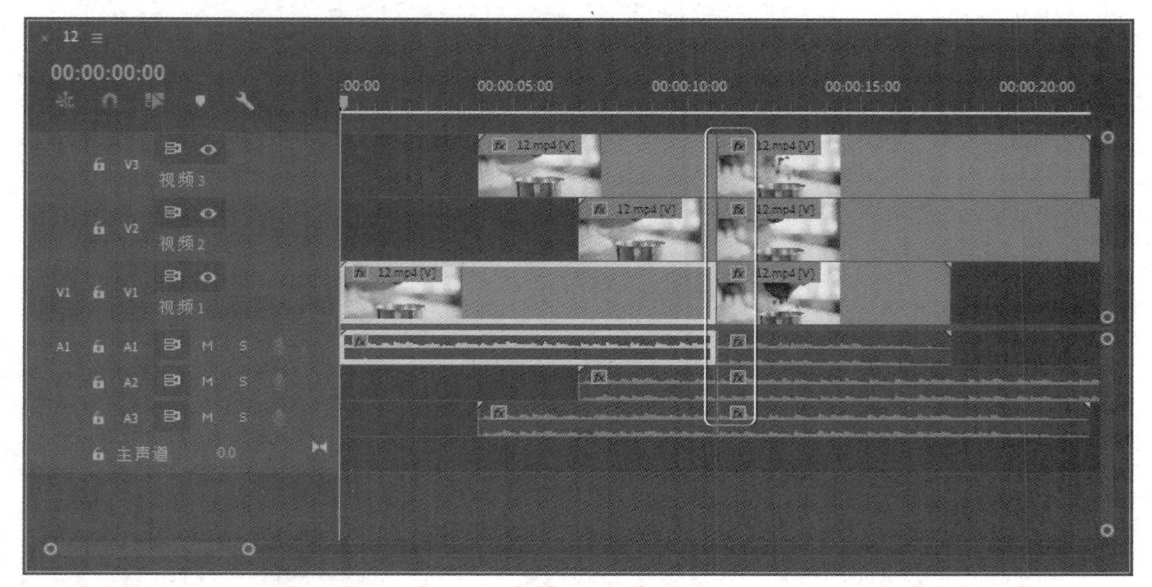

图 3-34

3.1.7 内滑工具

“内滑工具”可保持被拖动片段的出入点不变，而前后与之相邻的素材的出点或入点发生变化，且保持影片总长度不变。使用“内滑工具”时，前后素材片段与之相接的出点或入点处需有余量以供调节。

使用“选择工具”调整“时间轴”面板中第一段和第三段素材的长度，如图3-35所示。选中“工具”面板中的“内滑工具”，移动光标至第一段和第二段素材之间，当鼠标指针变为时，按住鼠标拖动即可修改，如图3-36所示。

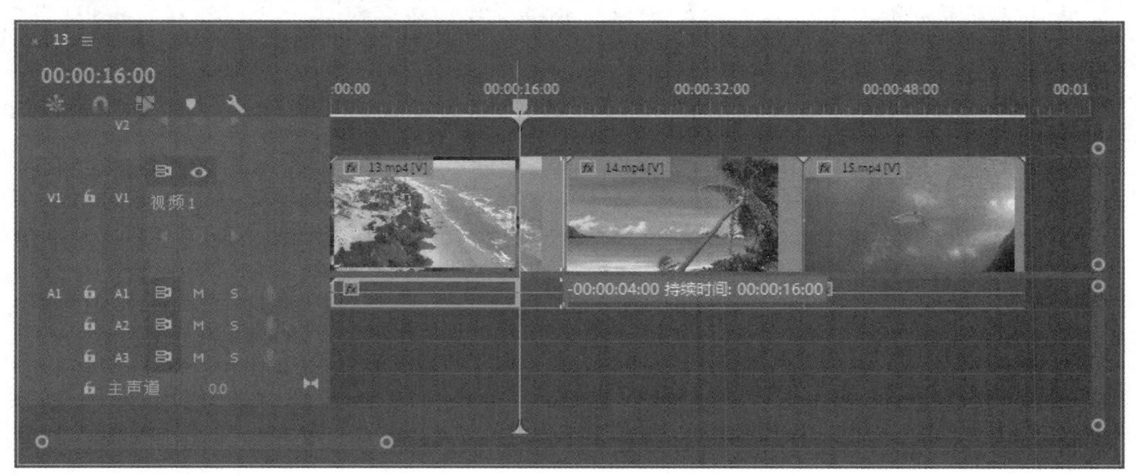

图 3-35

图 3-36

在拖动过程中，“节目监视器”面板中将显示被调整片段的出点与入点以及未被编辑的出点与入点，如图3-37所示。

图 3-37

3.1.8 外滑工具

“外滑工具”的作用与“内滑工具”相反，使用“外滑工具”在轨道中的素材上拖动时，可以改变该素材的出入点而保持相邻片段的出入点不变。

使用“选择工具”调整“时间轴”面板中第二段素材的长度，如图3-38所示。选中“工具”面板中的“外滑工具”，移动光标至第二段素材上，当鼠标指针变为时，按住鼠标拖动即可修改，如图3-39所示。

图 3-38

图 3-39

在拖动过程中，“节目监视器”面板中会依次显示前一片段的出点和后一片段的入点及显示画面帧数，如图3-40所示。

图 3-40

使用“外滑工具”时，要调整的素材片段入点前和出点后需有一定的余量以供调节。

3.2 在监视器面板中剪辑素材

除了使用“工具”面板中的工具剪辑素材外，还可以在监视器面板中对素材进行编辑。下面将针对如何在监视器面板中剪辑素材进行介绍。

3.2.1 认识“源监视器”面板

“源监视器”面板的主要功能是将原始素材置入至“时间轴”面板之前检查原始素材的主要位置，并预览和剪辑“项目”面板中的原始素材。图3-41所示为“源监视器”面板。

图 3-41

“源监视器”面板中部分重要按钮的作用如下：

- **添加标记**：用于标注素材文件需要编辑的位置，标记可以提供简单的视觉参考或保存注释。
- **标记入点**：用于定义在“时间轴”面板中插入素材的起始位置，每个剪辑或序列只有一个入点，新的入点会取代原来的入点。
- **标记出点**：用于定义在“时间轴”面板中插入素材的结束位置，每个剪辑或序列只有一个出点，新的出点会取代原来的出点。
- **转到入点**：将时间线快速移动至入点处。
- **后退一帧**：用于将时间线向左移动1帧，也可以按键盘上←键（左方向键）移动1帧。按Shift+←（左方向键）组合键可向左移动5帧。
- **播放-停止切换**：用于播放或停止播放。
- **前进一帧**：用于将时间线向右移动1帧，也可以按键盘上→键（右方向键）移动1帧。按Shift+→（右方向键）组合键可向右移动5帧。
- **转到出点**：将时间线快速移动至出点处。
- **插入**：单击该按钮，当前选中的素材将插入至时间标记后原素材中间。

- **覆盖**：单击该按钮，插入的素材将覆盖时间标记后原有的素材。
- **导出帧**：用于将当前帧导出为静态图像，选中“导入到项目中”复选框可将图像导入至“项目”面板中。
- **按钮编辑器**：单击该按钮，可以在弹出的“按钮编辑器”中自定义“源监视器”面板中的按钮。“源监视器”中的按钮编辑器如图3-42所示，选择需要的按钮拖动至“源监视器”面板底部按钮处即可。

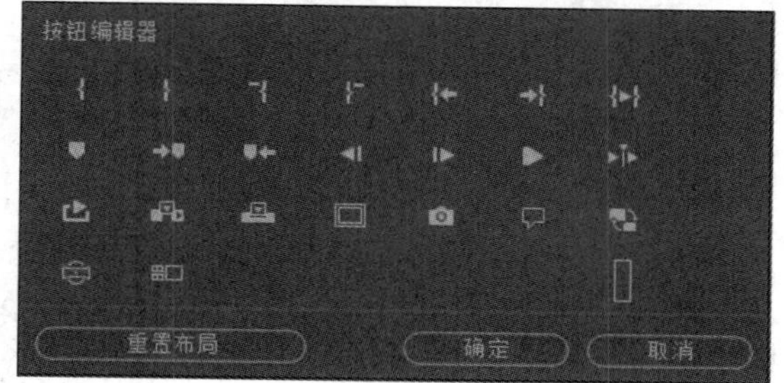

图 3-42

3.2.2 认识“节目监视器”面板

“节目监视器”面板显示“时间轴”面板中时间线所在位置的帧或正在播放的帧。“节目监视器”中的时间标尺是“时间轴”的微型版本。图3-43所示为“节目监视器”面板。

图 3-43

“节目监视器”面板与“源监视器”面板基本一致，但是还有少数不同之处，下面将针对这些不同的按钮进行介绍。

- **标记入点**：用于定义编辑素材的起始位置。
- **标记出点**：用于定义编辑素材的结束位置。
- **提升**：单击该按钮，将删除目标轨道中出入点之间的素材片段，对前、后素材以及其他轨道上的素材位置都不产生影响。
- **提取**：单击该按钮，将删除时间轴中位于出入点之间的所有轨道中的片段，并将后方素材前移。

在“源监视器”面板中选中素材文件，按住鼠标左键拖动至“节目监视器”面板中，“节目监视器”面板中会出现重叠图像，如图3-44所示，用户可以选择拖放区域。

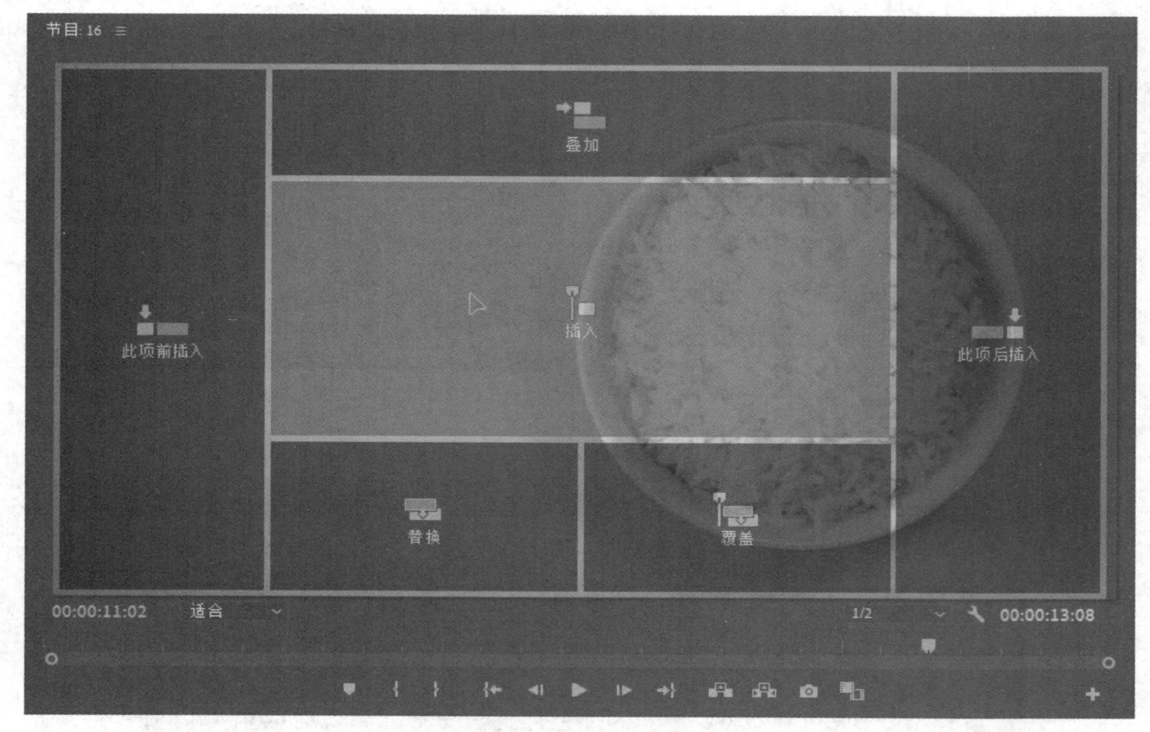

图 3-44

下面将介绍这几个区域的作用：

- **插入**：移动光标至该区域，可使用源轨道选择按钮选择素材将要放置的轨道，如图3-45所示。

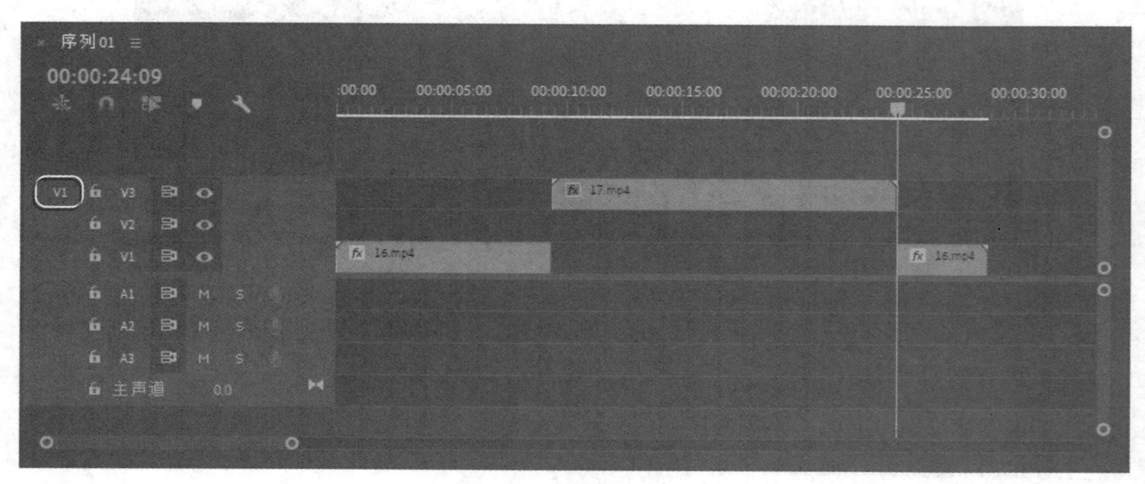

图 3-45

- **替换**：移动光标至该区域，新的素材文件将取代当前“时间轴”面板中时间标记下面的剪辑，如图3-46所示。
- **覆盖**：移动光标至该区域，可使用源轨道选择按钮选择素材将要放置的轨道，若选择的轨道与原素材一致，将覆盖时间标记后的素材，如图3-47所示。

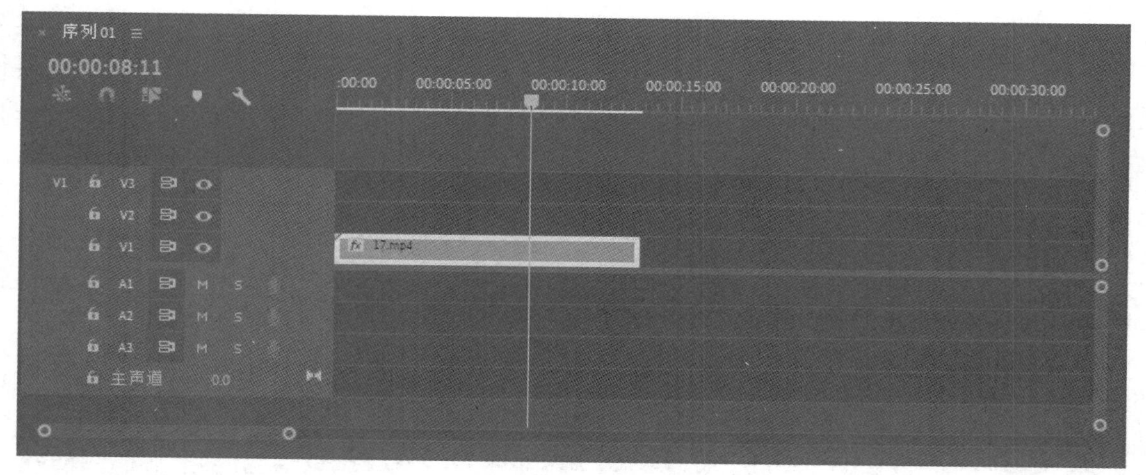

图 3-46

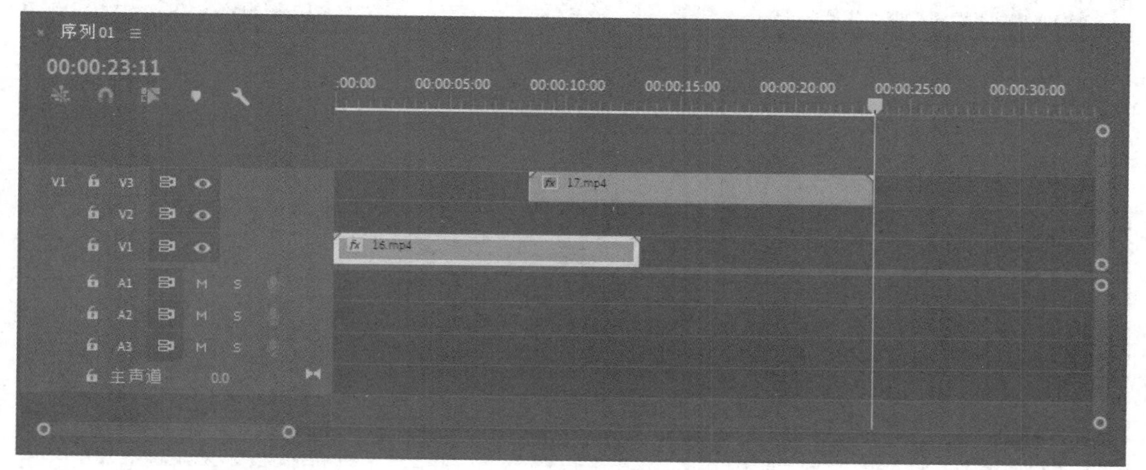

图 3-47

- **叠加**：移动光标至该区域，释放鼠标后新的素材文件会被添加到原素材文件上面的下一个可用轨道上，以此类推，如图3-48所示。

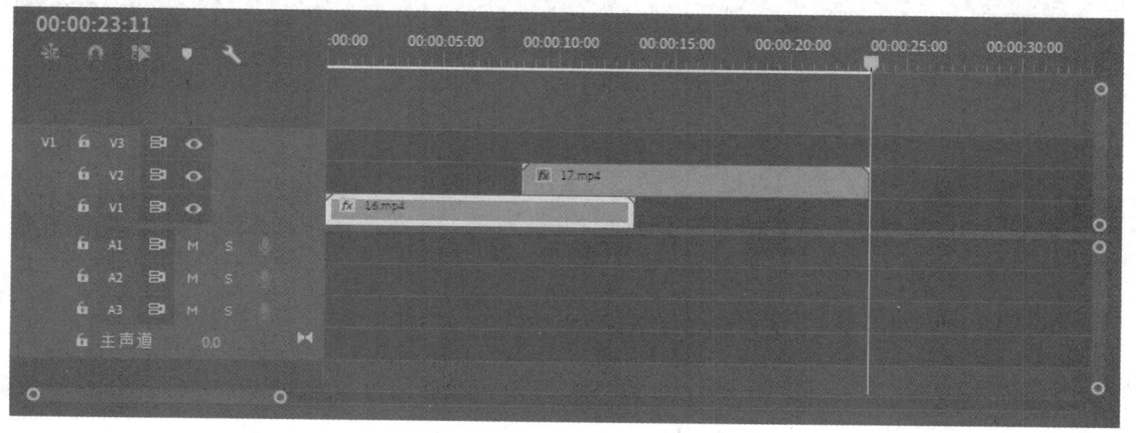

图 3-48

- **此项前插入：**移动鼠标至该区域，新的素材文件会添加至当前时间标记之前，如图3-49所示。

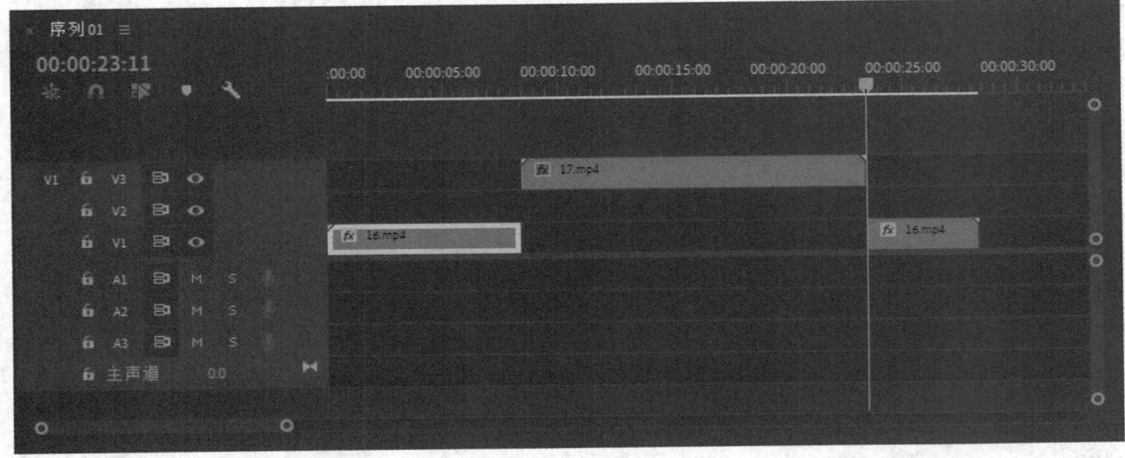

图 3-49

- **此项后插入：**移动鼠标至该区域，新的素材文件会添加至当前时间标记之后，如图3-50所示。

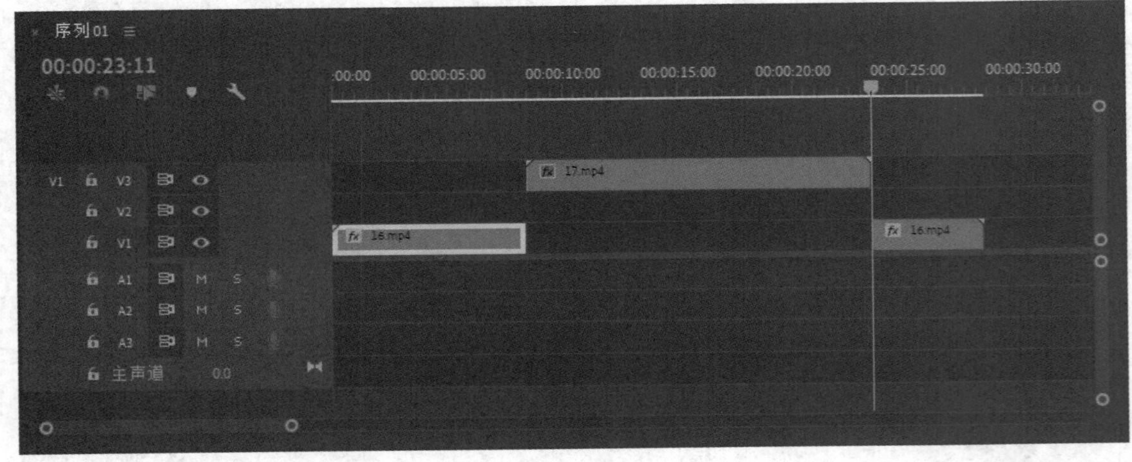

图 3-50

3.2.3 入点和出点

监视器中的入点标记和出点标记定义了想要添加到序列中的剪辑部分。入点是指素材开始帧的位置，出点是指素材结束帧的位置。在“源监视器”中设置入/出点位置后，入点与出点范围之外的内容便可剪切出去，重新导入至“时间轴”面板中后，入点与出点范围之外的内容将不会出现，如图3-51和图3-52所示。

图 3-51

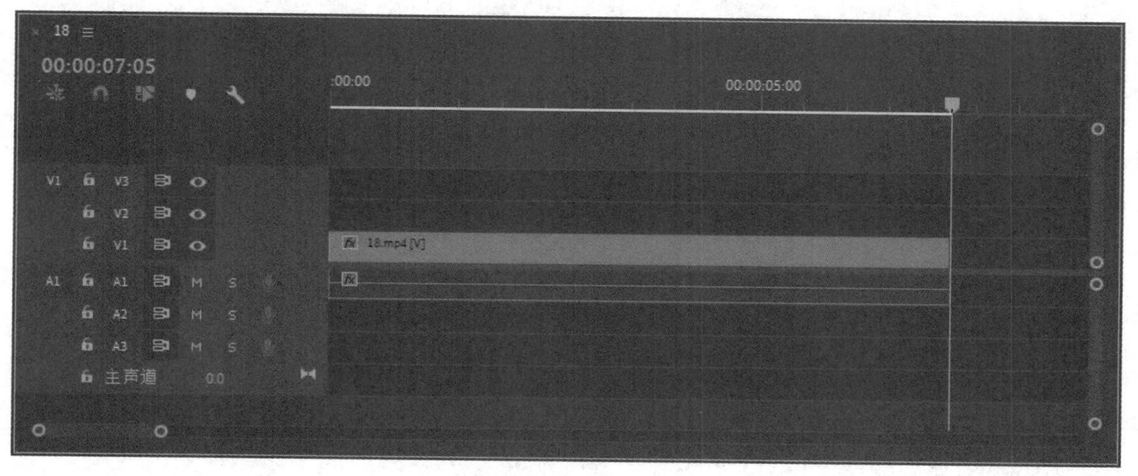

图 3-52

3.2.4 添加标记

在素材上添加标记，可以帮助用户定位和排列素材文件，指示重要的时间点。下面将针对添加标记的知识进行介绍。

1. 添加标记

在监视器面板或“时间轴”面板中，将时间标记移动至需要标记的位置，单击“添加标记”按钮或按M键，即可在时间标记处添加标记，图3-53所示为在“源监视器”面板中添加标记的显示效果。此时“时间轴”面板中的素材上也出现标记，如图3-54所示。

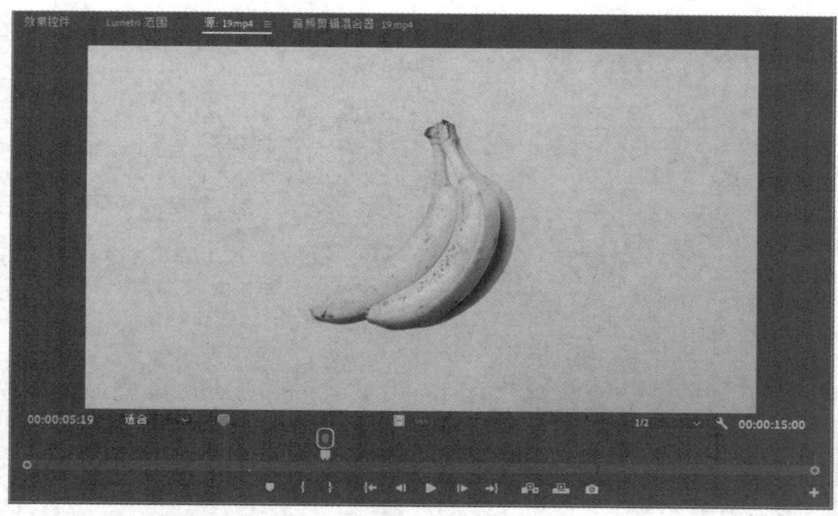

图 3-53

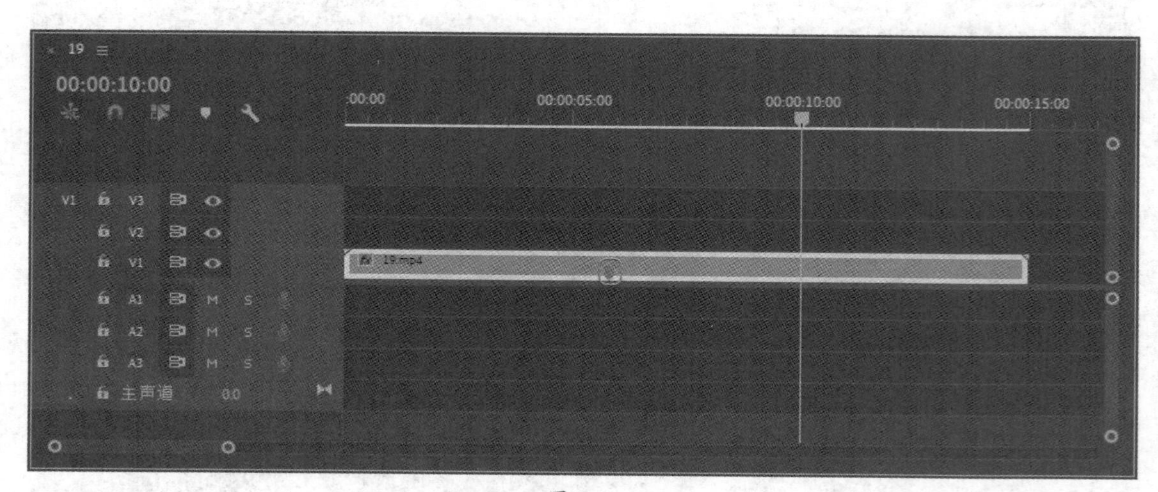

图 3-54

若在“节目监视器”面板中添加标记，对应的“时间轴”面板中也会出现标记，如图3-55所示。

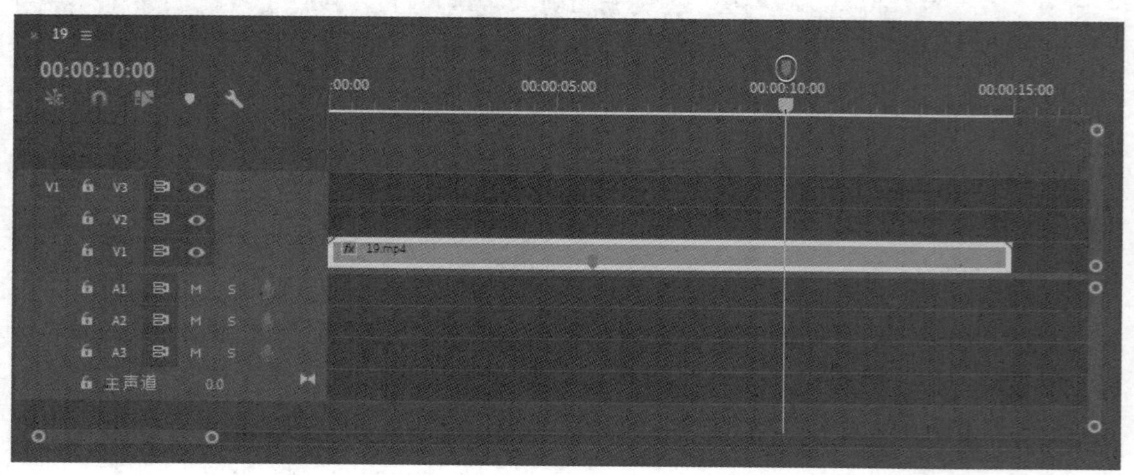

图 3-55

2. 编辑标记

双击时间标尺上的标记图标，在弹出的“标记”对话框中可以对标记进行修改。图3-56所示为弹出的“标记”对话框。

“标记”对话框中部分选项的作用如下：

- **名称：**用于设置标记名称。
- **标记颜色：**用于设置标记的颜色。
- **注释标记：**用于指定标记的名称、持续时间和注释。
- **章节标记：**使用项目中的章节标记，审查者在观看完成的视频时，可以使用标记快速跳转到视频中对应的点。
- **分段标记：**分段标记可帮助用户在视频中定义范围，以实现工作流程自动化。
- **Web链接：**用于将标记与超链接关联。
- **Flash提示点：**用于准备Flash项目。

图 3-56

3. 删除标记

右击监视器面板或“时间轴”面板中的标尺，在弹出的快捷菜单中选择“清除所选的标记”选项或“清除所有标记”选项，即可删除相应的标记。

3.2.5 插入和覆盖

将素材文件置入至“时间轴”面板中，是将应用插入编辑或覆盖编辑的一种。这里可以通过执行“插入”或“覆盖”命令或使用“源监视器”面板中的按钮将素材置入。

执行“插入”命令或单击“插入”按钮插入素材时，原素材在时间标记处断开，素材将插入至时间标记处，时间标记后的素材向后推移。图3-57所示为插入后的效果。

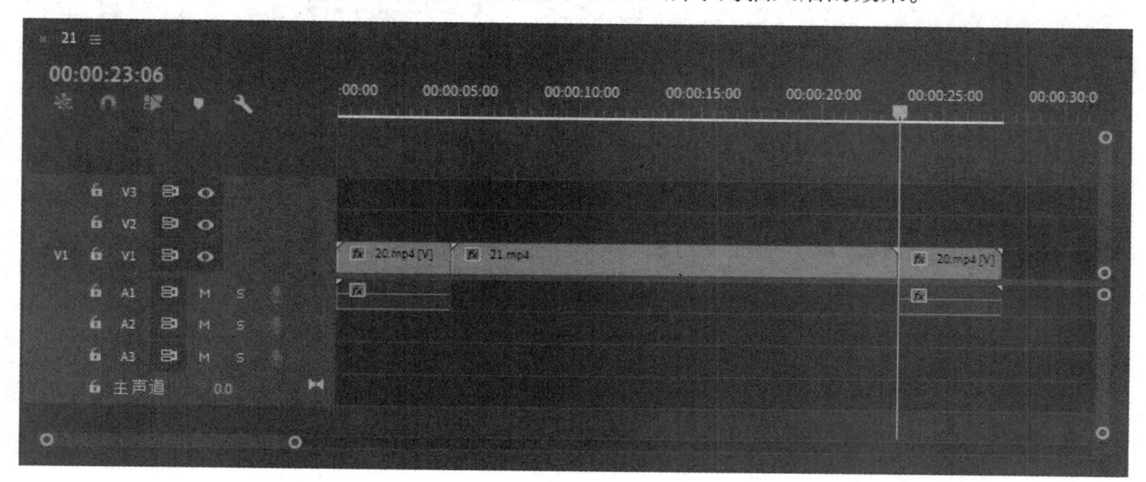

图 3-57

“覆盖”命令的操作与“插入”命令类似，“覆盖”命令插入的素材将与源轨道选择按钮选择的轨道一致。若选择的轨道与原素材一致，“覆盖”命令插入的素材会将时间标记后原有的素材覆盖，图3-58所示为覆盖后的效果。

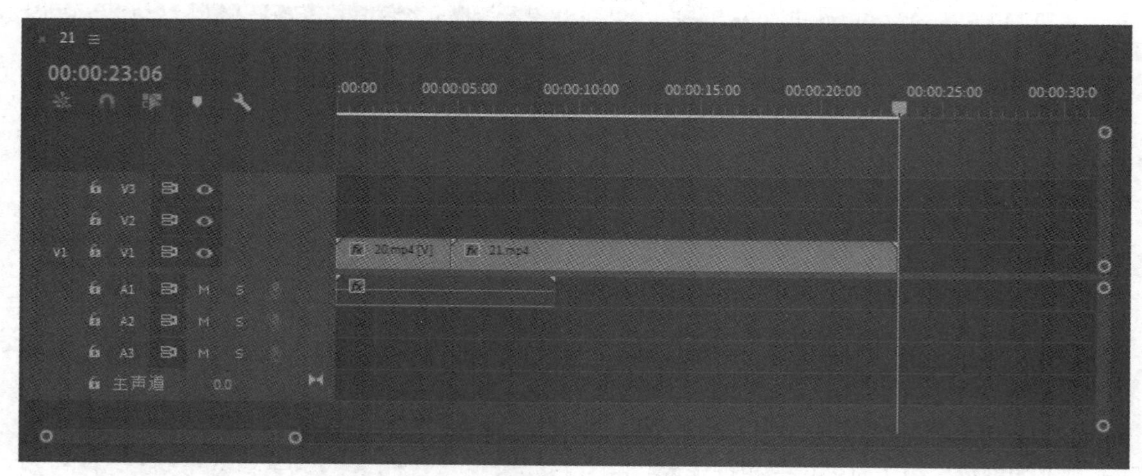

图 3-58

3.2.6　提升和提取

“提升”和“提取”命令可删除素材文件中多余的部分，它只能用于“节目监视器”面板中。

“提升”命令会删除目标轨道的所选部分，对其前后的素材及其他轨道上的素材的位置都不影响。在“节目监视器”面板中添加入点和出点，单击面板底部的“提升”按钮或右击，在弹出的快捷菜单中选择“提升”选项即可删除入点和出点之间的素材片段。图3-59和图3-60所示为执行“提升”命令前后的效果。

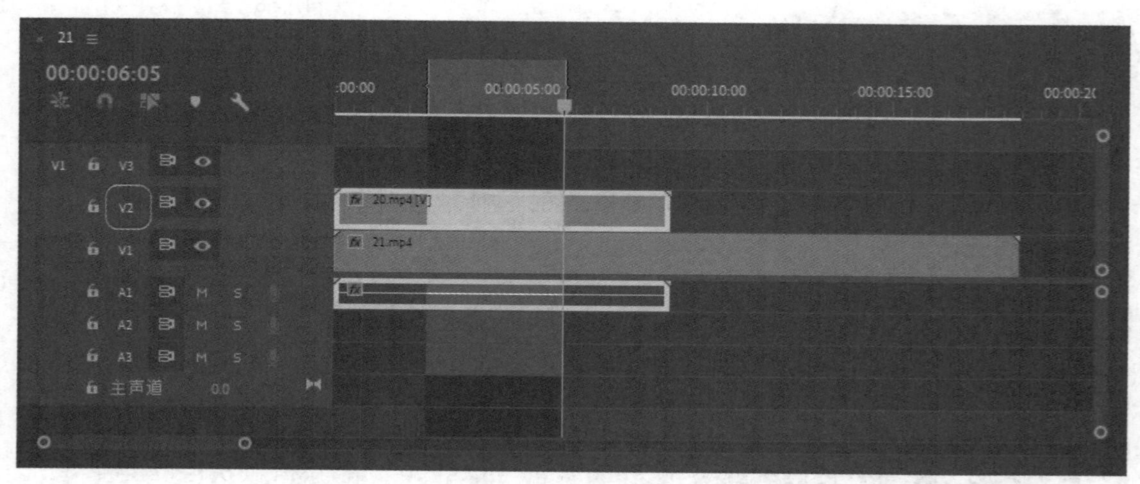

图 3-59

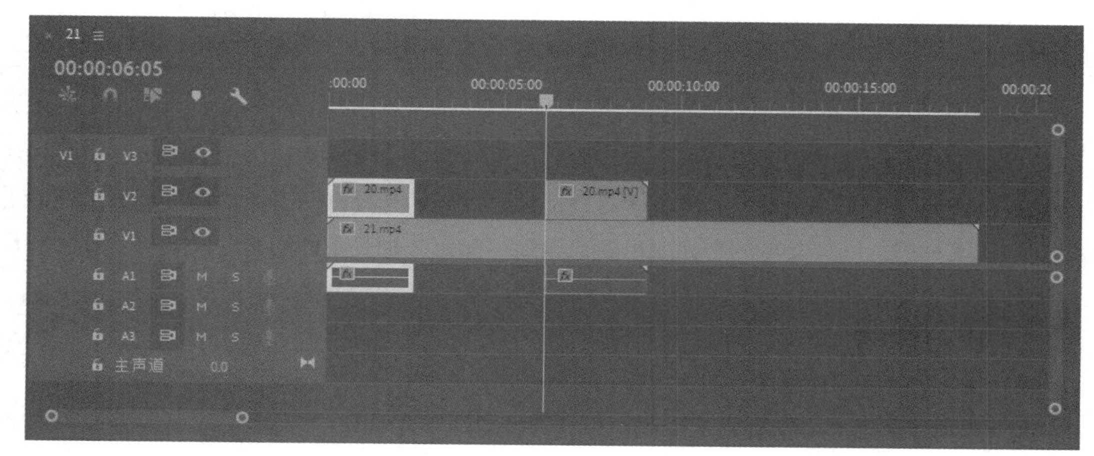

图 3-60

“提取”命令会删除目标轨道的所选部分，并会将后面的素材前移。在“节目监视器”面板中添加入点和出点，单击面板底部的“提取”按钮或右击，在弹出的快捷菜单中选择“提取”选项即可删除入点和出点之间的素材片段。图3-61和图3-62所示为执行“提取”命令前后的效果。

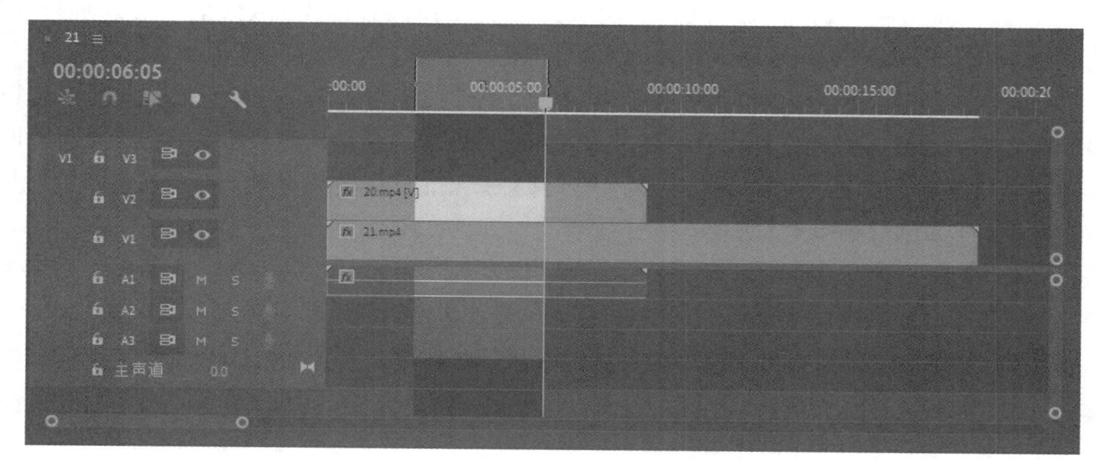

图 3-61

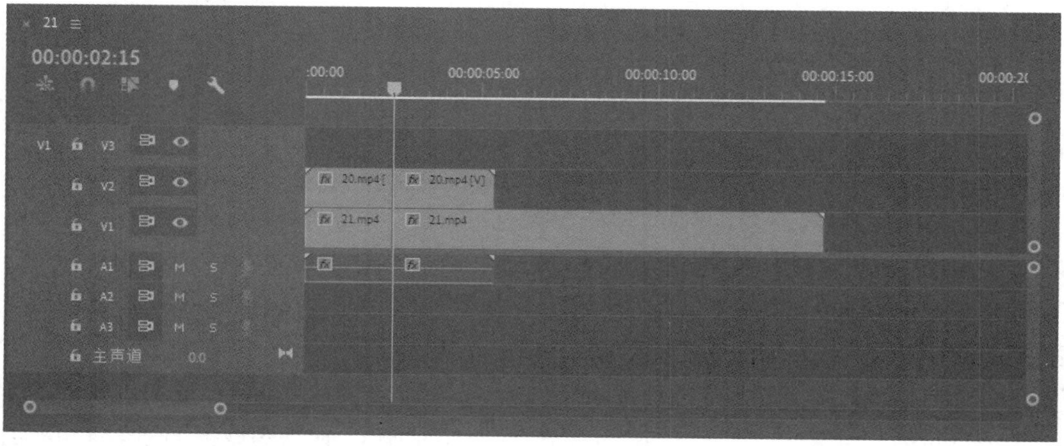

图 3-62

经验之谈 线性编辑与非线性编辑

1. 线性编辑

线性剪辑是一种基于磁带的剪辑方式。它利用电子手段，根据节目内容的要求将素材连接成新的连续画面。通常使用组合编辑将素材顺序编辑成新的连续画面，然后再以插入编辑的方式对某一段素材进行同样长度的替换。但要想删除、缩短、加长中间的某一段素材就非常麻烦了，除非将那一段素材以后的画面抹去，重新录制。线性编辑方式有如下优点：

（1）能发挥磁带随意录、随意抹去的特点。

（2）能保持同步与控制信号的连续性，组接平稳，不会出现信号不连续、图像跳闪的感觉。

（3）声音与图像可以做到完全吻合，还可各自分别进行修改。

线性编辑方式的不足之处有以下几点：

（1）效率较低。线性编辑系统是以磁带为记录载体，节目信号按时间线性排列，在寻找素材时录像机需要进行卷带搜索，只能按照镜头的顺序进行搜索，不能跳跃进行，非常浪费时间，编辑效率低下，并且对录像机的磨损也较大。

（2）无法保证画面质量。影视节目制作中一个重要的问题就是母带翻版时的磨损。传统编辑方式的实质是复制，是将源素材复制到另一盘磁带上的过程。而模拟视频信号在复制时存在着衰减，信号在传输和编辑过程中容易受到外部干扰，造成信号的损失，图像品质难以保证。

（3）修改不方便。线性编辑方式是以磁带的线性记录为基础，一般只能按编辑顺序记录，虽然插入编辑方式允许替换已录磁带上的声音或图像，但是这种替换实际上只能替掉旧的。它要求替换的片段和磁带上被替换的片段时间一致，而不能进行增删，不能改变节目的长度。这样对节目的修改非常不方便。

（4）流程复杂。线性编辑系统连线复杂，设备种类繁多，各种设备性能不同，指标各异，会对视频信号造成较大的衰减，并且需要众多操作人员，过程复杂。

（5）流程枯燥。为制作一段十多分钟的节目，往往要对长达四五十分钟的素材反复审阅、筛选、搭配，才能大致找出所需的段落。接下来还需要大量的重复性机械劳动，过程较为枯燥，会对创意的发挥产生副作用。

（6）成本较高。线性编辑系统要求硬件设备多，价格昂贵，各个硬件设备之间很难做到无缝兼容，极大地影响了硬件的性能发挥，同时给维护带来了诸多不便。由于半导体技术发展迅速，设备更新频繁，所以成本较高。

因此，对于影视剪辑来说，线性编辑是一种急需变革的技术。

2. 非线性编辑

非线性编辑是相对于线性编辑而言的。非线性编辑借助计算机进行数字化制作，几乎所有的工作都在计算机中完成，不再需要那么多的外部设备，对素材的调用也非常方便，不用反反复复在磁带上寻找，并且突破了单一的时间顺序编辑限制，可以按各种顺序排列，具有快捷简便、随机的特性。非线性编辑可以多次编辑，信号质量始终不会变低，节省了设备人力，提高了效率。非线性编辑需要有专用的编辑软件和硬件，即非线性编辑系统，它集录像机、切换台、数字特技机、编辑机、多轨录音机、调音台、MIDI创作、时基等设备于一身，几乎包括

了所有的传统后期制作设备。这种高度的集成性，使得非线性编辑系统的优势更为明显，也越来越来越重要。图3-63所示为一套非线性编辑系统的示意图。

图 3-63

3. 非线性编辑的特点

（1）信号质量高。在非线性编辑系统中，信号质量损耗较大的缺陷是不存在的，无论如何编辑、复制次数有多少，信号质量都始终保持在很高的水平上。

（2）制作水平高。在非线性编辑系统中，大多数素材存储在计算机硬盘中，可以随时调用，不必费时费力地逐帧寻找，能迅速找到需要的那一帧画面。整个编辑过程就像文字处理一样，灵活方便。同时，多种多样、花样翻新、可自由组合的特技方式，使制作的节目丰富多彩，将制作水平提高到一个新的层次。

（3）系统寿命长。非线性编辑系统对传统设备的高度集成，使后期制作所需的设备降至最少，有效地降低了成本。在整个编辑过程中，录像机只需要启动两次，一次输入素材，一次录制节目带，避免了录像机的大量磨损，使录像机的寿命大大延长。

（4）升级方便。影视制作水平的不断提高，对设备也不断地提出新的要求，这一矛盾在传统编辑系统中很难解决，因为这需要不断投资。而使用非线性编辑系统，则能较好地解决这一矛盾。非线性编辑系统所采用的是易于升级的开放式结构，支持许多第三方的硬件和软件。通常，功能的增加只需要通过软件的升级即可实现。

（5）网络化。网络化是计算机的一大发展趋势，非线性编辑系统可充分利用网络方便快捷地传输数码视频，实现资源共享，还可利用网络上的计算机协同创作，便于对数码视频资源进行管理和查询。

非线性编辑方式的不足之处有以下几点：

（1）需要大容量的存储设备，录制高质量素材时需要更大的硬盘空间。

（2）对于计算机的稳定性要求高，在高负荷状态下计算机可能会发生死机现象，从而造成工作数据丢失。

（3）制作人员综合能力要求高，要求制作人员在制作能力、美学修养、计算机操作水平等方面均衡发展。

上手实操

实操一 拼合素材片段

本实操将通过“提取”命令拼合素材片段。完成后效果如图3-64所示。

图 3-64

设计要领

- 启动Premiere软件，导入素材文件。
- 在“节目监视器”面板中预览素材，在合适位置添加入点和出点。
- 使用“提取”命令删除出入点之间的内容，拼合对象。

实操二 设置素材速度/持续时间

素材的持续时间严格地说是素材播放的时长。在Premiere中，用户可以根据需要设置材质的速度/持续时间，如图3-65所示。

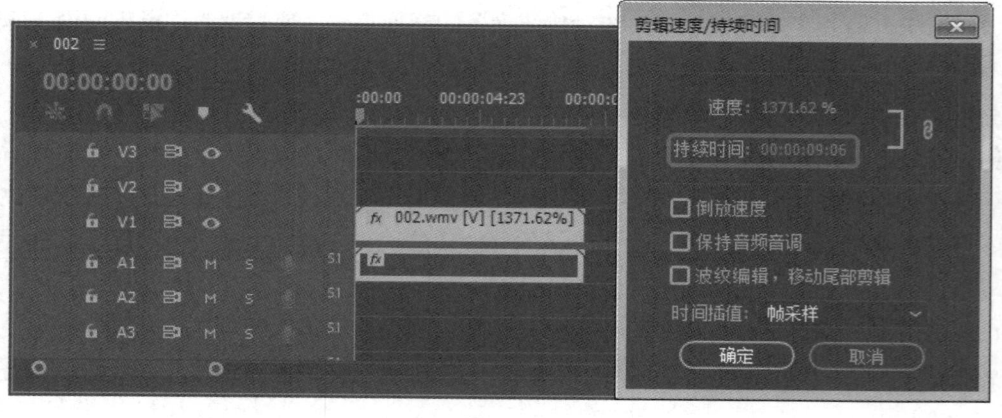

图 3-65

设计要领

- 启动Premiere软件，新建项目，导入视频素材。
- 将导入的视频素材添加至“项目”面板，并拖拽至“时间轴”面板中。
- 选中素材，在右键菜单中选择“速度/持续时间”命令，在打开的对话框中进行设置即可。

扫码观看视频

第4章 关键帧和蒙版的应用

内容概要

Premiere软件可以通过创建关键帧来制作动画效果，本章将针对关键帧的一些基础知识进行介绍。同时本章将介绍蒙版即遮罩的创建方法，结合蒙版和关键帧，可以制作特殊的效果。

知识要点

- 熟悉关键帧的概念。
- 学会使用关键帧。
- 学会新建蒙版。

数字资源

【本章案例素材来源】："素材文件\第4章"目录下

【本章案例最终文件】："素材文件\第4章\案例精讲\制作旅行视频片头.prproj"

案例精讲 制作旅行视频片头

本案例将通过关键帧和蒙版制作旅行视频片头。这里主要用到关键帧和蒙版的创建、调整素材持续时间等知识点。

扫码观看视频

步骤01 启动Premiere软件，新建项目和序列，执行“文件”→“导入”命令，在弹出的“导入”对话框中选中要打开的素材文件，如图4-1所示。

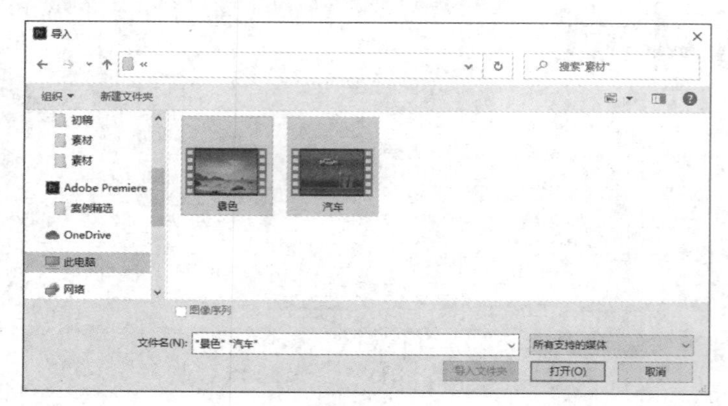

图 4-1

步骤02 完成后单击“打开”按钮，导入素材文件，如图4-2所示。

图 4-2

步骤03 选中“项目”面板中的素材“景色.mp4”，拖动至“时间轴”面板中的V1轨道中，素材“汽车.mp4”拖动至V2轨道中，如图4-3所示。

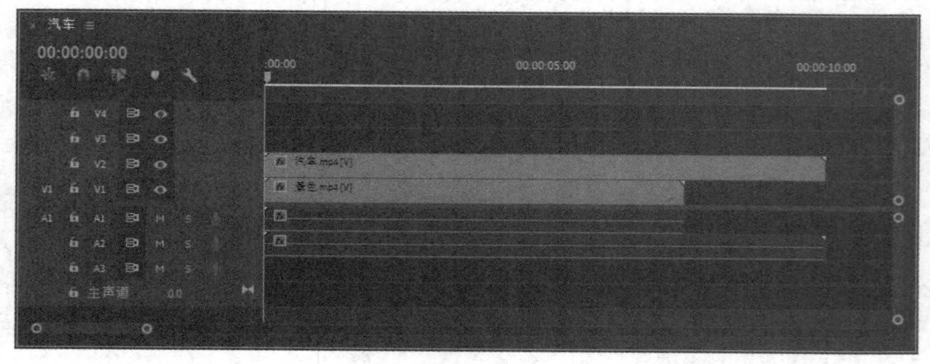

图 4-3

步骤04 选中“时间轴”面板中的素材“景色.mp4”，右击，在弹出的快捷菜单中选择“速度/持续时间”选项，打开“剪辑速度/持续时间”对话框，设置持续时间为10秒，使用相同的方法设置素材“汽车.mp4”持续时间为6秒，如图4-4所示。

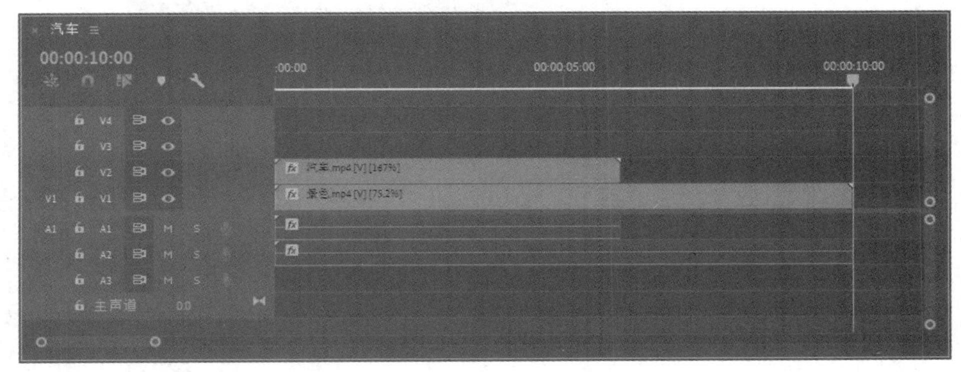

图 4-4

步骤05 选中V1轨道素材，移动时间线至起始处，在“效果控件”面板中单击“不透明度”参数前的“切换动画”按钮，添加关键帧，并设置“不透明度”参数为0%，如图4-5所示。

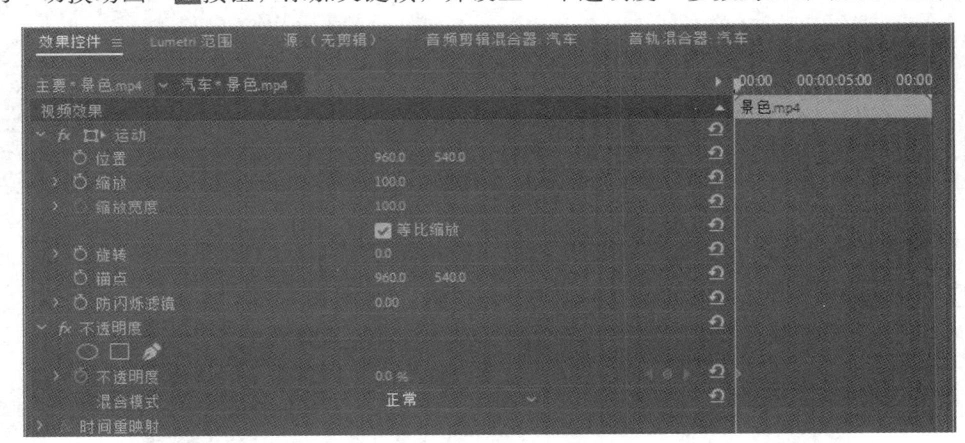

图 4-5

步骤06 移动时间线至6秒处，调整“不透明度”参数为100%，新建关键帧，如图4-6所示。

图 4-6

步骤07 选中V2轨道素材，在“效果控件”面板中单击“不透明度”参数下的“自由绘制贝塞尔曲线”按钮，在“节目监视器”面板中绘制曲线建立蒙版，如图4-7所示。

图 4-7

步骤08 移动时间线至起始处，在“效果控件”面板中单击“蒙版路径”参数前的“切换动画”按钮，添加关键帧，如图4-8所示。

图 4-8

步骤09 移动时间线至1秒处，在“节目监视器”面板中调整蒙版路径，如图4-9所示。此时，“效果控件”面板中自动在当前位置添加“蒙版路径”关键帧，如图4-10所示。

图 4-9

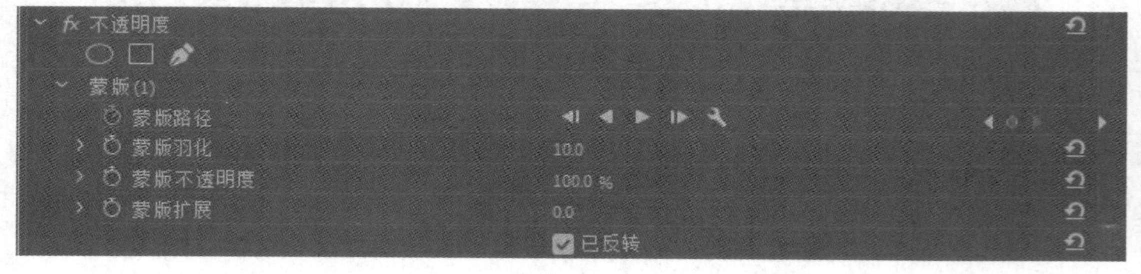

图 4-10

步骤10 使用相同的方法，依次添加 “蒙版路径”关键帧，保持蒙版始终覆盖汽车窗户的效果，如图4-11所示。

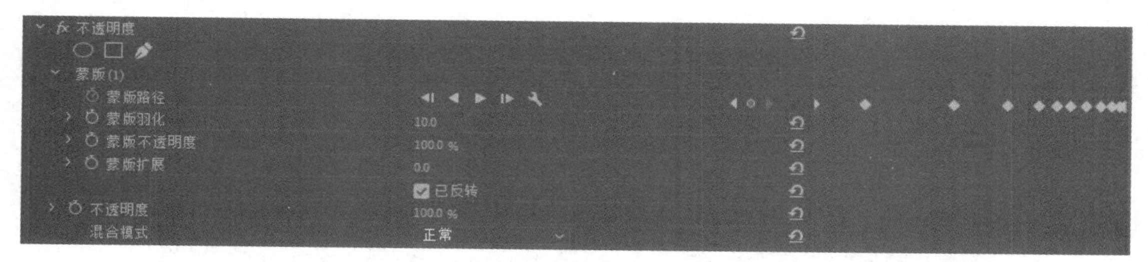

图 4-11

步骤11 执行“文件”→“新建”→“旧版标题”命令，打开“新建字幕”对话框，保持默认设置后单击“确定”按钮，打开“字幕”面板。

步骤12 使用“文字工具”在“设计器”面板中输入文字，调整合适的字体与大小，如图4-12所示。

图 4-12

步骤13 关闭“字幕”面板，在“项目”面板中选中新建的字幕素材，拖动至“时间轴”面板中的V2轨道中，并调整持续时间为4秒，如图4-13所示。

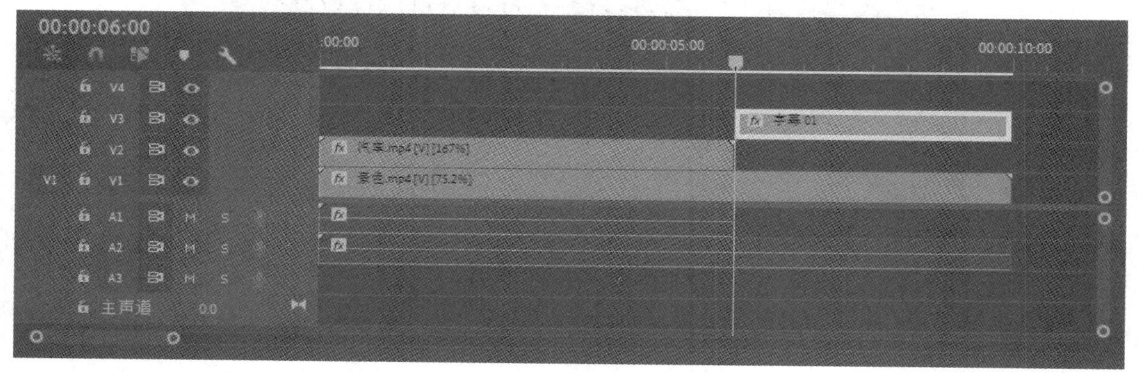

图 4-13

步骤 14 在“效果”面板中搜索“波形变形”视频效果，拖动至“时间轴”面板中的字幕素材上，在“效果控件”面板中调整参数，如图4-14所示。

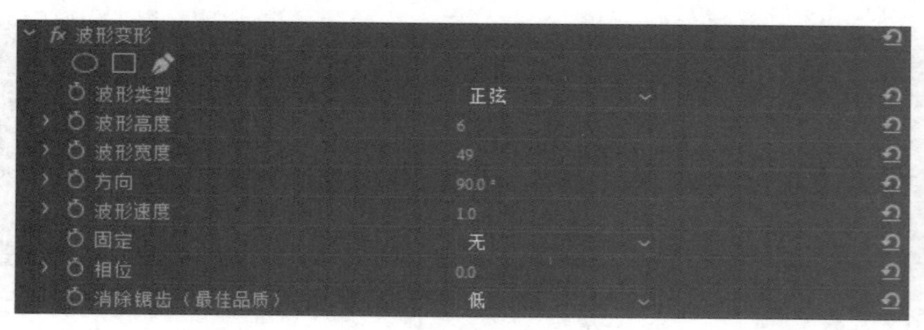

图 4-14

步骤 15 选中“时间轴”面板中的字幕素材，移动时间线至字幕素材起始处，在“效果控件”面板中单击“位置”参数前的“切换动画”按钮，添加关键帧，如图4-15所示。

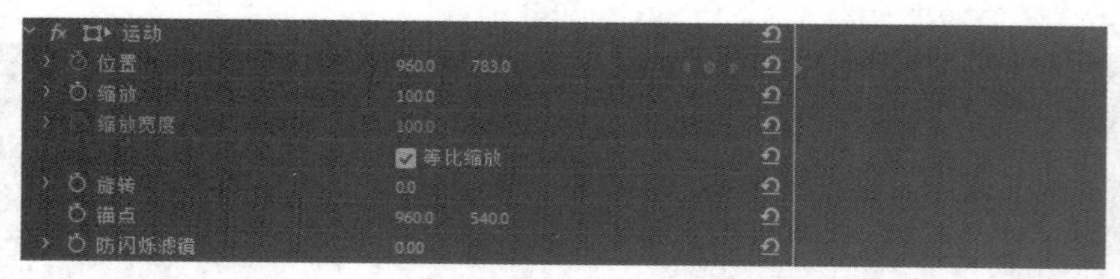

图 4-15

步骤 16 移动时间线至8秒处，调整位置参数，再次创建关键帧，如图4-16所示。

图 4-16

步骤 17 选中“时间轴”面板中的字幕素材，在“效果控件”面板中单击“不透明度”参数下的“创建4点多边形蒙版”按钮，在“节目监视器”面板中绘制矩形建立蒙版，如图4-17所示。

图 4-17

步骤18 移动时间线至8秒处，调整蒙版路径，再次创建关键帧，如图4-18所示。

图 4-18

步骤19 到这里就完成了旅行视频片头的制作，预览效果如图4-19所示。

图 4-19

你学会了吗？

边用边学

4.1 认识关键帧

帧是影像动画中最小的单位。在Premiere软件中，若想制作动画效果，可以在特定的时间点赋予帧特殊的状态，即制作关键帧。Premiere软件会自动对关键帧之间的设置进行动画处理，即可做出动画效果。下面将针对关键帧的基础知识进行介绍。

4.1.1 什么是关键帧

关键帧是指处于关键状态的帧。两个不同状态的关键帧之间，即形成了关键帧动画。在Premiere软件中，通过为素材添加不同状态的关键帧，即可制作出旋转、移动、渐隐渐现等动画效果。

4.1.2 添加关键帧

Premiere软件中添加关键帧有两种方式，即通过“效果控件”面板添加和在“节目监视器”面板中添加。下面将进行详细讲解。

1. 通过“效果控件”面板添加关键帧

启动Premiere软件后，在“时间轴”面板中选中素材文件，在“效果控件”面板中单击素材固定参数前的“切换动画”按钮，即可为素材添加关键帧，如图4-20所示。

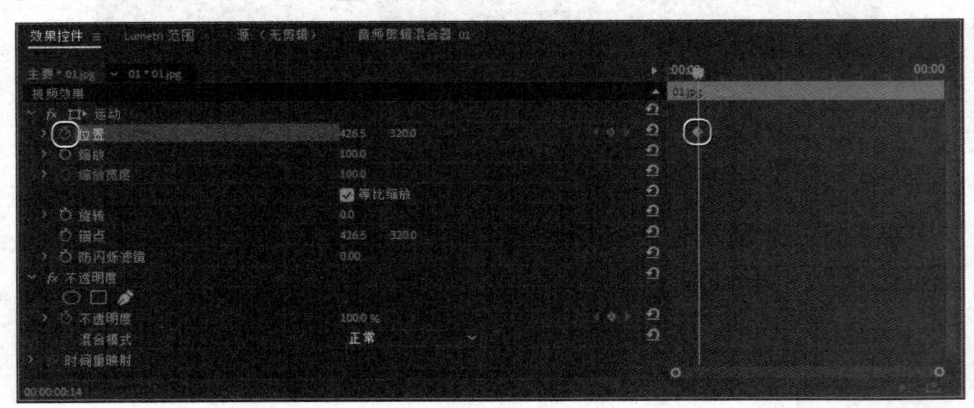

图 4-20

其中，“效果控件”面板中一些选项的作用如下：

- **位置：** 用于定义素材在“节目监视器”中的位置，默认位置为画面的中心位置。
- **缩放：** 用于设置素材缩放比例，范围在0~10 000之间。取消选中“等比缩放”复选框后，调整该复选框将仅影响高度。
- **缩放宽度：** 取消选中“等比缩放”复选框后，该复选框可以调整宽度的缩放。
- **旋转：** 用于设置素材对象的旋转，正数代表顺时针方向旋转，负数代表逆时针方向旋转。
- **锚点：** 用于定义素材的旋转或移动中心，默认为素材的中心位置。图4-21和图4-22所示为以不同的锚点旋转的效果。

图 4-21

图 4-22

- **防闪烁滤镜：**用于消除交错视频素材和高细节图像的闪烁。

移动时间线，调整参数或单击相同属性前的“添加/移除关键帧”按钮■，再次添加关键帧，如图4-23所示，即可在两个关键帧之间添加动画效果。

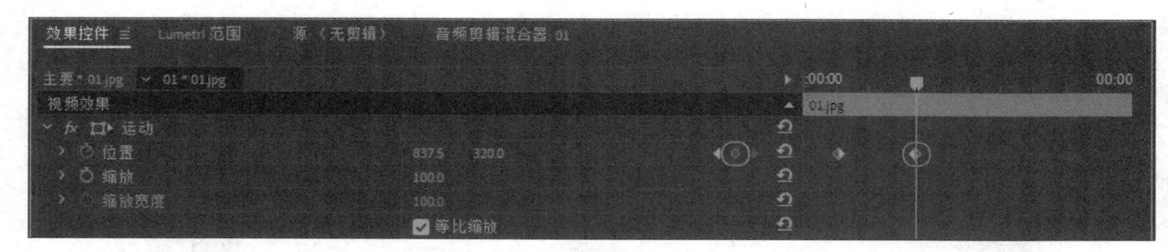

图 4-23

2. 在“节目监视器”面板中添加关键帧

在“效果控件”面板中添加第一个关键帧后，移动鼠标光标至“节目监视器”面板，选中添加了关键帧的素材并双击，使其控制框显现出来，调整时间线，根据添加的关键帧属性进行旋转、缩放、移动等操作，即可添加关键帧。图4-24和图4-25所示为在“节目监视器”面板中添加关键帧的效果。

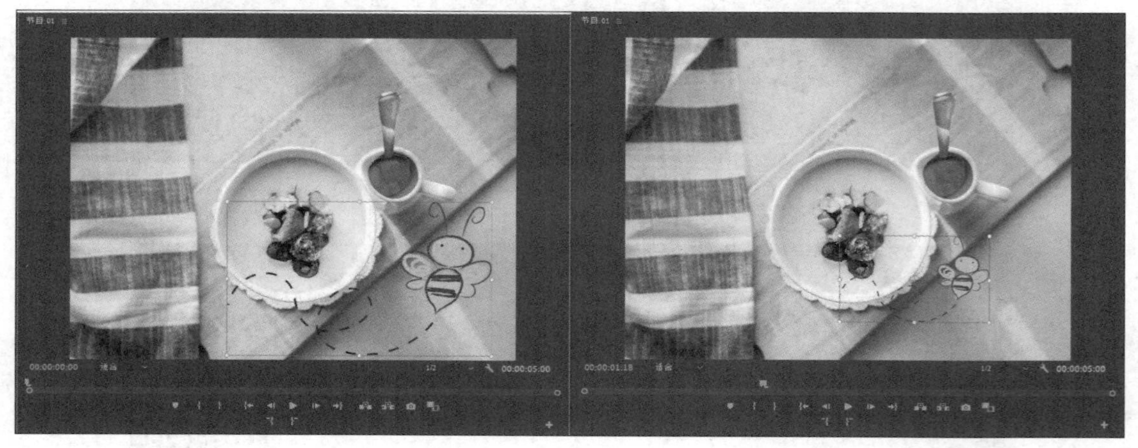

图 4-24

图 4-25

同时调整多个参数的关键帧，还可以制作出更复杂的效果。

4.2 管理关键帧

添加完关键帧后，可以在“效果控件”面板中对关键帧进行管理。下面将针对如何编辑管理关键帧进行介绍。

4.2.1 移动关键帧

在Premiere软件中创建关键帧后，可以在“效果控件”面板中选中创建的关键帧，对其位置进行变换，相应的动画效果也随之变化。图4-26和图4-27所示为在“效果控件”面板中移动关键帧前后的效果。

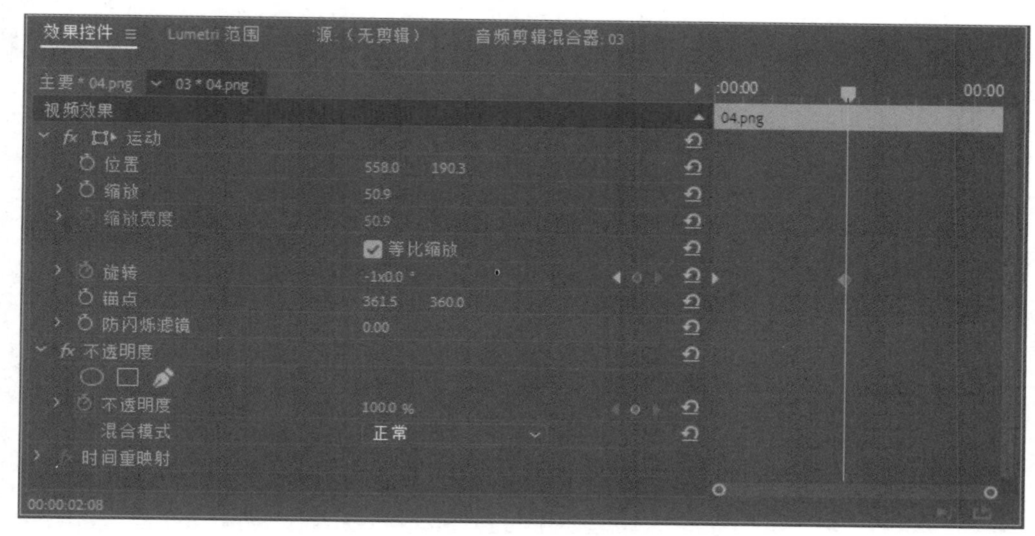

图 4-26

图 4-27

在“效果控件”面板中，按住Shift键拖动时间线可以自动贴合创建的关键帧，以便对关键帧属性进行设置。

4.2.2 复制关键帧

除了对创建的关键帧进行移动外，在Premiere软件中，还可以复制关键帧，制作出反复动画效果或为不同的素材添加相同的效果。下面将逐一进行介绍。

1. 制作反复动画效果

选中“时间轴”面板中上方轨道的素材文件，在“效果控件”面板中设置不透明度关键帧，制作若隐若现的效果。选中不透明度关键帧，按Ctrl+C组合键复制，移动时间线至合适位置，按Ctrl+V组合键粘贴关键帧，重复几次，即可制作出反复的动画效果。图4-28和图4-29所示为复制的关键帧及其效果。

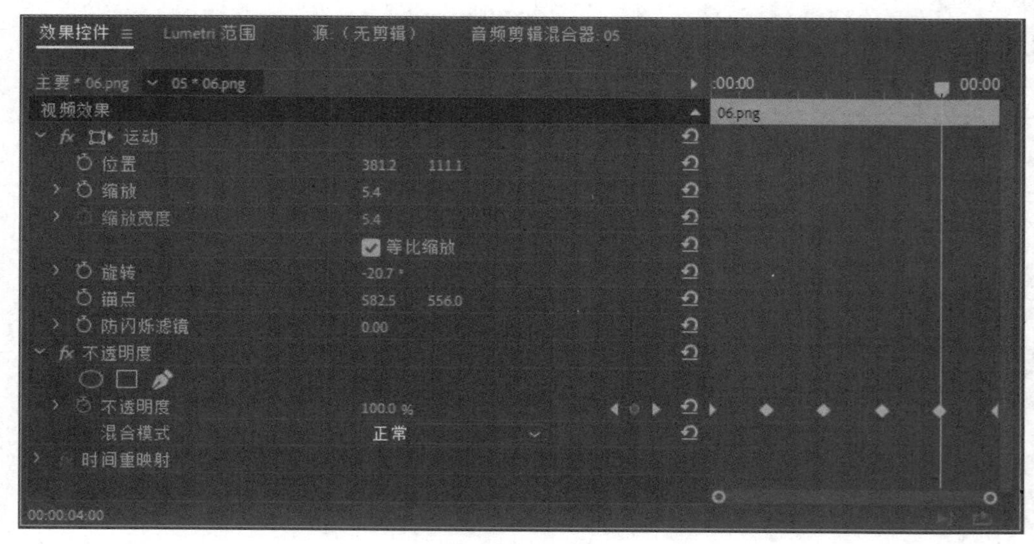

图 4-28

图 4-29

除了使用组合键复制关键帧外，还可以在“效果控件”面板中选中要复制的关键帧，按Alt键拖动复制或执行“编辑”→“复制”命令和“编辑”→“粘贴”命令进行复制。

2. 为不同的素材添加相同的效果

若想为不同的素材添加相同的效果，可以通过复制粘贴关键帧来实现。在不同的素材中复制粘贴关键帧的方法和在同一素材中复制粘贴的方法类似。

在"时间轴"面板中选中添加关键帧的素材，打开"效果控件"面板，选中关键帧，按Ctrl+C组合键复制；在"时间轴"面板中选中要添加关键帧的素材文件，在"效果控件"面板中调整时间线后按Ctrl+V组合键粘贴，即可为不同的素材添加相同的效果，调整时间线后，还能制作出交错时间的效果。图4-30和图4-31所示为复制关键帧的"效果控件"界面与效果。

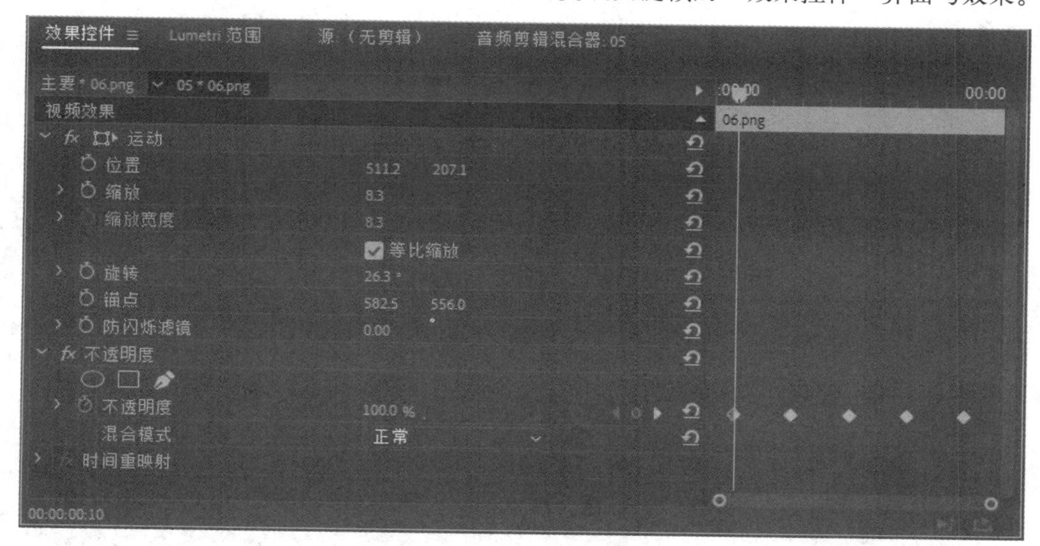

图 4-30

图 4-31

除了使用组合键复制粘贴关键帧外，还可以选中关键帧后，执行"编辑"→"复制"命令和"编辑"→"粘贴"命令在不同的素材间进行复制。

4.2.3 删除关键帧

在对素材添加关键帧的过程中，若想删除多余的关键帧，有几种常用的方法，下面将对这几种方法进行介绍。

1. 使用快捷键删除

删除关键帧最简单的方法就是使用Delete键删除。选中“效果控件”面板中不需要的关键帧，按Delete键即可删除。按住Shift键可加选多个关键帧进行删除。图4-32和图4-33所示为删除前后效果。

图 4-32

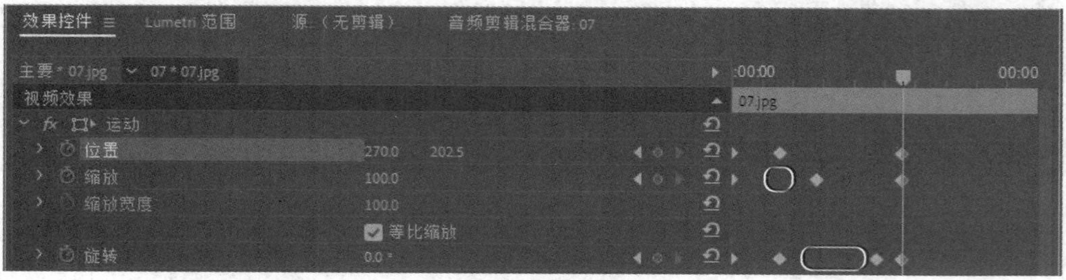

图 4-33

删除关键帧后，对应的动画效果也会消失。

2. 使用按钮删除

除了使用Delete键删除关键帧外，还可以通过“效果控件”面板中的“添加/移除关键帧”按钮或“切换动画”按钮删除关键帧。与使用Delete键删除关键帧不同的是，使用“添加/移除关键帧”按钮删除关键帧需要移动时间标记与要删除的关键帧对齐。

在“效果控件”面板中，移动时间标记至要删除的关键帧上，单击相应属性中的“添加/移除关键帧”按钮，即可删除对应的关键帧，如图4-34和图4-35所示。

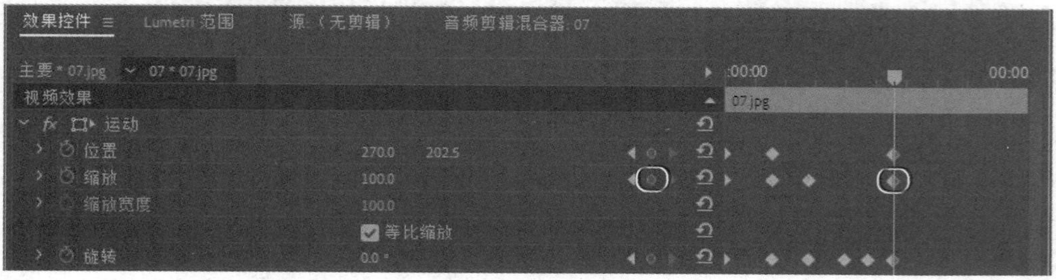

图 4-34

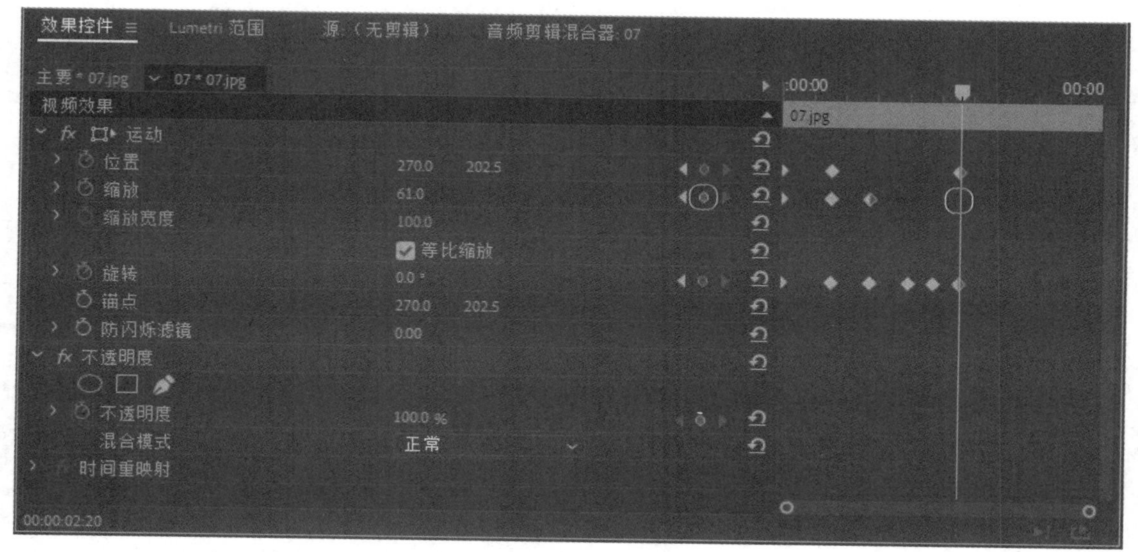

图 4-35

若想删除同一属性的所有关键帧，可以单击“效果控件”面板中的“切换动画”按钮，在弹出的“警告”对话框中单击“确定”按钮即可。

3. 使用命令删除

除了以上两种常用的方法外，还可以选中要删除的关键帧，执行“编辑”→“清除”命令，清除选中的关键帧。

4.2.4 关键帧插值

Premiere软件中的关键帧插值是指在两个关键帧之间填充运动效果的过程。通过调整关键帧插值，可以使运动效果更平滑。

在“效果控件”面板中选中创建的关键帧，右击，在弹出的快捷菜单中可以选择需要的插值方法，如图4-36所示。

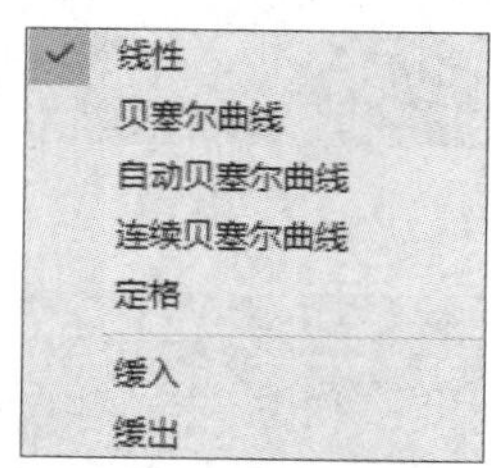

图 4-36

默认选择的插值选项为线性，下面将分别介绍这几种插值选项。

- **线性**：用于创建匀速变化的插值，运动效果比较机械。
- **贝塞尔曲线**：用于提供手柄创建自由变化的插值，该选项对关键帧的控制最强。
- **自动贝塞尔曲线**：用于创建具有平滑的速率变化的插值，且更改关键帧的值时会自动更新，以维持平滑过渡效果。
- **连续贝塞尔曲线**：与自动贝塞尔曲线类似，但提供一些手动控件进行调整。
- **定格**：定格插值仅供时间属性使用，可用于创建不连贯的运动或突然消失的效果。使用定格插值时，将持续第一个关键帧的值，直到下一个定格关键帧才会发生改变。
- **缓入**：用于创建缓入的插值。
- **缓出**：用于创建缓出的插值。

选择不同的属性关键帧右击，弹出的快捷菜单也会有所不同，有的效果提供了空间和时

间选项，如图4-37和图4-38所示。其中，“临时插值”控制关键帧在时间上的变化，决定素材的运动速率；“空间插值”命令控制关键帧空间位置的变化，决定素材运动轨迹是曲线还是直线。

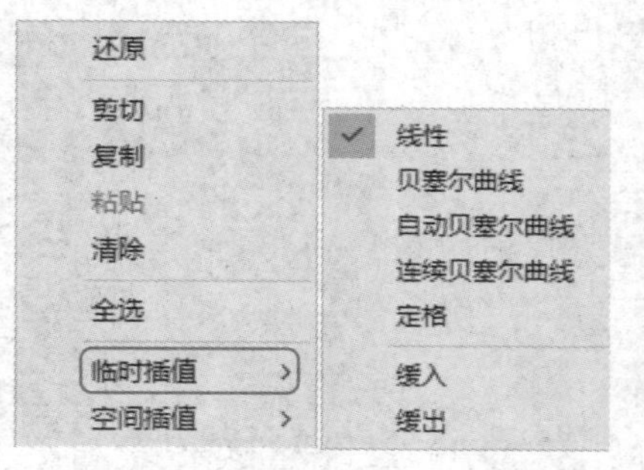

图 4-37

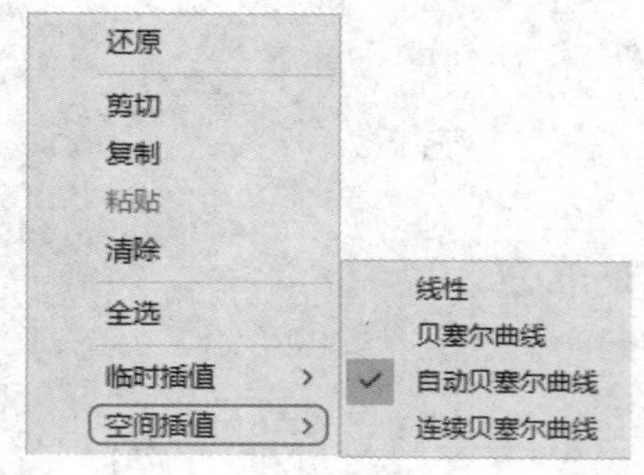

图 4-38

除了为关键帧添加插值平滑过渡效果外，还可以在“效果控件”面板中对关键帧进行调节。选中“效果控件”面板中的关键帧，单击对应的属性前的箭头，在展开的属性参数中，调整参数的速率，如图4-39和图4-40所示。

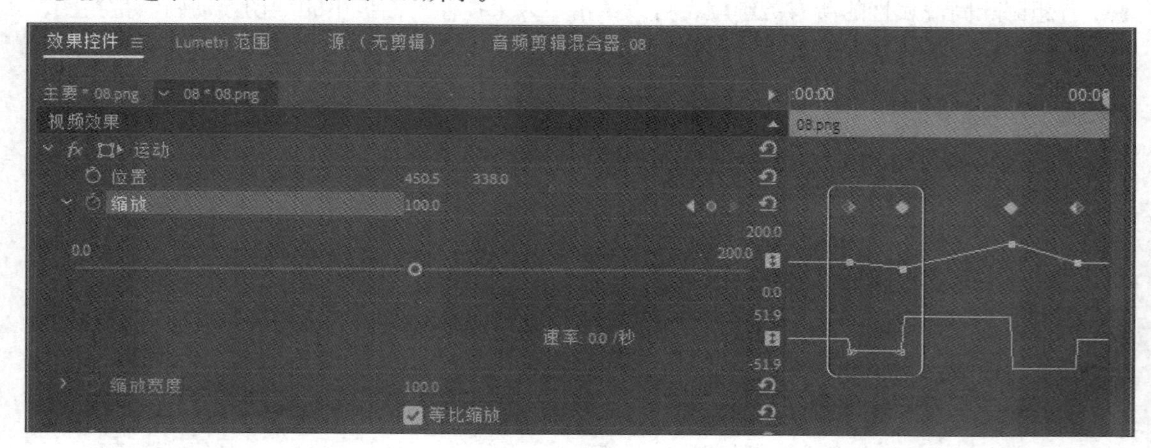

图 4-39

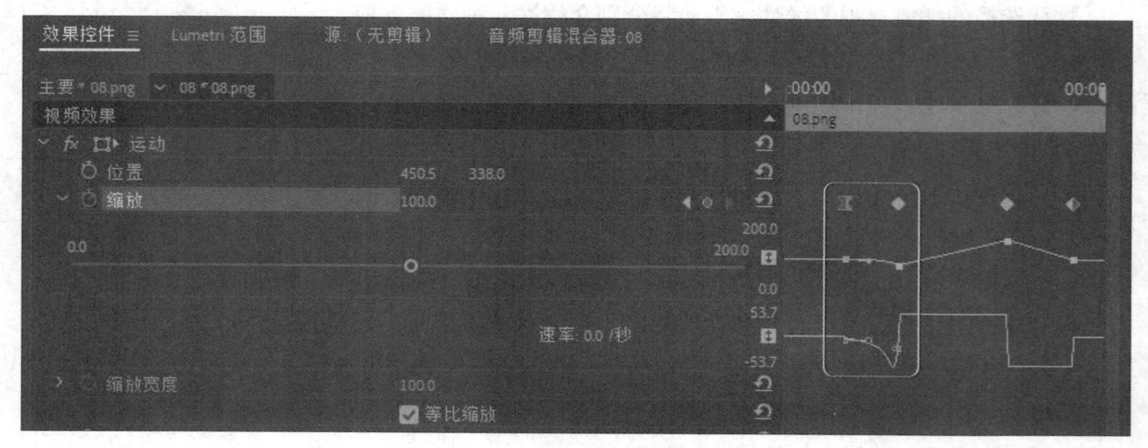

图 4-40

4.3 遮罩和跟踪效果

Premiere软件中的遮罩类似于Photoshop软件中的蒙版，可以在素材中定义要运用效果的特定区域。下面将针对Premiere软件中的遮罩和跟踪效果进行讲解。

扫码观看视频

4.3.1 新建遮罩

在Premiere软件中，可以通过绘制椭圆形、多边形、自定义图形等形状来制作遮罩，遮罩可以选择特定的区域添加效果。

在打开的Premiere软件中，打开“效果控件”面板，单击“不透明度”选项下的形状按钮，即可在“节目监视器”面板中看到蒙版效果。图4-41所示为创建椭圆形蒙版的效果。

移动光标至蒙版边缘，可以对形状进行调整，如图4-42所示。

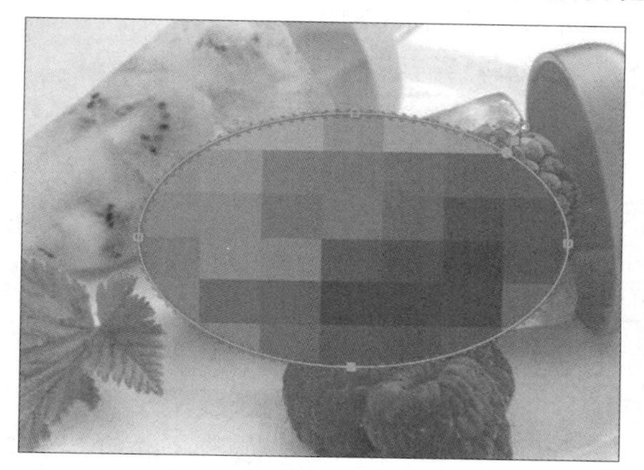

图 4-41

图 4-42

添加蒙版后，可以在“效果面板”中对添加的蒙版进行设置。图4-43所示为可设置的蒙版选项。

图 4-43

其中，蒙版参数中部分选项的作用如下：

- **蒙版羽化：**用于柔化蒙版边界，与其外的区域混合使蒙版边缘平滑。图4-44所示为调整蒙版羽化参数的效果。
- **蒙版不透明度：**用于设置蒙版的不透明度，数值越小，蒙版下方的区域越清晰。图4-45所示为调整后的效果。

图 4-44

图 4-45

- **蒙版扩展：**用于扩展或收缩蒙版区域。图4-46所示为调整后的效果。
- **已反转：**选中该复选框后，将反向蒙版区域，如图4-47所示。

图 4-46

图 4-47

4.3.2 跟踪效果的制作

添加完遮罩后，Premiere软件中可以设置蒙版自动跟随对象，即在接下来的帧中根据对象的变化自动添加遮罩效果，遇到不合适的地方，还可以进行手动修改。

选中添加蒙版效果的对象，在“效果控件”面板中可以对蒙版路径进行设置，如图4-48所示。

图 4-48

其中，蒙版路径选项中按钮的作用如下：

- **向后跟踪所选蒙版1个帧**：用于向后跟踪1帧的蒙版。
- **向后跟踪所选蒙版**：用于向后跟踪所有帧的蒙版。
- **向前跟踪所选蒙版**：用于向前跟踪所有帧的蒙版。
- **向前跟踪所选蒙版1个帧**：用于向前跟踪1帧的蒙版。
- **跟踪方法**：用于设置跟踪蒙版的方式。包括位置，位置及旋转，位置、缩放及旋转3种，如图4-49所示。用户可以根据需要选择适合当前剪辑的跟踪方法。

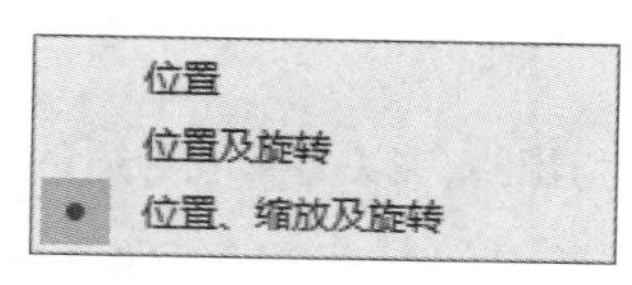

图 4-49

选中添加蒙版效果的对象，移动时间线至第一帧处，单击“向前跟踪所选蒙版”按钮，即可在“效果控件”面板中自动生成关键帧，如图4-50所示。

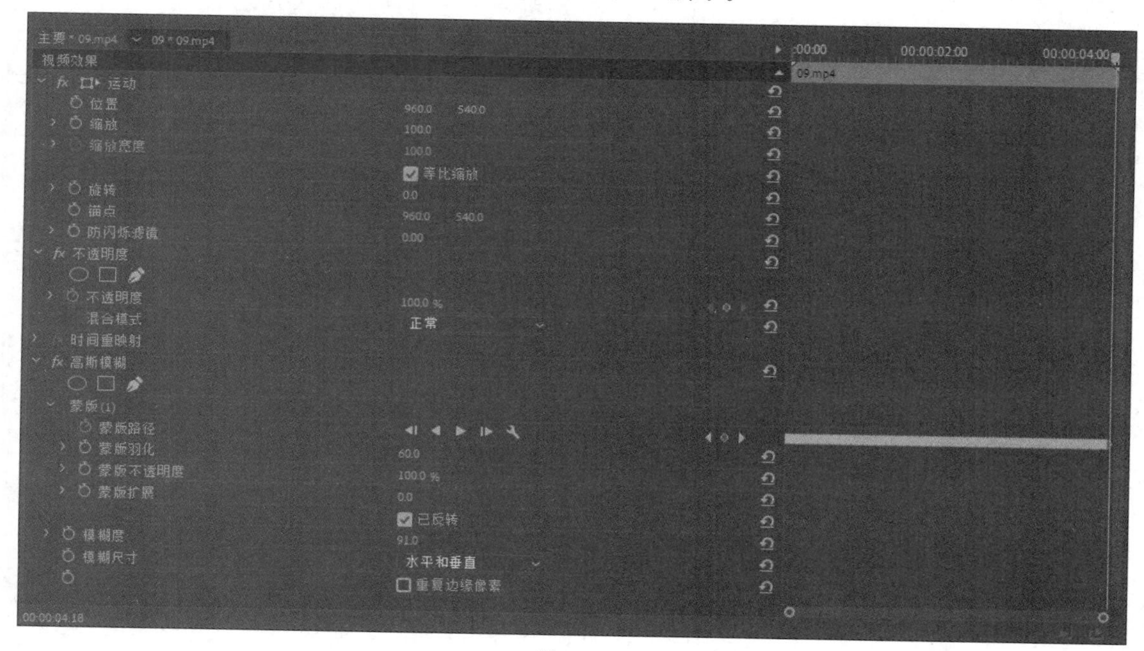

图 4-50

通过跟踪效果的制作，可以节省大量绘制蒙版的时间。

经验之谈 影视剪辑工作基本流程

影片剪辑的制作流程主要分为素材的采集与输入、素材编辑、特效处理、字幕制作和输出播放5个步骤。

1. 素材的采集与输入

素材的采集是指将外部的视频经过处理转换为可编辑的素材，而输入则是指将其他软件处理过的图像、声音等素材导入Premiere中。

2. 素材编辑

素材编辑是指设置素材的入点与出点，以选择最合适的部分，然后按顺序组接不同素材的过程。

3. 特效处理

对于视频素材而言，特效处理包括转场、特效与合成叠加。对于音频素材而言，特效处理包括转场和特效。

非线性编辑软件功能的强弱，往往体现在这方面。配合硬件，Premiere能够实现特效的实时播放。

4. 字幕制作

字幕是影视节目中非常重要的部分。在Premiere中，制作字幕非常方便，可以实现众多的效果，并有大量的字幕模板可供选择。

5. 输出播放

节目编辑完成后，可以将其输出到录像带上，也可以生成视频文件，用于网络发布、刻录VCD/DVD以及蓝光高清光盘等。

你学会了吗？

上手实操

实操一 制作城市建筑动画

本实操主要是通过设置素材图片的“位置”和“缩放比例”关键帧，来制作“城市建筑”动画，动画效果如图4-51所示。

图 4-51

设计要领

- 将素材文件导入场景，并拖入视频轨道中。
- 设置素材图片的“位置”和“缩放比例”关键帧。

扫码观看视频

实操二 制作录制效果

本实操将通过遮罩和模糊效果、超级键等制作现场录制的效果。完成后效果如图4-52所示。

图 4-52

设计要领

- 导入素材文件，拖动至“时间轴”面板的轨道中，调整顺序。
- 使用蒙版隐藏相机原背景。
- 调整视频素材大小，添加遮罩使其大小与相机窗口一致。
- 使用“高斯模糊”效果模糊最底层视频素材。
- 使用“超级键”视频效果隐藏原相机素材细微处。

第5章 文字的应用

内容概要

Premiere软件具有强大的文字编辑功能，在Premiere软件中，用户可以通过多种方式创建文字，并为文字添加效果，制作动画效果，丰富画面结构与内容。本章将针对文字字幕的相关知识进行讲解。

知识要点

- 熟悉字幕类型。
- 学会如何新建文字。
- 熟悉字幕面板。

数字资源

【本章案例素材来源】："素材文件\第5章"目录下

【本章案例最终文件】："素材文件\第5章\案例精讲\制作广告宣传片.prproj"

案例精讲 制作广告宣传片

本案例将利用字幕制作广告宣传片。主要涉及的知识点包括字幕的创建、视频效果的添加等。

扫码观看视频

步骤 01 启动Premiere软件，新建项目和序列，执行“文件”→“导入”命令，导入素材文件“生鲜1.mp4”“生鲜2.mp4”“生鲜3.mp4”“生鲜4.mp4”和“生鲜5.mp4”，如图5-1所示。

图 5-1

步骤 02 选中“项目”面板中的素材文件，依次拖动至“时间轴”面板中的V1轨道中，如图5-2所示。

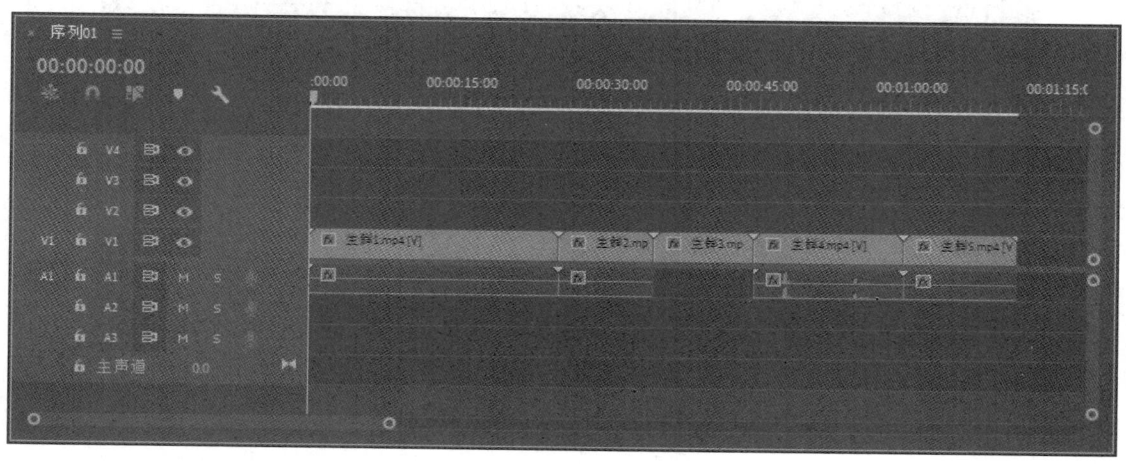

图 5-2

步骤 03 选中V1轨道中的素材，右击，在弹出的快捷菜单中选择“取消链接”选项，取消音视频文件链接，并删除音频素材，如图5-3所示。

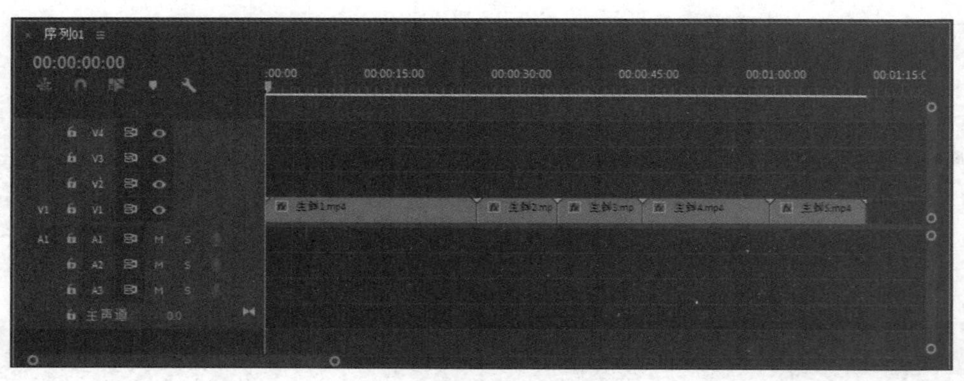

图 5-3

步骤04 移动时间线至“00:00:07:24”处，使用“剃刀工具”在素材上单击并删除多余素材，调整后续素材位置，如图5-4所示。

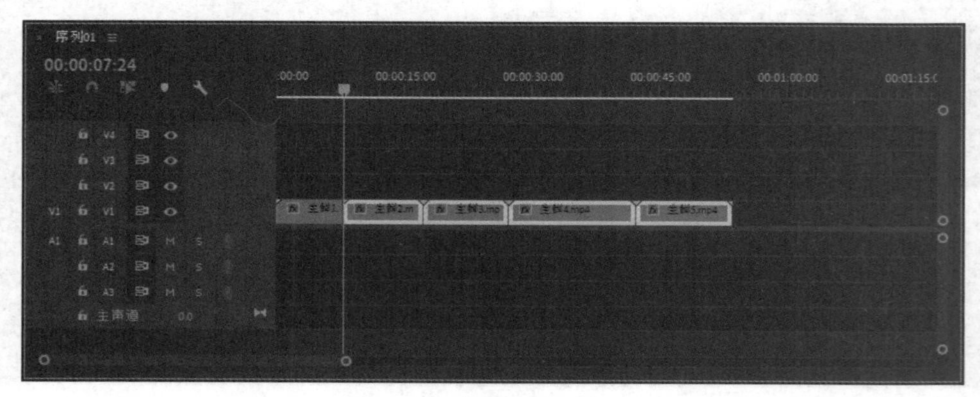

图 5-4

步骤05 使用相同的方法，选取合适的素材片段进行剪切，最终效果如图5-5所示。

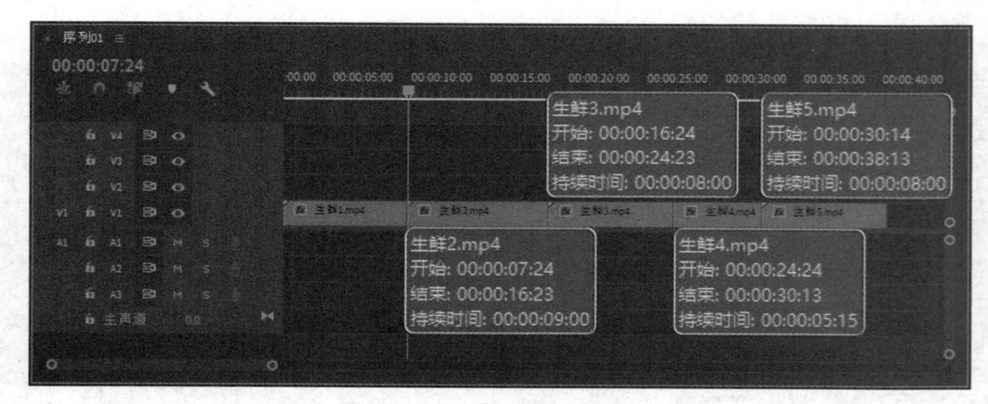

图 5-5

步骤06 执行“文件”→“新建”→“旧版标题”命令，打开“新建字幕”对话框，保持默认设置，单击“确定”按钮，打开“字幕”面板。

步骤07 单击“字幕”面板中的“文字工具”T，在设计器中单击并输入文字“采摘自枝头的新评”。

步骤08 选中输入的文字，在“属性”面板中调整文字参数，如图5-6所示。

图 5-6

步骤 09 完成后关闭“字幕”面板，选中“项目”面板中新建的文字素材，拖动至“时间轴”面板中的V3轨道中，并调整其持续时间，如图5-7所示。

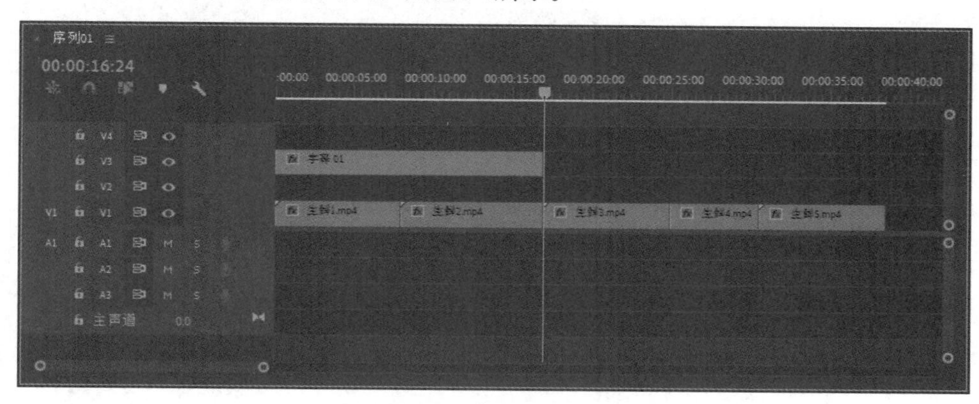

图 5-7

步骤 10 单击“工具”面板中的“矩形工具”按钮，在“节目监视器”面板中合适位置绘制矩形，在“效果控件”面板中设置其填充等属性，如图5-8所示。

图 5-8

步骤 11 选中“时间轴”面板中新出现的素材文件，拖动至V2轨道中，并调整其持续时间，如图5-9所示。

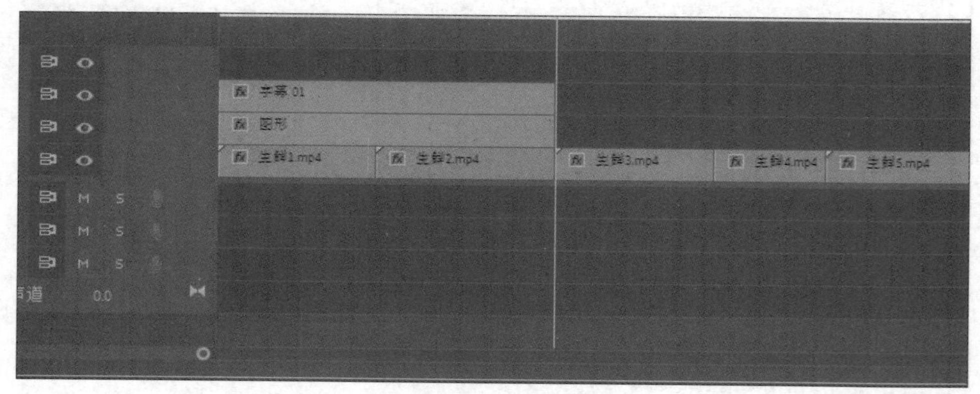

图 5-9

步骤 12 在“效果”面板中搜索“变换”视频效果，拖动至矩形素材上，在“效果控件”面板中对其参数进行调整，如图5-10所示。调整后效果如图5-11所示。

图 5-10

图 5-11

步骤13 选中V2和V3轨道中的素材，按住Alt键向后拖动，并调整持续时间，如图5-12所示。

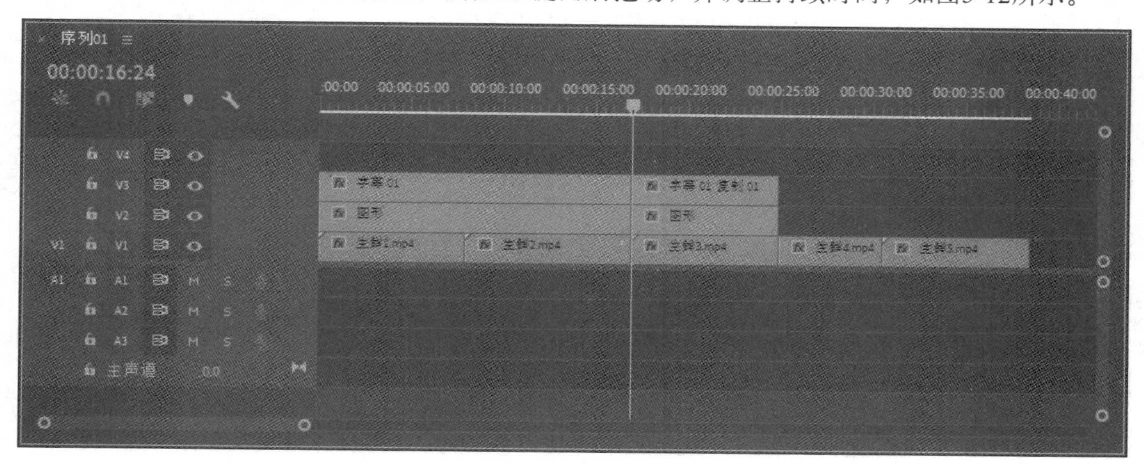

图 5-12

步骤14 选中复制的V2轨道素材，在“效果控件”面板中调整其颜色，效果如图5-13所示。

图 5-13

步骤15 选中复制的V3轨道素材，双击打开“字幕”面板，调整文字内容，如图5-14所示。

图 5-14

步骤16 使用相同的方法，继续复制并调整V2和V3轨道中的素材文件，最终效果如图5-15所示。

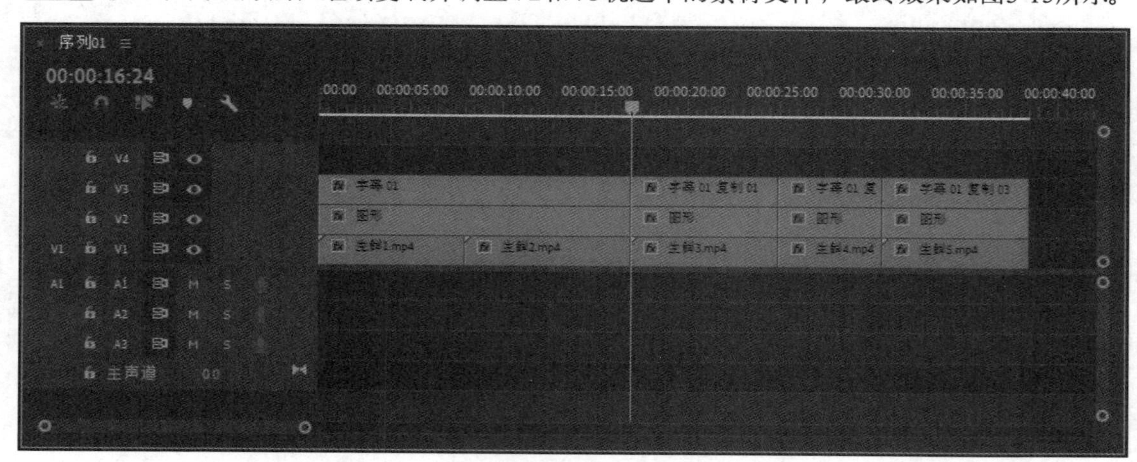

图 5-15

步骤17 到这里就完成了广告宣传片的制作，画面效果如图5-16所示。

图 5-16

你学会了吗？

边用边学

5.1 新建字幕

文字是设计作品中非常重要的元素，通过文字，可以更好地展现主题，将信息传递给观众。在Premiere软件中，用户可以通过多种方式创建字幕。下面将针对如何创建字幕进行介绍。

5.1.1 字幕类型

Premiere软件中自带4种字幕类型：静止图像、滚动、向左游动和向右游动。单击“字幕”面板中设计器上方的按钮，在弹出的“滚动/游动选项”对话框中即可设置字幕类型，如图5-17所示。

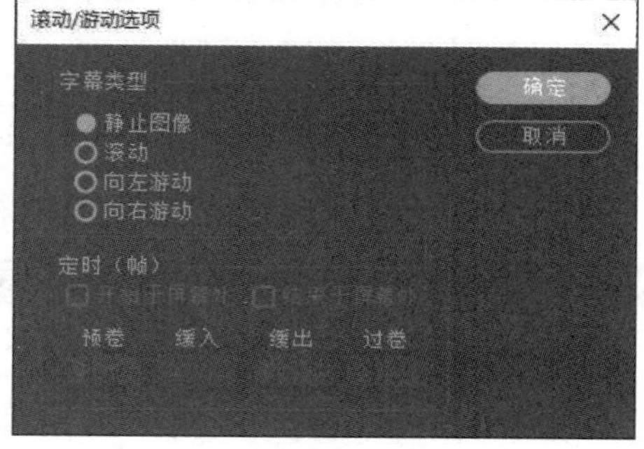

图 5-17

其中，这几种类型的特点介绍如下。

- **静止图像字幕**：该类型字幕停留在画面中指定位置静止不动，不会随着时间变化而变化，如图5-18所示。

图 5-18

- **滚动字幕**：该类型字幕默认随着时间变化做自下而上的垂直运动。字幕持续时间越短，滚动速度越快。图5-19所示为滚动效果。

图 5-19

- **游动字幕：**该类型字幕包括向右游动和向左游动两种。随着时间变化，该类型字幕会在画面中做水平方向运动，字幕持续时间越短，滚动速度越快。图5-20所示为向右游动效果。

图 5-20

5.1.2 使用“文字工具”创建字幕

在“工具”面板中单击“文字工具”T，在“节目监视器”面板中合适位置单击即可输入文字，如图5-21所示。此时“时间轴”面板中出现新创建的字幕素材，如图5-22所示。

图 5-21

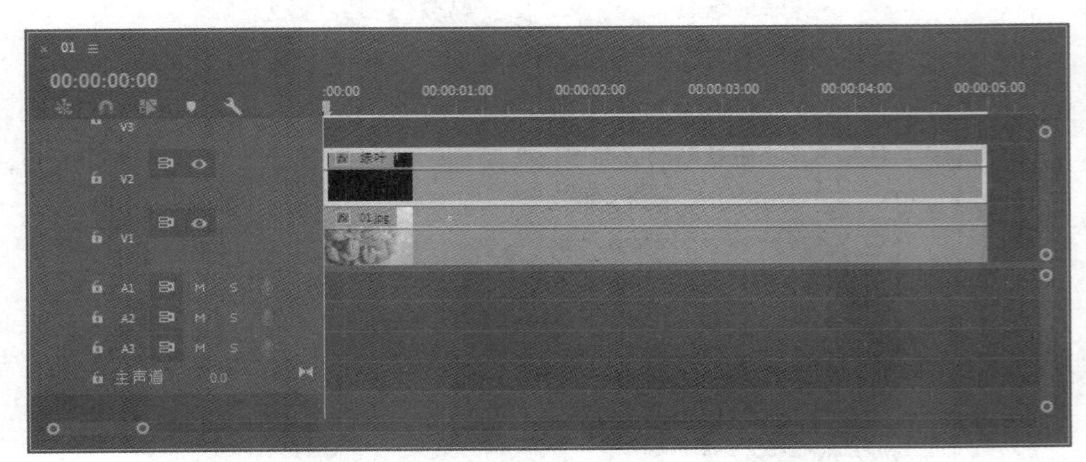

图 5-22

选中“时间轴”面板中的字幕素材，在“效果控件”面板中可以对字幕参数进行设置，如图5-23所示。

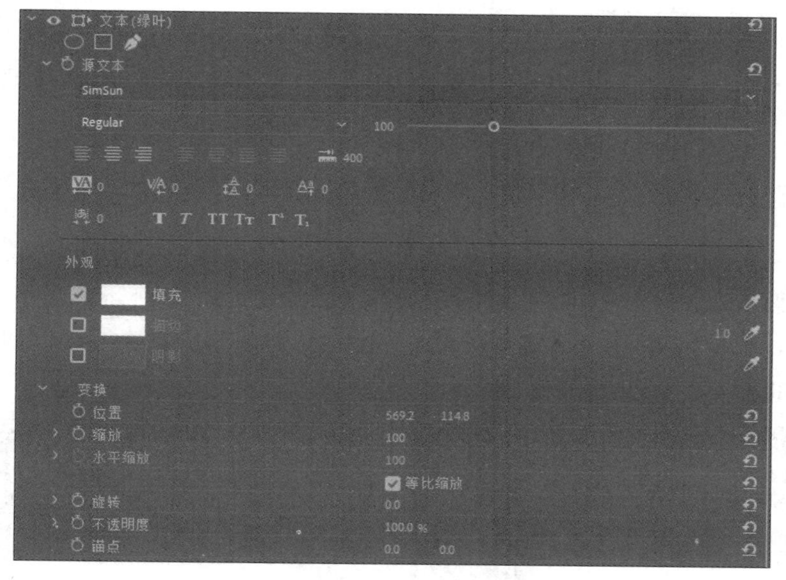

图 5-23

5.1.3 使用“旧版标题”命令创建字幕

除了使用“文字工具”T创建字幕，还可以使用“旧版标题”命令新建文字。执行“文件”→“新建”→“旧版标题”命令，打开“新建字幕”对话框，设置新建字幕的尺寸、名称等参数后单击“确定”按钮，即可打开“字幕”面板，如图5-24所示。

❶设计器；❷“工具”面板；❸“动作”面板；❹“属性”面板；❺“样式”面板。

图 5-24

"字幕"面板中各部分的作用如下：

- **设计器**：用于创建和查看文字或图形。
- **"工具"面板**：用于放置文字、图形等工具。
- **"动作"面板**：用于对齐、分布所创建的对象。
- **"属性"面板**：用于对创建的对象的属性进行设置。
- **"样式"面板**：用于设置字体样式。

在"字幕"面板中提供了3 种创建文字的方法，分别为点文字、区域文字和路径文字。

1. 点文字

点文字需要手动进行换行，改变文字框的形状和大小后，文字的形状和大小也会相应改变。

选中"文字工具"，在设计器中单击即可输入点文字，如图5-25所示。调整文本框形状后，文字形状也会发生变化，如图5-26所示。

图 5-25

图 5-26

2. 区域文字

区域文字需要在输入前拖动绘制出文本框，再输入文字。改变区域文字文本框的形状和大小时，仅影响显示文字的多少，而不影响文字的形状和大小。

选中"区域文字工具"，在设计器中拖动绘制文本框，绘制完成后输入文字，如图5-27所示。调整文本框形状后，显示的文字数量会发生变化，但文字形状和大小不会发生变化，如图5-28所示。

图 5-27

图 5-28

3. 路径文字

路径文字是指沿着路径输入文字，文字随路径变化而变化。

选中“路径文字工具”，在设计器中单击并拖动绘制路径，完成后输入文字，即可创建路径文字，如图5-29所示。使用“转换锚点工具”调整路径后，文字也随之变化，如图5-30所示。

图 5-29

图 5-30

文字创建完成后，关闭“字幕”面板，可以在“项目”面板中选中新创建的字幕文件，如图5-31所示，拖动至“时间轴”面板中进行使用，如图5-32所示。

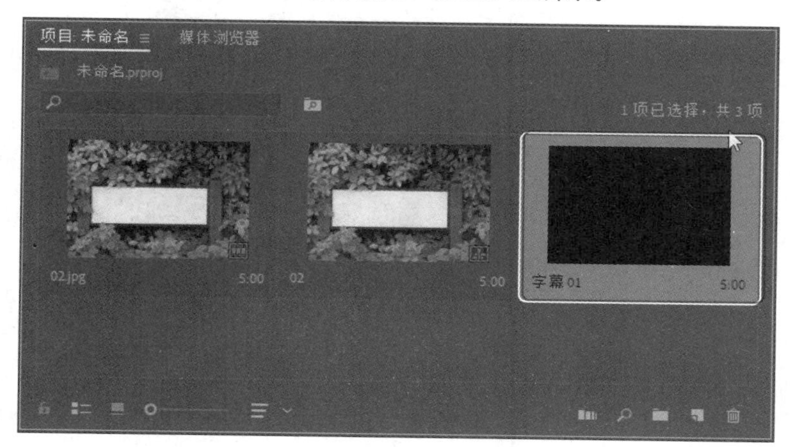

图 5-31

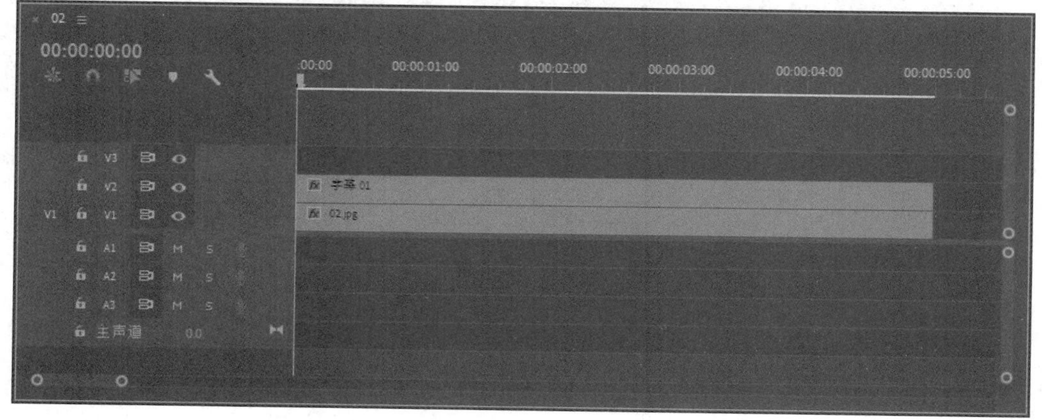

图 5-32

5.2 在“字幕”面板中调整字幕效果

在“字幕”面板中输入文字后，可以对输入文字的属性进行设置。下面将进行详细讲解。

5.2.1 调整字幕基本属性

选中输入的文字，可以在“属性”面板中对文字的字体、大小、不透明度等参数进行调整。完成后，设计器中的文字会随之变化，便于观看到调整后的效果。下面将介绍“属性”面板中各部分的作用。

1. 变换

在“变换”选项中可以调整输入文字的不透明度、X位置、Y位置等参数，如图5-33所示。调整该选项中的参数后，在设计器中可以看到变换效果，如图5-34所示。

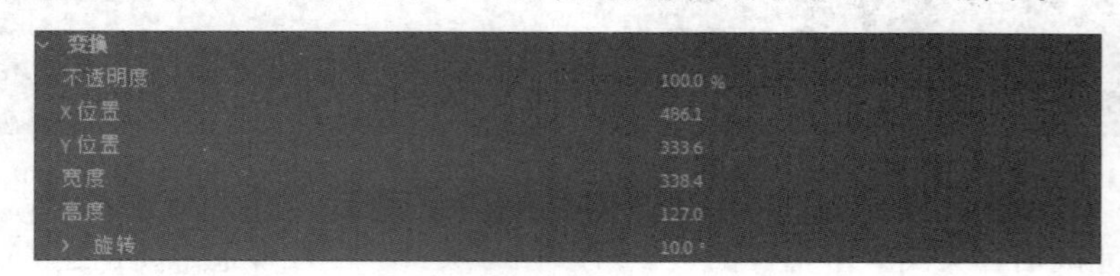

图 5-33

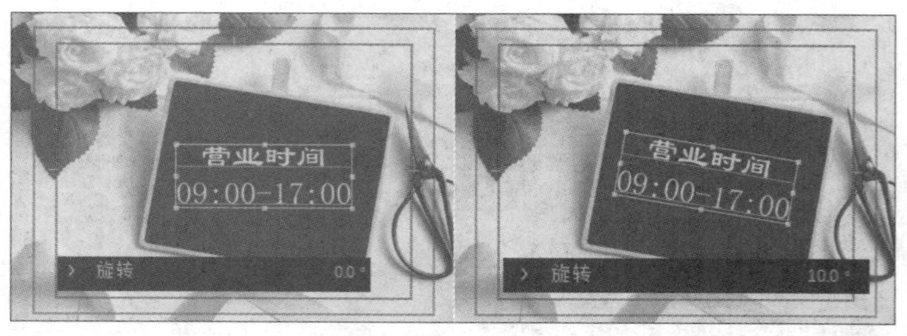

图 5-34

2. 属性

在“属性”选项中可以对文字的字体样式、字体大小、行距、字符间距等参数进行调整，如图5-35所示。

属性	
字体系列	隶书
字体样式	Regular
字体大小	52.0
宽高比	100.0 %
行距	23.0
字偶间距	0.0
字符间距	0.0
基线位移	0.0
倾斜	0.0 °
小型大写字母	☐
小型大写字母大小	75.0 %
下划线	☐
扭曲	

图 5-35

其中，“属性”选项中部分参数的作用如下：

- **宽高比：** 用于调整输入文字的宽高比，数值越大，文字越宽。
- **行距：** 用于控制输入文字行之间的垂直距离，数值越大，行与行之间的距离越大。用户在调整文字大小后，可根据需要进行调整。
- **字偶间距：** 字偶间距可调整字幕字符之间的间距。用户在使用中可逐个字符进行调整。
- **字符间距：** 字符间距和字偶间距类似，都可以对字符之间的间距进行调整，但字符间距主要用于从整体压缩或拓展一行文字。
- **基线位移：** 用于调整字符与基线之间的距离，调整后文字上移或下移。图5-36所示为调整选中字符基线位移的效果。

图 5-36

3. 填充

“填充”选项中的参数可以对输入文字的填充类型、颜色、不透明度、光泽和纹理等参数进行调整，如图5-37所示。

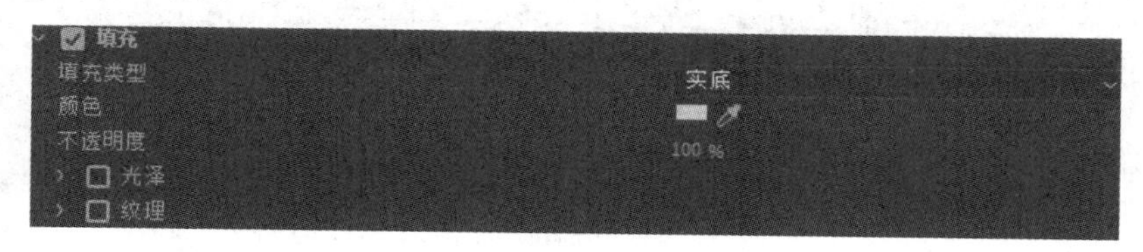

图 5-37

其中，“填充”选项中部分常用参数的作用如下：

- **填充类型：** 用于设置颜色在文字或图形中的填充类型，包括实底、线性渐变等7种不同的填充类型，如图5-38所示。

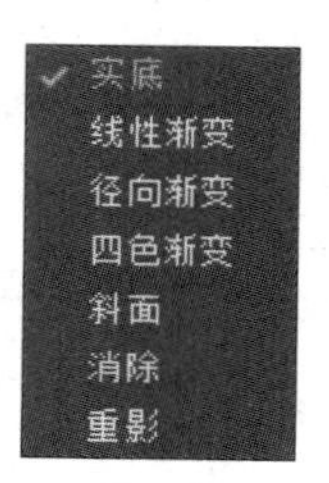

图 5-38

- **颜色**：用于设置填充色。
- **光泽**：用于为字幕或图形添加柔和高光，从而添加字幕深度，展开面板如图5-39所示。
- **纹理**：用于为字幕或图形添加纹理，丰富视觉效果，展开面板如图5-40所示。

图 5-39

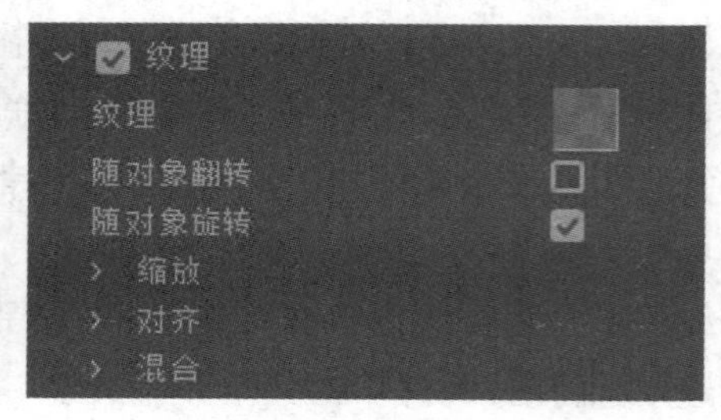

图 5-40

4. 描边

“描边”选项可以为创建的字幕或图形添加描边，并对描边参数进行调整。单击“添加”按钮，可以多次添加描边效果并进行设置，如图5-41所示。

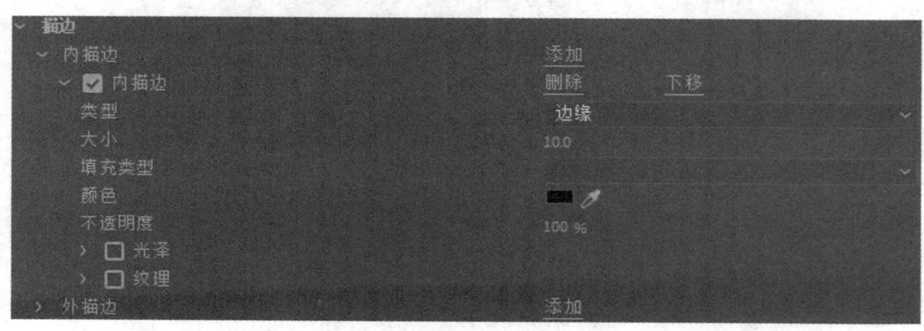

图 5-41

5. 阴影

“阴影”选项可以设置字幕或图形的阴影，使文字或图形更易辨识，如图5-42所示。

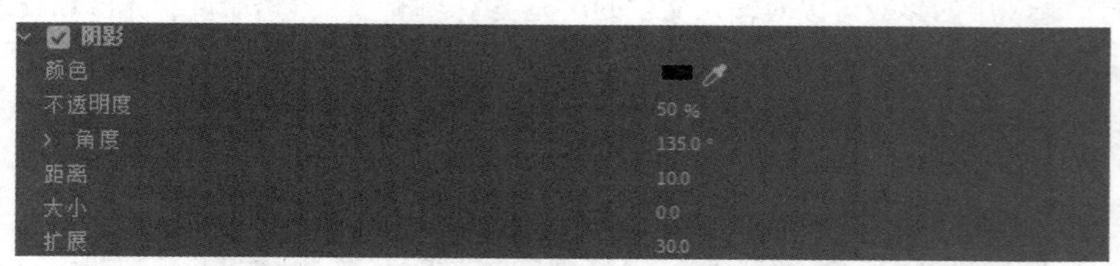

图 5-42

其中，“阴影”选项中部分常用参数的作用如下：

- **颜色**：用于设置阴影的颜色。
- **角度**：用于设置阴影的角度。
- **距离**：用于设置阴影与文字或图形间的距离。
- **大小**：用于设置阴影的大小。
- **扩展**：用于设置阴影的模糊程度。

6. 背景

“背景”选项可以设置字幕文件的背景，既可以选择设置填充背景，也可以通过添加纹理制作图片背景，如图5-43所示。

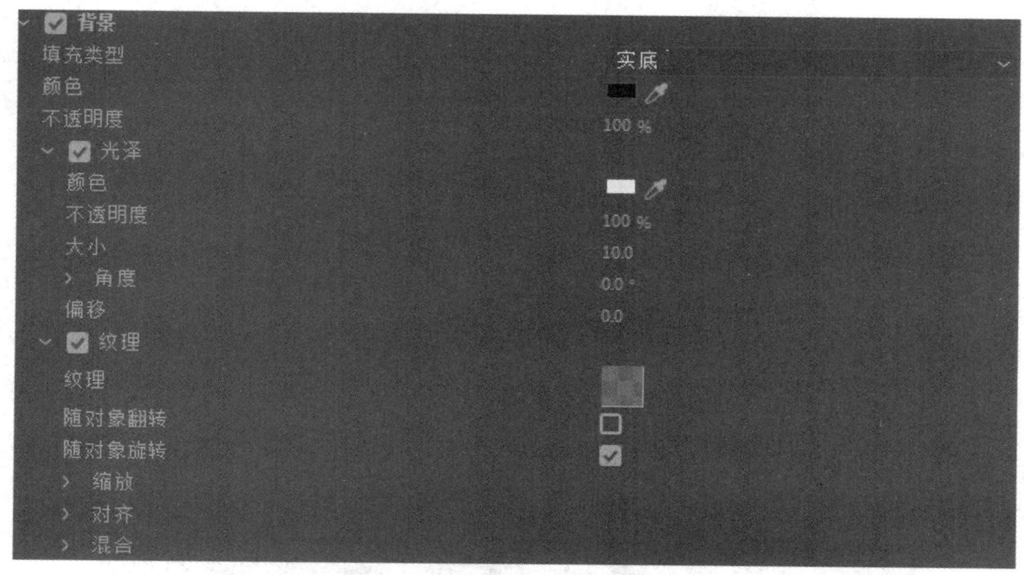

图 5-43

其中，“背景”选项中部分参数的作用如下：

- **填充类型**：用于设置背景填充类型，包括实底、线性渐变等7种不同的填充类型。
- **颜色**：用于设置背景颜色。
- **不透明度**：用于设置背景不透明度。
- **光泽**：用于为背景添加光泽效果，添加后可以对其角度和不透明度进行调整，制作更微妙的视觉效果。
- **纹理**：用于为背景添加纹理效果。

5.2.2 对齐与分布

“动作”面板中的各个按钮可以帮助用户快速对齐或分布多组文字。图5-44所示为“动作”面板。

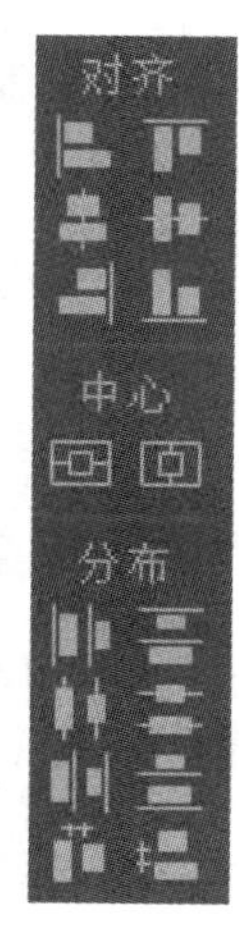

图 5-44

其中，“对齐与分布”各选项组的作用如下：

- **对齐**：用于设置不同组文字或图形的对齐方式，包括水平靠左、垂直靠上、水平居中、垂直居中、水平靠右、垂直靠下6种。
- **中心**：用于设置选中的文字或图形与窗口对齐，包括垂直居中和水平居中两种。
- **分布**：用于设置3组及以上文字或图形的平均分布。

选中多组文字或图形后，在“动作”面板中单击不同的按钮，可以设置选中对象的排列情况。图5-45所示为设置水平靠左的效果。

图 5-45

5.2.3 字幕样式

“字幕”面板下的“样式”面板中预设了许多字幕样式，选择预设好的样式，可以快速为输入的文字添加效果。图5-46所示为“样式”面板。

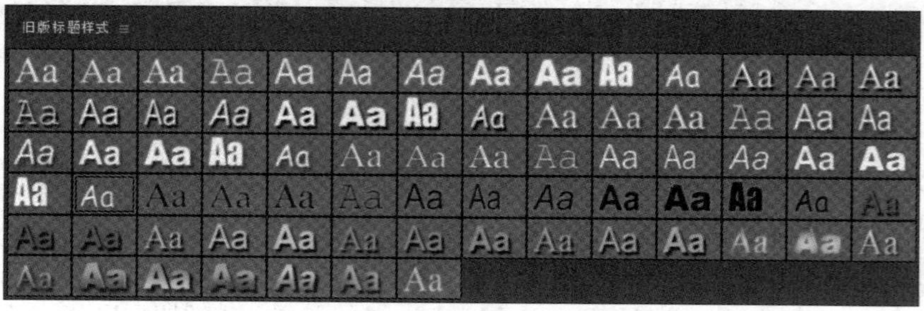

图 5-46

选中“样式”面板中的样式，使用“文字工具”即可在设计器中输入选中样式的文字，如图5-47所示。也可以选中已创建的文字，单击预设好的样式，文字的外观即会被更改，以便与预设匹配。

图 5-47

若是对预设的样式不满意，也可以自己创建喜欢的样式外观，保存为样式，便于以后的使用。输入文字后，在“属性”面板中对文字属性进行设置，完成后，选中输入的文字，单击“样式”面板中的“菜单”按钮☰，在弹出的快捷菜单中选择“新建样式”选项，打开“新建样式”对话框，如图5-48所示。设置名称后单击“确定”按钮，即可在“样式”面板中看到新建的样式，如图5-49所示。

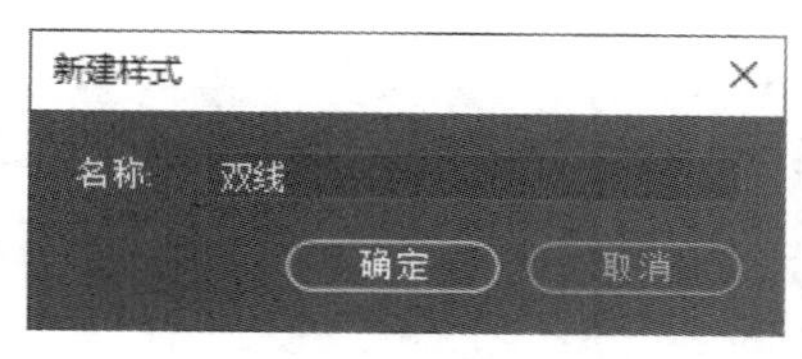

图 5-48

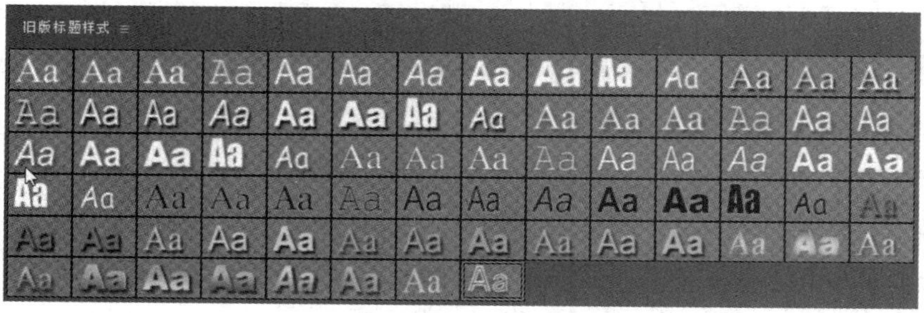

图 5-49

经验之谈 创建样式效果

当我们费尽心思为一个对象指定了满意的效果后，一定希望可以把这个效果保存下来，以便随时使用。为此，Premiere提供了定制风格化效果的功能。

（1）新建项目，在“项目”面板中的空白处双击，打开“导入”对话框，选择并导入素材文件“字幕1.prproj”。

（2）在“项目”面板中双击“字幕1.prproj”，打开“字幕”面板。

（3）单击“字幕样式”右侧的菜单按钮，在弹出的快捷菜单中选择“新建样式”命令。

（4）在弹出的“新建样式”对话框中输入新样式效果的名称，完成后单击“确定”按钮，如图5-50所示。至此，新建的样式就会出现在“字幕样式”选项列表中了。

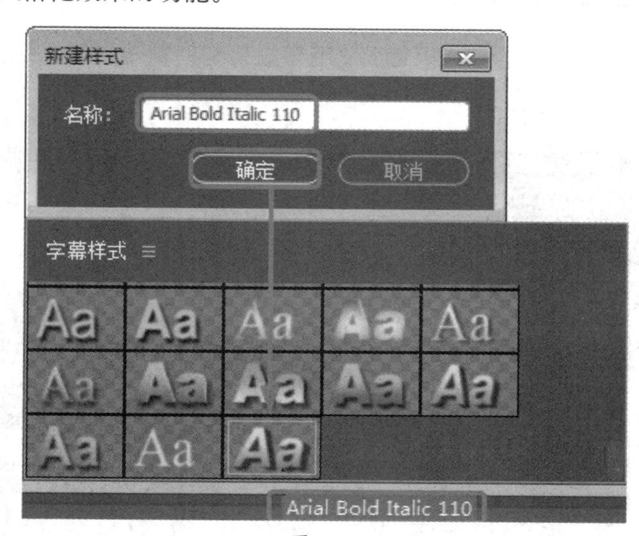

图 5-50

上手实操

实操一 制作手写文字效果

在制作手写文字效果时，需要对文字的笔画进行美化，并一笔一划地模拟出手写的效果，部分效果如图5-51所示。

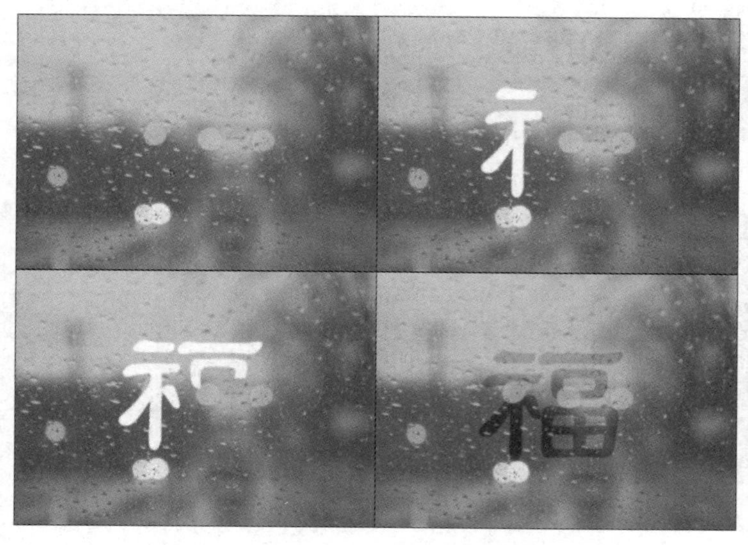

图 5-51

设计要领

- 启动Premiere软件，新建项目，新建文字字幕。
- 将字幕拖至序列中，添加"4点无用信号遮罩"和"8点无用信号遮罩"视频特效。
- 新建序列，将之前的序列拖至新建序列中，合成最终效果。

扫码观看视频

实操二 制作旋转文字效果

本实操将通过文字及视频效果制作旋转文字效果。完成后效果如图5-52所示。

图 5-52

设计要领

- 启动Premiere软件，导入素材文件。
- 使用"旧版标题"命令输入文字，并选择合适的样式。
- 为文字添加阴影效果。
- 为文字素材添加"交叉缩放"视频过渡和"基本3D"视频效果，并设置旋转参数创建动画。
- 调整关键帧，制作缓入缓出效果。

第6章 视频过渡效果

内容概要

使用视频过渡效果可以建立素材间的平滑过渡，使场景或画面的转换流畅自然；也可用于单个素材，使其出现或消失更自然。本章将讲解视频过渡效果的添加和调整以及各个视频过渡效果的作用。

知识要点

- 学会添加视频过渡效果。
- 学会调整视频过渡效果。
- 熟悉视频过渡效果的应用。

数字资源

【本章案例素材来源】："素材文件\第6章"目录下

【本章案例最终文件】："素材文件\第6章\案例精讲\制作图片转场效果.prproj"

案例精讲 制作图片转场效果

扫码观看视频

本案例将利用视频过渡效果制作图片转场效果。主要涉及的知识点包括添加视频过渡、调整视频过渡效果等。

步骤 01 启动Premiere软件，新建项目和序列，执行“文件”→“导入”命令，导入素材文件“01.jpg”“02.jpg”“03.jpg”“04.jpg”“05.jpg”“06.jpg”和“轻音乐.m4a”，如图6-1所示。

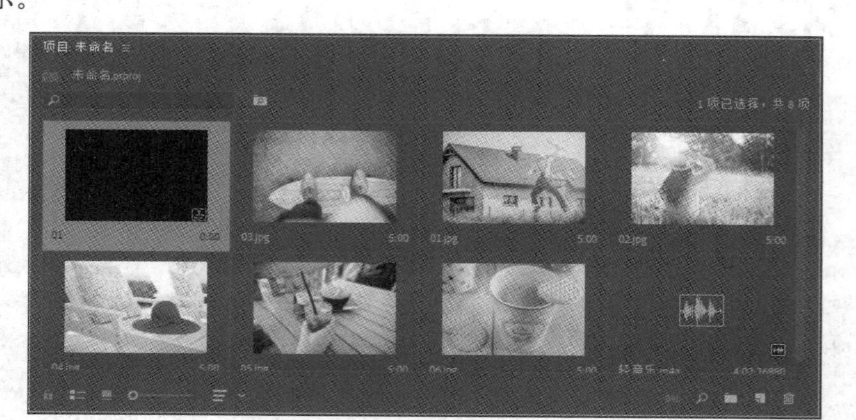

图 6-1

步骤 02 选中“项目”面板中的素材，依次拖动至“时间轴”面板V1轨道中，如图6-2所示。

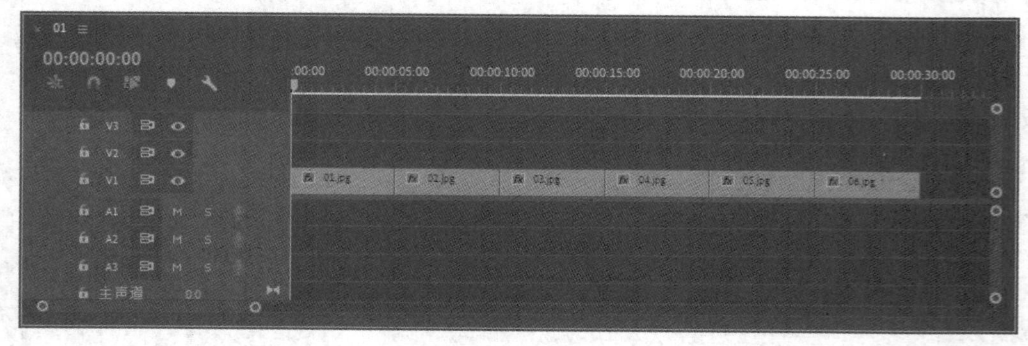

图 6-2

步骤 03 在“效果”面板中搜索“圆划像”视频过渡效果，拖动至“时间轴”面板中素材“01.jpg”和“02.jpg”之间，如图6-3所示。

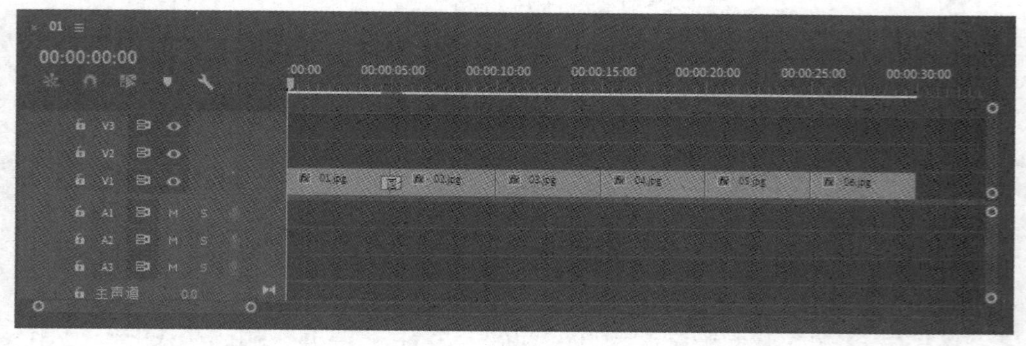

图 6-3

步骤04 选中添加的视频过渡效果，在“效果控件”面板中调整持续时间为2秒，如图6-4所示。

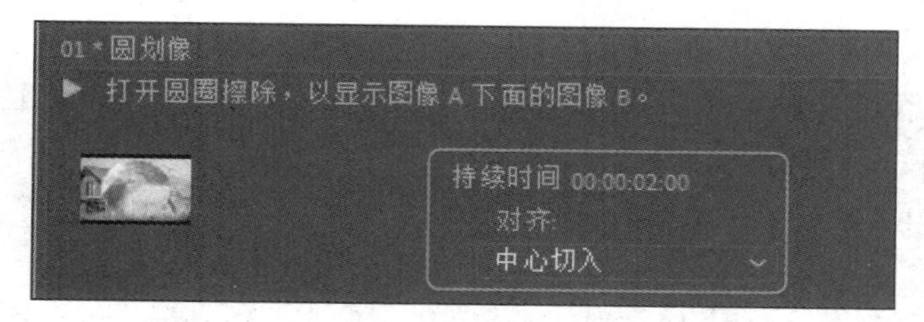

图 6-4

步骤05 在“效果”面板中搜索“风车”视频过渡效果，拖动至“时间轴”面板中素材“02.jpg”和“03.jpg”之间，如图6-5所示。并在“效果控件”面板中对参数进行调整，如图6-6所示。

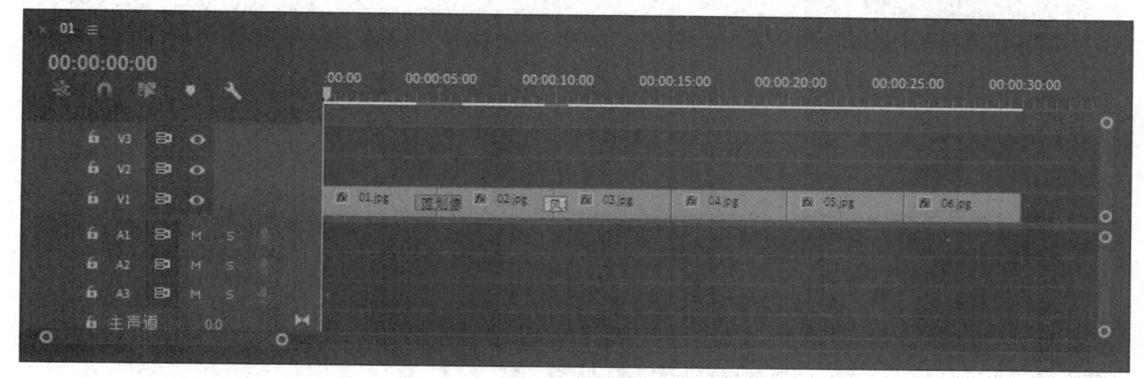

图 6-5

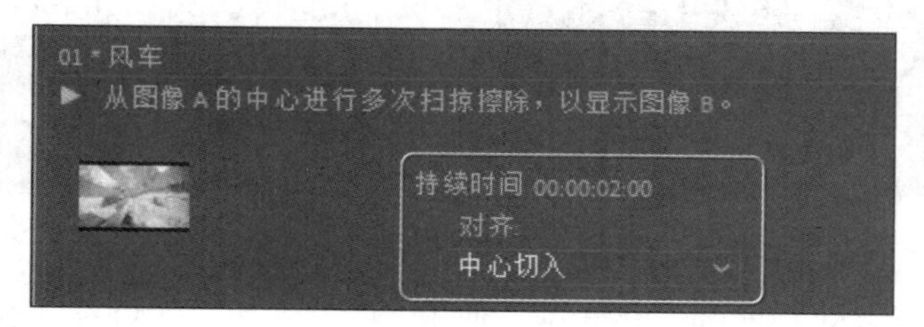

图 6-6

步骤06 使用相同的方法，依次在素材间添加“交叉溶解”“推”和“交叉缩放”等视频效果，并调整参数，如图6-7所示。

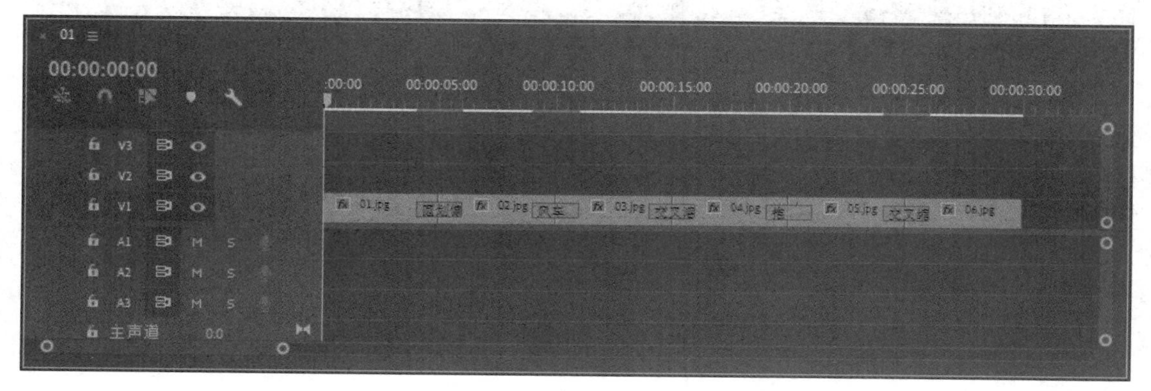

图 6-7

步骤07 在“效果”面板中搜索“黑场过渡”视频过渡效果，拖动至“时间轴”面板中素材“01.jpg”的起始位置和素材“06.jpg”的末端，如图6-8所示。

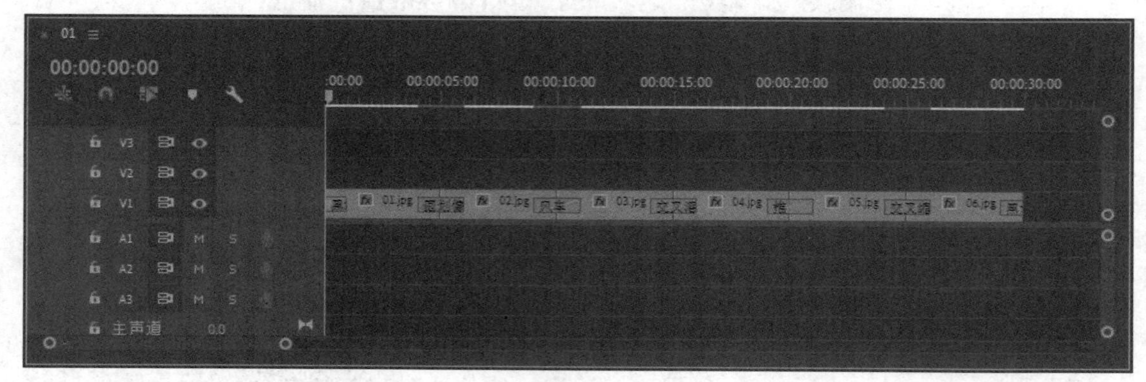

图 6-8

步骤08 在“项目”面板中选中素材“轻音乐.m4a”，拖动至“时间轴”面板中的A1轨道中，如图6-9所示。

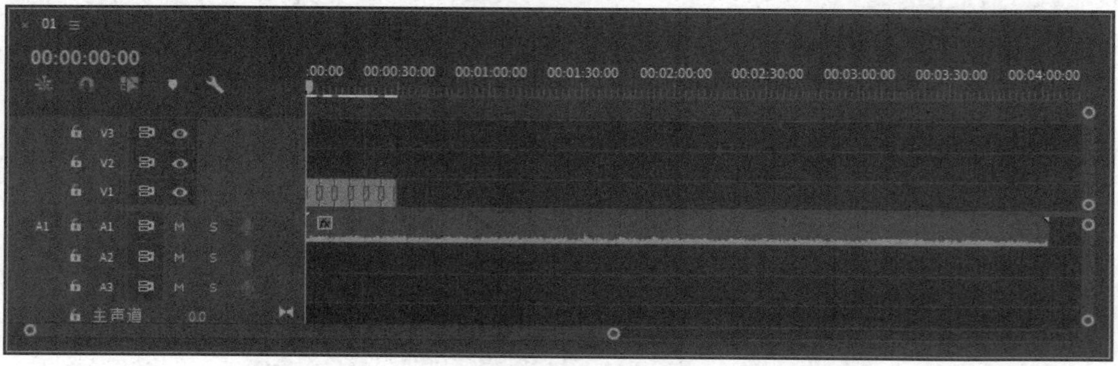

图 6-9

步骤09 移动时间线至素材“06.jpg”的末端，使用“剃刀工具”在A1轨道素材上单击，剪切素材并删除多余部分，如图6-10所示。

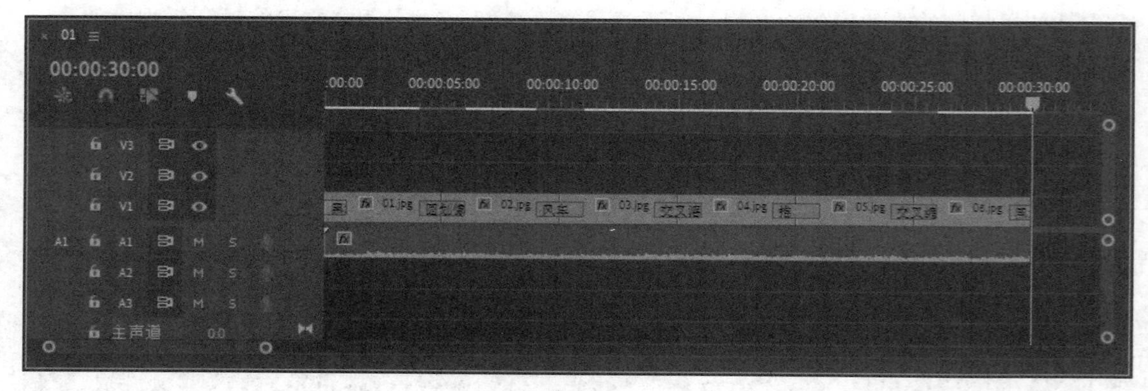

图 6-10

步骤10 在"效果"面板中搜索"指数淡化"音频过渡效果，拖动至A1轨道素材起始位置和末端，如图6-11所示。

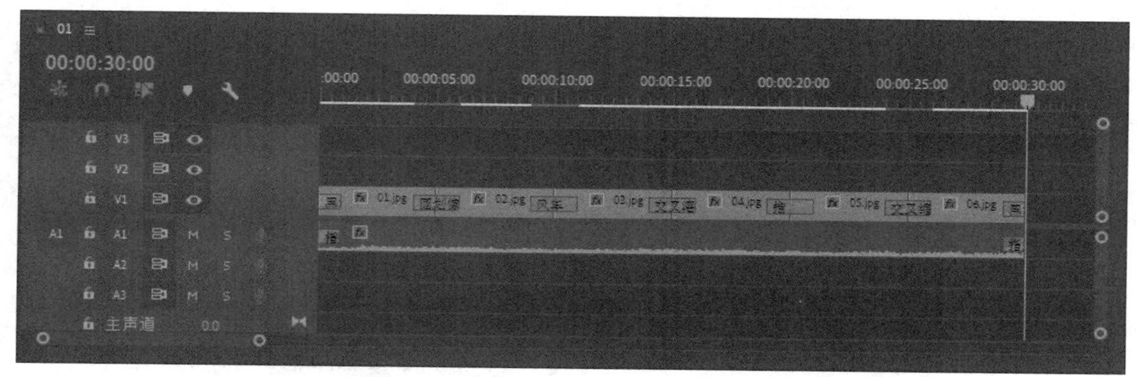

图 6-11

步骤11 到这里就完成了图片转场效果的制作，在"节目监视器"面板中预览，效果如图6-12所示。

图 6-12

你学会了吗?

边用边学

6.1 视频过渡效果的添加与调整

视频过渡效果又被称为视频转场，主要是用于制作素材之间的切换动画，使原本不衔接、跳脱感较强的素材过渡顺畅自然，提高影片质量。图6-13所示为添加“圆划像”视频过渡的效果。

图 6-13

下面将针对视频过渡效果的添加和调整进行讲解。

6.1.1 视频过渡效果的添加

Premiere软件中提供了多种视频过渡效果，执行“窗口”→“效果”命令，在打开的“效果”面板中可以看到Premiere软件自带的视频过渡效果，如图6-14所示。

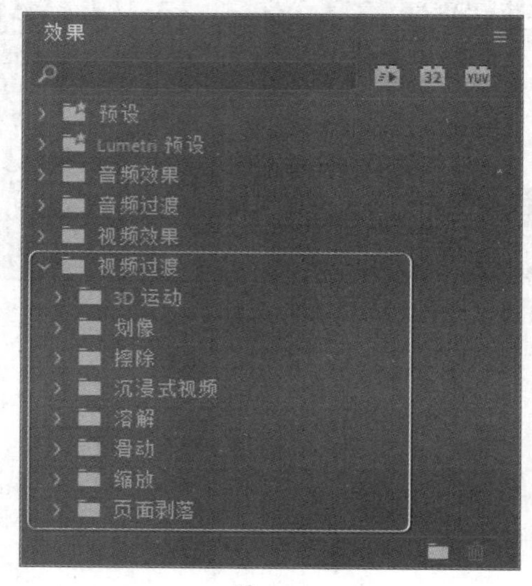

图 6-14

在“效果”面板中选中视频过渡效果，拖动至“时间轴”面板中的素材出点或入点处，即可为素材添加视频过渡效果。图6-15和图6-16所示为在素材出点处添加“百叶窗”视频过渡的效果。

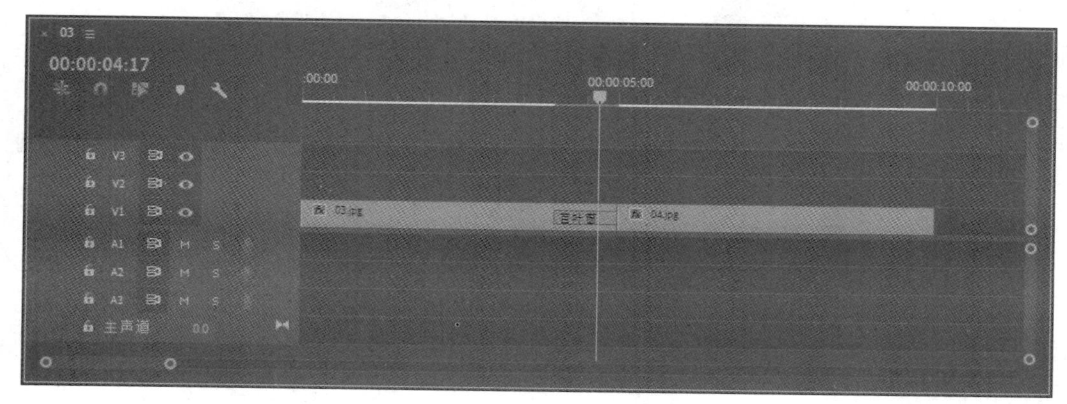

图 6-15

图 6-16

也可以拖动视频过渡效果至两段素材之间，为素材添加视频过渡效果。图6-17和图6-18所示为在两段素材之间添加“胶片溶解”视频过渡的效果。

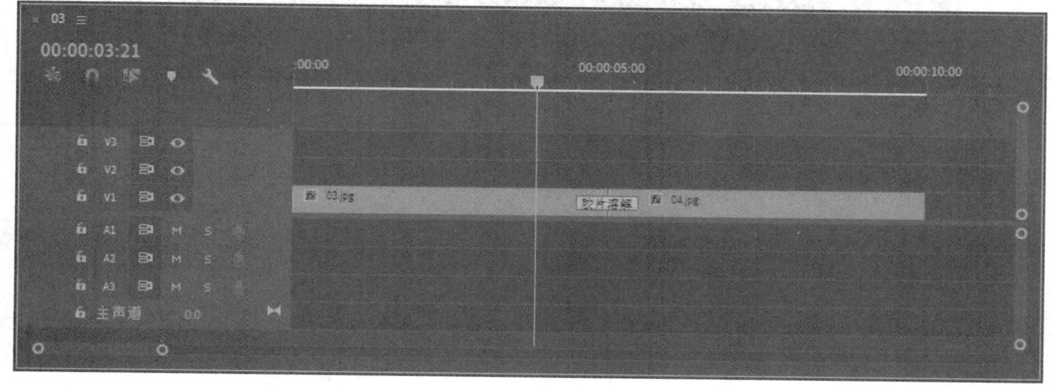

图 6-17

图 6-18

6.1.2 调整视频过渡效果

添加视频过渡效果后，用户可以选中添加的视频过渡效果，在“效果控件”面板中对其进行调整。图6-19所示为选中的视频过渡效果的“效果控件”面板。

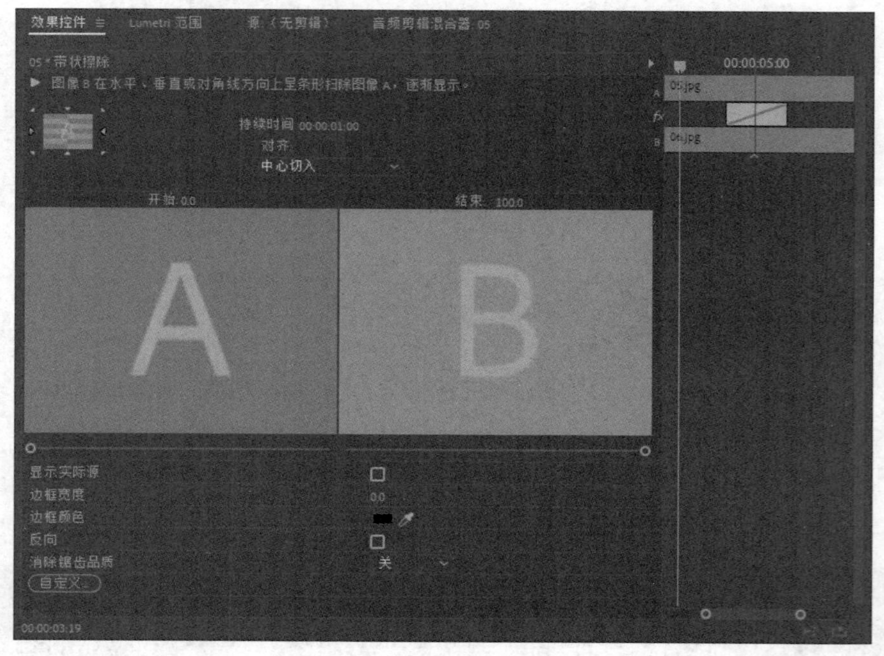

图 6-19

下面将针对如何调整视频过渡效果进行介绍。

1. 设置视频过渡效果起始位置

添加完视频过渡效果后，在打开的“效果控件”面板左上角，单击控制视频过渡效果起始位置的控件周围的三角，可以对部分视频过渡效果的起始位置进行调整，如图6-20和图6-21所示。

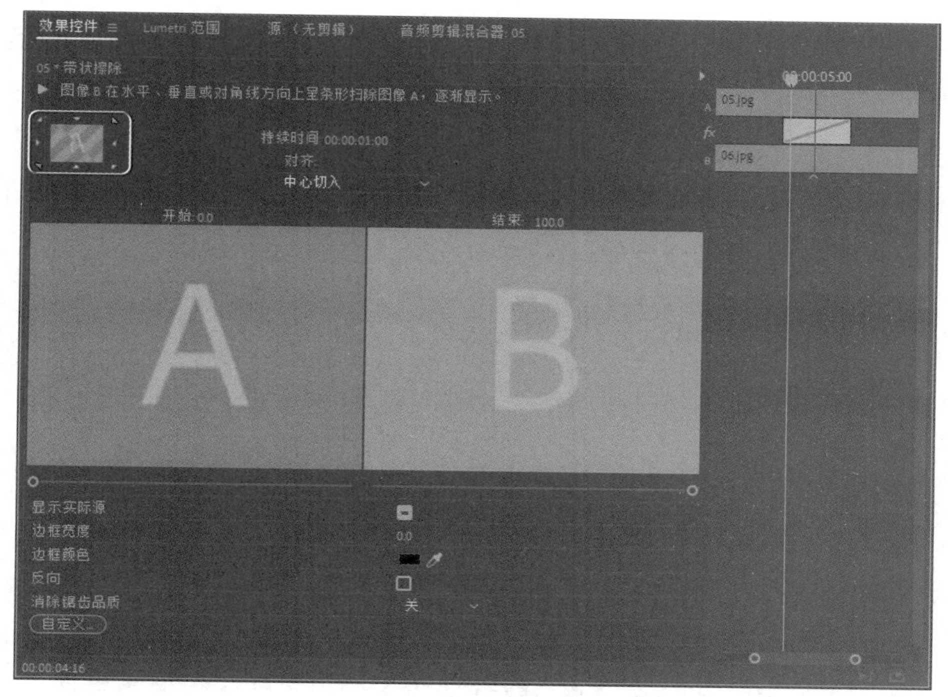

图 6-20

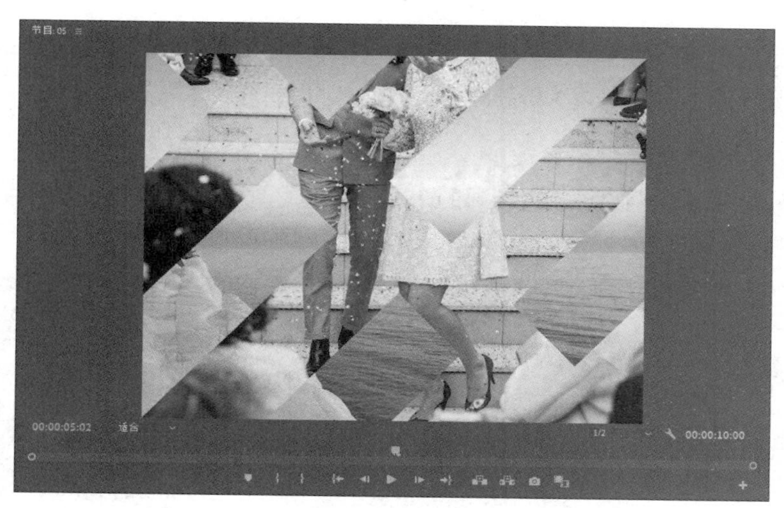

图 6-21

2. 设置视频过渡效果持续时间

视频过渡效果添加后，可以在“时间轴”面板中或“效果控件”面板中对其持续时间进行调整。

选中“时间轴”面板中的视频过渡效果，右击，在弹出的快捷菜单中选择“设置过渡持续时间”选项，打开“设置过渡持续时间”对话框，如图6-22所示。在该对话框中调整视频过渡时间，完成后单击“确定”按钮即可。

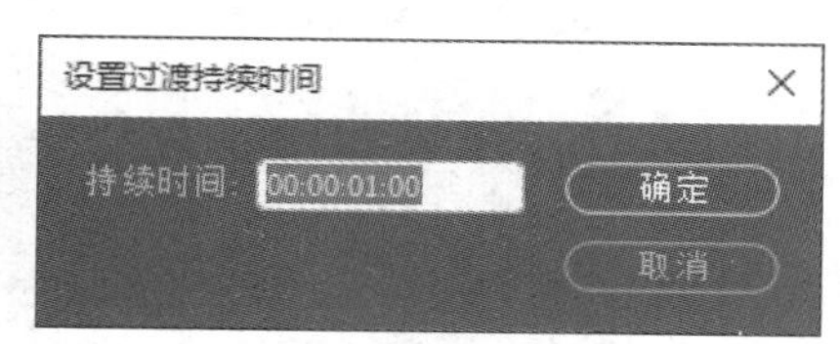

图 6-22

也可选中视频过渡效果后，在“效果控件”面板中对其持续时间进行调整，如图6-23所示。

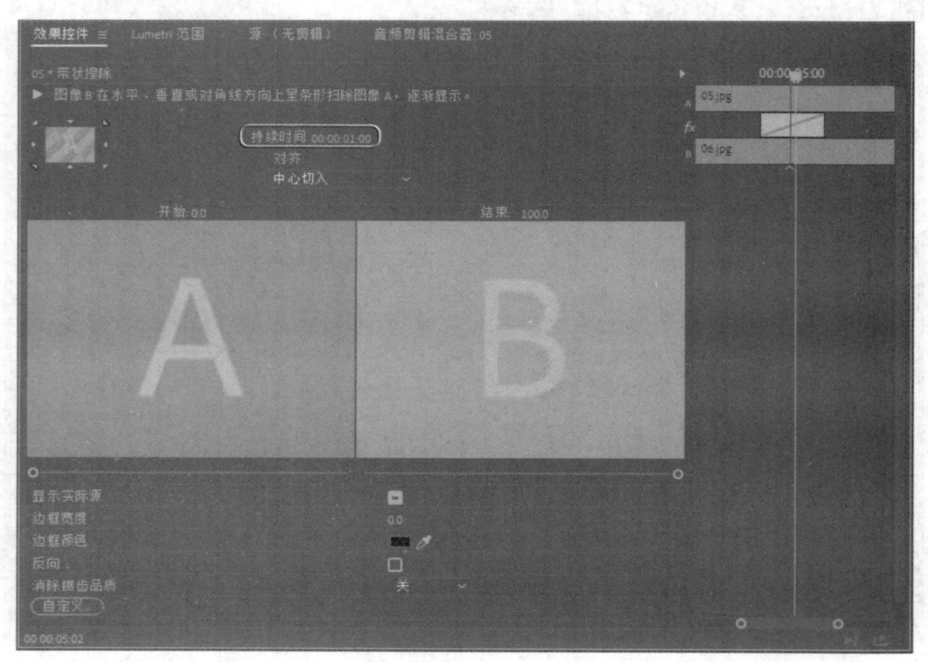

图 6-23

除了以上两种精确控制过渡效果的方法，还可以使用“选择工具”直接在“时间轴”面板中拖动视频过渡效果的出点或入点，调整其持续时间。

3. 设置视频过渡效果对齐参数

将视频过渡效果添加至同一轨道相邻的两个素材之间时，可以在“效果控件”面板中对其“对齐”参数进行设置。图6-24所示为视频过渡效果的对齐选项。

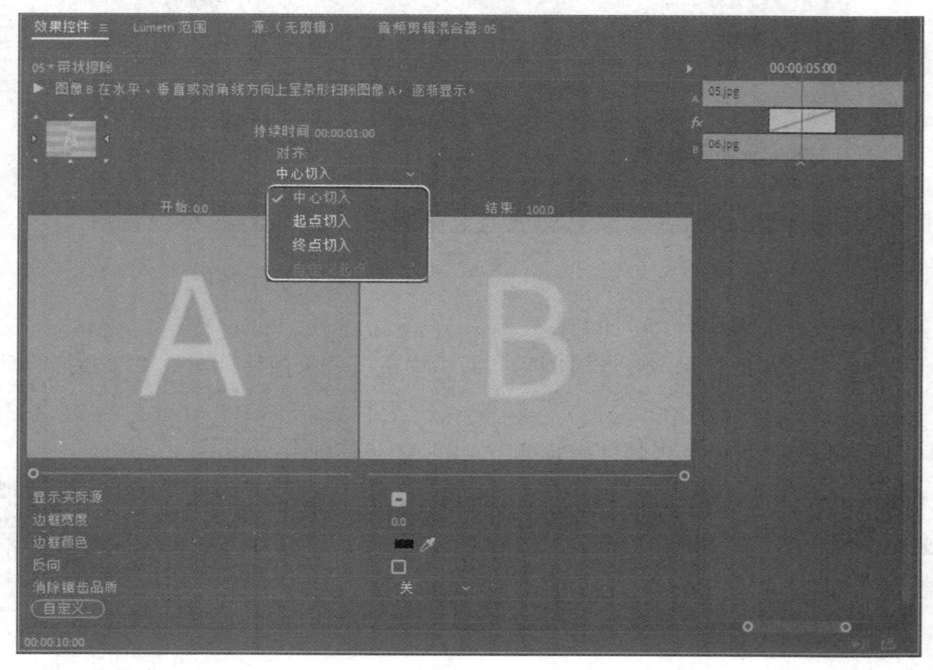

图 6-24

“效果控件”面板中的“对齐”选项的作用如下：

- **中心切入**：当在相邻的两素材之间插入过渡效果时，视频过渡效果将默认以“中心切入”插入，此时，视频过渡特效位于两素材的中间，占用两素材的时间相等。
- **起点切入**：用于将视频过渡效果添加到素材入点处。
- **终点切入**：用于将视频过渡效果添加到素材出点处。
- **自定义起点**：在“时间轴”面板中选中添加的视频过渡效果，将其拖动即可自定义视频过渡效果的位置。

4. 显示视频过渡效果实际素材

选中“时间轴”面板中添加的视频过渡效果，打开“效果控件”面板，可以看到A和B两个过渡特效预览区，在“效果控件”面板中选中“显示实际源”复选框，可以在预览区中显示素材的实际效果，如图6-25所示。

图 6-25

5. 调整视频过渡效果开始和结束效果

在“时间轴”面板中选中视频过渡效果，在“效果控件”面板中预览区上方可以对视频过渡效果的开始和结束效果进行调整。

（1）开始。

“开始”参数可以控制视频过渡效果的开始位置，默认参数为0，即从整个视频过渡过程的开始位置进行过渡。调整参数为20，如图6-26所示，将从整个视频过渡效果的20%位置处开始过渡，如图6-27所示。

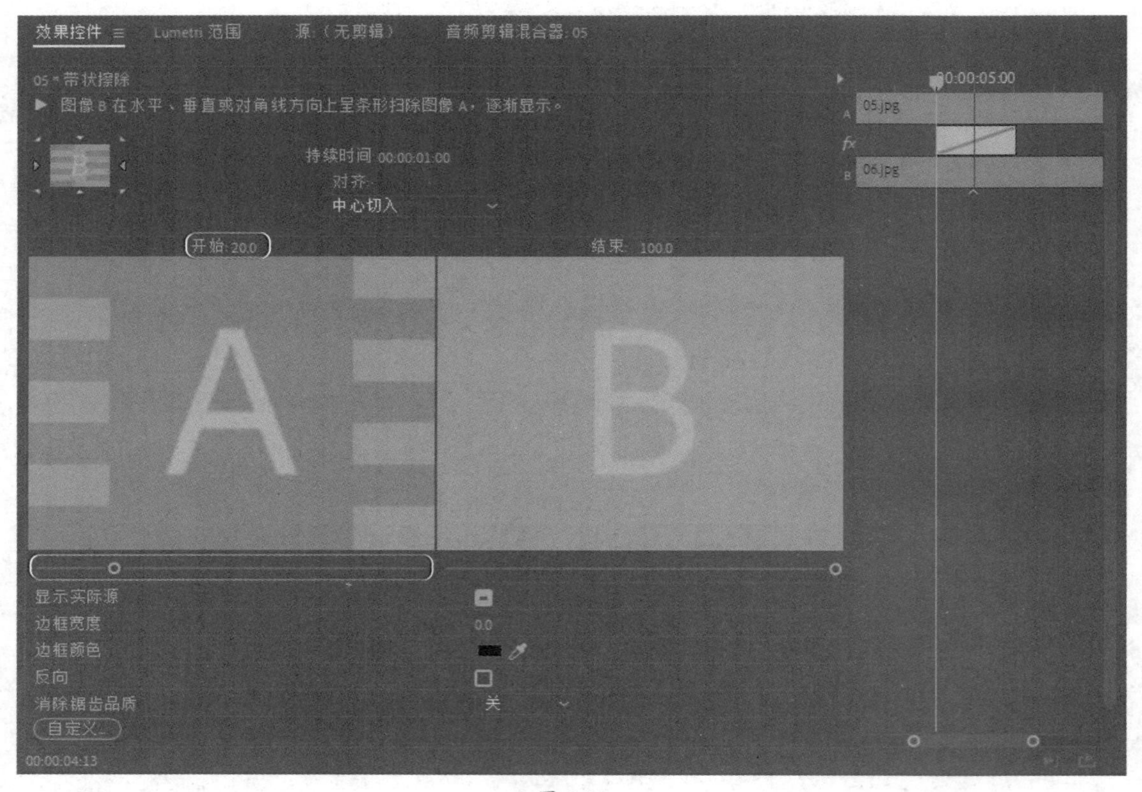

图 6-26

图 6-27

（2）结束。

“结束”参数可以控制视频过渡效果的结束位置，默认参数为100，即从整个视频过渡过程的结束位置完成过渡。调整参数为80，如图6-28所示，视频过渡效果结束时，视频过渡效果只是完成了整个视频的80%，如图6-29所示。

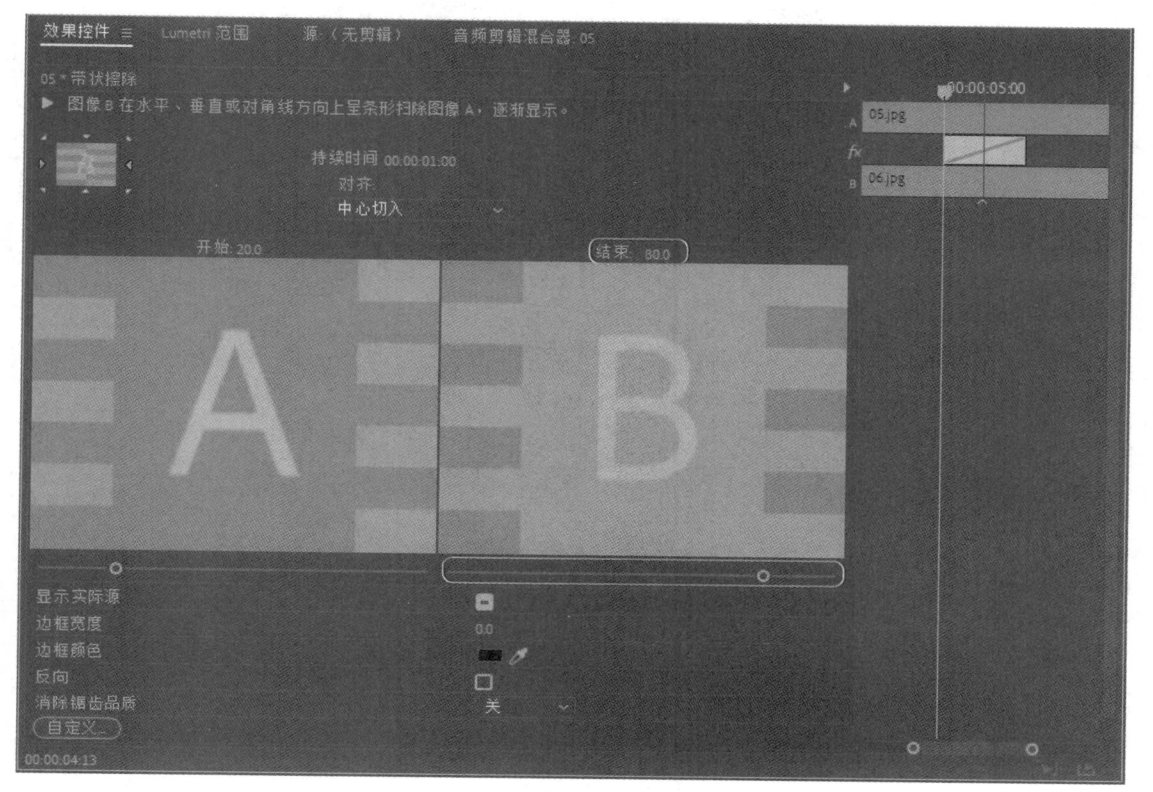

图 6-28

图 6-29

6. 调整视频过渡效果边框

部分视频过渡效果在添加后可以添加边框，在“效果控件”面板中可以对边框的宽度和颜色进行调整。

选中“时间轴”面板中添加的视频过渡效果，在“效果控件”面板中调整“边框宽度”参数和“边框颜色”参数，即可为视频过渡效果添加边框，如图6-30和图6-31所示。

图 6-30

图 6-31

7. 反向视频过渡效果

视频过渡效果添加后，会以预设的变化进行过渡，在“效果控件”面板中选中“反向”复选框，可以反转过渡效果的方向。图6-32和图6-33所示分别为同一时间选中和未选中“反向”复选框的效果。

图 6-32

图 6-33

8. 复制视频过渡效果

选中添加的视频过渡效果，按Ctrl+C组合键复制，移动鼠标至其他素材文件的入点或出点处单击，按Ctrl+V组合键粘贴，即可复制设置好的视频过渡效果，如图6-34和图6-35所示。

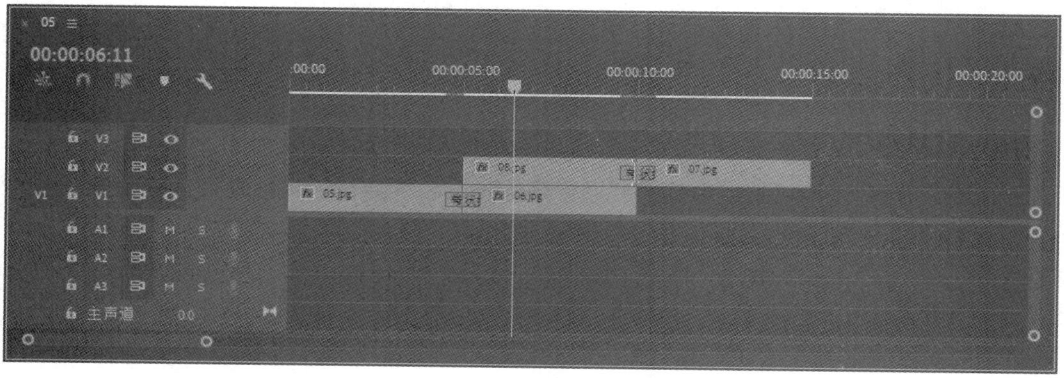

图 6-34

图 6-35

9. 替换视频过渡效果

若对添加的视频过渡效果不满意，可以在“效果”面板中选中想要的视频过渡效果，直接拖动至“时间轴”面板中原有的视频过渡效果上将其替换即可。替换后仅保持一致的持续时间和对齐方式，其他参数需重新进行调整。

10. 删除视频过渡效果

在“时间轴”面板中选中添加的视频过渡效果，按Delete键或Backspace键即可将其删除。也可以选中视频过渡效果后，右击，在弹出的快捷菜单中选择“清除”选项将其删除。

6.2 视频过渡效果的应用

Premiere软件中内置了8组视频过渡效果：“3D运动”“划像”“擦除”“沉浸式视频”“溶解”“滑动”“缩放”和“页面剥落”。通过这8组视频过渡效果，可以应对视频制作过程中大部分的转场要求。下面将针对这8组视频过渡效果的具体用途进行讲解。

6.2.1 3D运动

“3D运动”视频过渡效果组中包括“立方体旋转”和“翻转”两种效果。该效果组中的过渡效果可以模拟三维空间的运动效果。

1. 立方体旋转

“立方体旋转”视频过渡效果可以模拟立方体旋转的效果，如图6-36所示。

图 6-36

2. 翻转

“翻转”视频过渡效果可以模拟平面翻转的效果，如图6-37所示。

图 6-37

6.2.2 划像

“划像”视频过渡效果组中包括“交叉划像”“圆划像”“盒形划像”和“菱形划像”4种效果。该效果组中的过渡效果可以通过分割画面实现转场的效果。

1. 交叉划像

“交叉划像”视频过渡效果中素材B将以一个十字形从素材A中心出现并向四角伸展，直至完全切换，如图6-38所示。

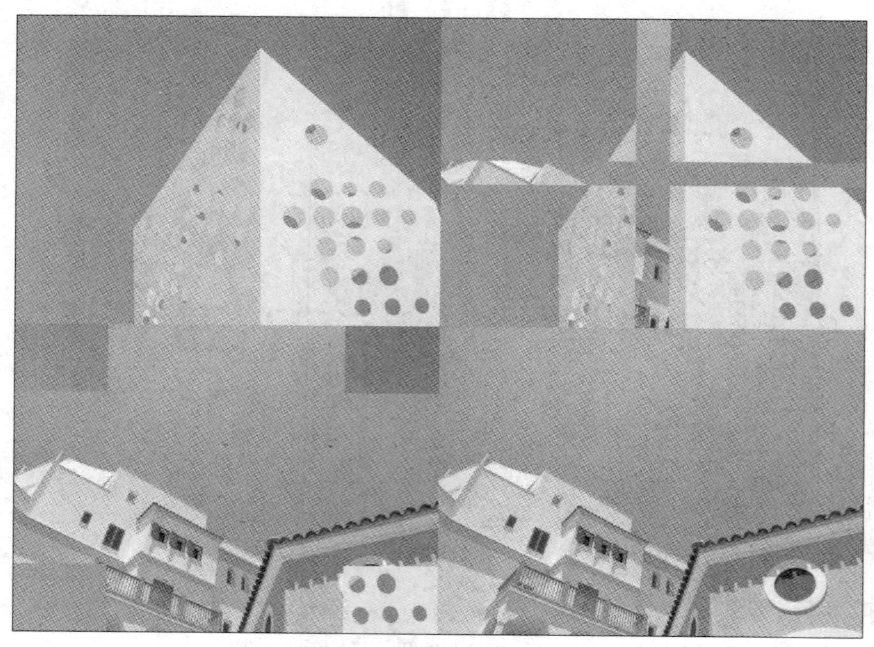

图 6-38

2. 圆划像

“圆划像”视频过渡效果中素材B将以圆形从素材A中心出现并向四周扩展，直至完全切换，如图6-39所示。

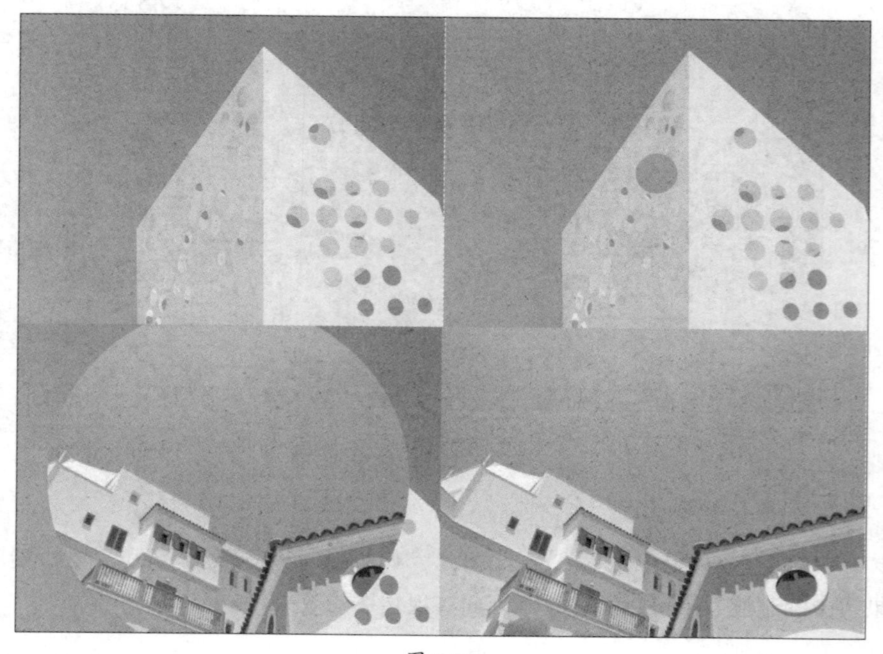

图 6-39

3. 盒形划像

“盒形划像”视频过渡效果中素材B将以盒形从素材A中心出现并向四周扩展，直至完全切换，如图6-40所示。

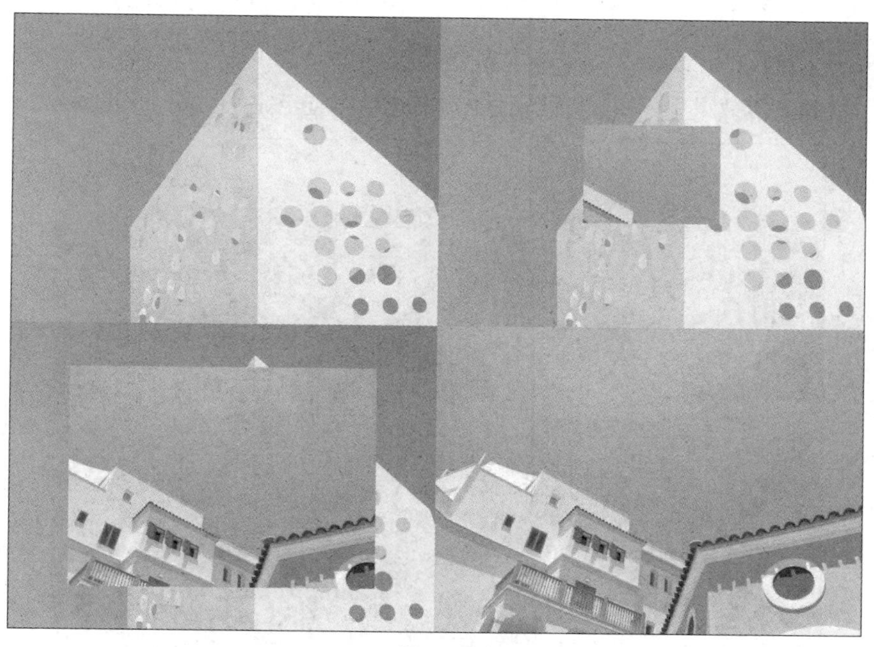

图 6-40

4. 菱形划像

“菱形划像”视频过渡效果中素材B将以菱形从素材A中心出现并向四周扩展，直至完全切换，如图6-41所示。

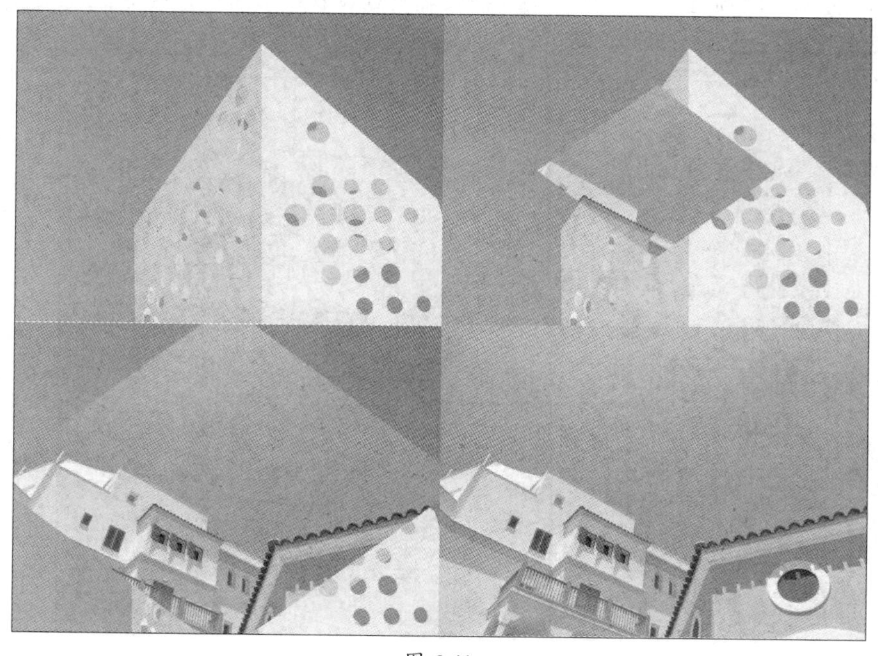

图 6-41

6.2.3 擦除

“擦除”视频过渡效果组中包括“划出”“双侧平推门”“带状擦除”“径向擦除”和“插入”等17种效果。该效果组中的过渡效果可以通过擦除图像的方式来制作转场效果。

1. 划出

“划出”视频过渡效果中素材A将被素材B逐渐擦除，直至完全切换，如图6-42所示。

图 6-42

2. 双侧平推门

“双侧平推门”视频过渡效果中素材A将被素材B从中心向两边擦除，直至完全切换，如图6-43所示。

图 6-43

3. 带状擦除

“带状擦除”视频过渡效果中素材A将被素材B从两侧呈带状擦除，直至完全切换，如图6-44所示。

图 6-44

4. 径向擦除

“径向擦除”视频过渡效果中素材A将被素材B从画面的某一角以射线扫描的状态擦除，直至完全切换，如图6-45所示。

图 6-45

5. 插入

“插入”视频过渡效果中素材A将被素材B从画面的某一角处擦除，直至完全切换，如图6-46所示。

图 6-46

6. 时钟式擦除

“时钟式擦除”视频过渡效果中素材A将被素材B以时钟转动的形式擦除，直至完全切换，如图6-47所示。

图 6-47

7. 棋盘

“棋盘”视频过渡效果中素材A将被素材B分出的多个方块擦除，直至完全切换，如图6-48所示。

图 6-48

8. 棋盘擦除

“棋盘擦除”视频过渡效果中素材B将呈多个版块在素材A上出现并延伸，直至组合成完整的图像完全切换，如图6-49所示。

图 6-49

9. 楔形擦除

“楔形擦除”视频过渡效果中素材A将被素材B从中心以楔形旋转的方式擦除，直至完全切换，如图6-50所示。

图 6-50

10. 水波块

“水波块”视频过渡效果中素材A将被素材B以类似水波来回往复的方式擦除，直至完全切换，如图6-51所示。

图 6-51

11. 油漆飞溅

“油漆飞溅”视频过渡效果中素材A将被素材B以泼墨的方式擦除，直至完全切换，如图6-52所示。

图 6-52

12. 渐变擦除

“渐变擦除”视频过渡效果中将以一个参考图像的灰度值作为渐变依据，根据参考图像由黑到白擦除素材A，直至完全切换，如图6-53所示。

图 6-53

13. 百叶窗

“百叶窗”视频过渡效果中素材A将被素材B以百叶窗的方式擦除，直至完全切换，如图6-54所示。

图 6-54

14. 螺旋框

“螺旋框”视频过渡效果中素材A将被素材B以从外向内螺旋状推进的方式擦除，直至完全切换，如图6-55所示。

图 6-55

15. 随机块

“随机块”视频过渡效果中素材A将被素材B以随机出现的小方块逐渐擦除，直至完全切换，如图6-56所示。

图 6-56

16. 随机擦除

“随机擦除”视频过渡效果中素材A将被素材B以预设方向的小方块逐渐擦除，直至完全切换，如图6-57所示。

图 6-57

17. 风车

“风车”视频过渡效果中素材A将被素材B以风车转动的方式逐渐擦除，直至完全切换，如图6-58所示。

图 6-58

6.2.4 沉浸式视频

“沉浸式视频”视频过渡效果组中包括“VR光圈擦除”“VR光线”“VR渐变擦除”和“VR漏光”等8种效果。该效果组中的过渡效果都用于沉浸式视频。

1. VR光圈擦除

“VR光圈擦除”视频过渡效果可以模拟相机拍摄时的光圈擦除来实现转场效果，如图6-59所示。

图 6-59

2. VR光线

“VR光线”视频过渡效果可以制作VR沉浸式的光线过渡效果来实现转场效果，如图6-60所示。

图 6-60

3. VR渐变擦除

“VR渐变擦除”视频过渡效果可以制作VR沉浸式的渐变擦除来实现转场效果，如图6-61所示。

图 6-61

4. VR漏光

“VR漏光”视频过渡效果可以制作VR沉浸式的光感调整来实现转场效果，如图6-62所示。

图 6-62

5. VR球形模糊

“VR球形模糊”视频过渡效果可以模拟球状模糊的效果来实现转场，如图6-63所示。

图 6-63

6. VR色度泄露

“VR色度泄露”视频过渡效果可以通过调整VR沉浸式的画面颜色来实现转场，如图6-64所示。

图 6-64

7. VR随机块

“VR随机块”视频过渡效果可以制作VR沉浸式的随机块擦除画面的效果来实现转场，如图6-65所示。

图 6-65

8. VR默比乌斯缩放

“VR默比乌斯缩放”视频过渡效果中可以通过制作VR沉浸式的默比乌斯缩放效果来实现转场，如图6-66所示。

图 6-66

6.2.5　溶解

“溶解”视频过渡效果组中包括“MorphCut”“交叉溶解”“叠加溶解”和“白场过渡”等7种效果。该效果组中的过渡效果可以通过淡化、溶解等方式实现转场的效果。

1. MorphCut

“MorphCut”视频过渡效果可以产生一种不可见的切换，无缝地隐藏要删除的内容。

2. 交叉溶解

“交叉溶解”视频过渡效果将逐渐降低素材A的不透明度而显示素材B，直至完全切换，如图6-67所示。

图 6-67

3. 叠加溶解

“叠加溶解”视频过渡效果可以将素材A与素材B以亮度叠加的方式融合，素材A逐渐变亮而显示素材B，直至完全切换，如图6-68所示。

图 6-68

4. 白场过渡

“白场过渡”视频过渡效果中素材A将逐渐变为白色而素材B从白色逐渐显现，直至完全切换，如图6-69所示。

图 6-69

5. 胶片溶解

“胶片溶解”视频过渡效果中素材A将逐渐变为胶片反色，而素材B由胶片反色中逐渐显现，直至完全切换，如图6-70所示。

图 6-70

6. 非叠加溶解

“非叠加溶解”视频过渡效果中素材A从暗部消失而素材B从亮部至暗部依次显现，直至完全切换，如图6-71所示。

图 6-71

7. 黑场过渡

“黑场过渡”视频过渡效果中素材A将逐渐变为黑色而素材B从黑色逐渐显现，直至完全切换，如图6-72所示。

图 6-72

6.2.6 滑动

“滑动”视频过渡效果组中包括“中心拆分”“带状滑动”“拆分”“推”和“滑动”5种效果。该效果组中的过渡效果主要是通过滑动画面等方式实现转场的效果。

1. 中心拆分

“中心拆分”视频过渡效果中将素材A从中心拆分为四个部分并向四角滑动显示出素材B，直至完全切换，如图6-73所示。

图 6-73

2. 带状滑动

“带状滑动”视频过渡效果中素材B将以带状从两侧向中间滑动，直至完全切换，如图6-74所示。

图 6-74

3. 拆分

“拆分”视频过渡效果中将素材A从中心拆分为两个部分并向画面两端滑动显示出素材B，直至完全切换，如图6-75所示。

图 6-75

4. 推

“推”视频过渡效果中素材A和素材B将并排向一侧滑动直至完全切换，如图6-76所示。

图 6-76

5. 滑动

“滑动”视频过渡效果中素材B将从画面一端滑动至画面中，直至完全切换，如图6-77所示。

图 6-77

6.2.7 缩放

“缩放”视频过渡效果组中仅包括“交叉缩放”一种效果。该过渡效果可以通过缩放图像来实现转场效果。

“交叉缩放”视频过渡效果中素材A将从正常比例逐渐放大而素材B从素材A的最大比例逐渐缩放为原始比例，如图6-78所示。

图 6-78

6.2.8 页面剥落

“页面剥落”视频过渡效果组中包括“翻页”和“页面剥落”两种效果。该效果组中的过渡效果可以通过翻页的方式实现转场效果。

1. 翻页

“翻页”视频过渡效果中素材A将以页角对折的方式消失而显示出素材B，直至完全切换，如图6-79所示。

2. 页面剥落

“页面剥落”视频过渡效果中素材A将以翻页的方式消失而显示出素材B，直至完全切换，如图6-80所示。

图 6-79

图 6-80

经验之谈 转场技巧与方式

转场分为技巧转场和无技巧转场。技巧转场利用特效过渡组接两段素材，使画面表现连贯完整；无技巧转场则通过镜头的自然过渡衔接拍摄的素材，使画面自然过渡，但需要在拍摄时注意画面的稳定性和协调性。

1. 用音乐、音响、解说词、对白等与画面的配合实现转场

可以利用解说词对画面进行陈述，以引导观众的思绪，起到承上启下、贯穿前后镜头的作用，这是电影电视编辑的基础手段，也是转场的惯用方式之一。

音乐和画面对白是不同的声音表现形式，画面表达效果也不同。就转场效果来说，存在以下3种方式。

（1）声音与画面保持同步。

（2）先有声音，画面渐入屏幕。

（3）屏幕中先有画面，声音渐入。

2. 利用声音表现呼应关系，将场景进行转换

在大量的电影中都能发现很多声音转场的案例。例如，一部电影的开头只播放声音，画面是其他场景，而且场景中没有视觉中心，这样不仅让画面的过渡自然，而且增强了观众的好奇心。

利用前后镜头之间造型和内容上的某种呼应、动作连续或者情节连贯的关系，使段落过渡顺理成章。有时，利用承接的假象还可以制造错觉，使场景的转换既流畅又有戏剧效果。寻找承接因素是逐步递进式剪辑的常用方式，也是电影电视编辑应该熟练掌握的基本技巧。

前后镜头在景别、动静变化等方面的巨大反差，可以形成鲜明的对比，造成明显的段落间隔，适用于大段落的转换，其常见方式是运用两极景别。由于前后镜头在景别上的悬殊对比，制造出明显的间隔效果，段落感强，属于镜头跳切的一种，有助于加强节奏。

景别中特写的作用在于，在集中注意力的同时，将画面表现范围压缩得十分有限，这带给观众一种空间的弱化效果，有利于转场效果的实现。

利用摄像机拍摄镜头的机位，将拍摄角度设置成人物视觉角度，通过处理前后镜头的逻辑顺序，进行转场的过渡，这样可以展现一种时空的视觉中心感。

你学会了吗？

上手实操

实操一 制作美味马卡龙广告

本实操将各种好吃又可爱的马卡龙素材图片集合至一部短视频中，其中会用到多种“划像交叉”“棋盘”“风车”“滑动带”等转场效果，部分效果如图6-81所示。

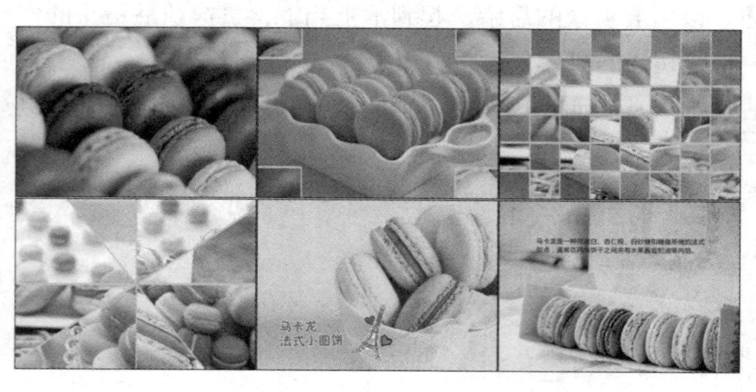

图 6-81

设计要领

- 启动Premiere软件，新建项目，导入素材图片。
- 添加字幕，作为说明文字。
- 为素材图片添加不同的视频转场效果。

扫码观看视频

实操二 制作水波纹转场效果

本实操将通过“湍流置换”视频效果和“交叉”溶解视频过渡效果制作水波纹转场效果。完成后效果如图6-82所示。

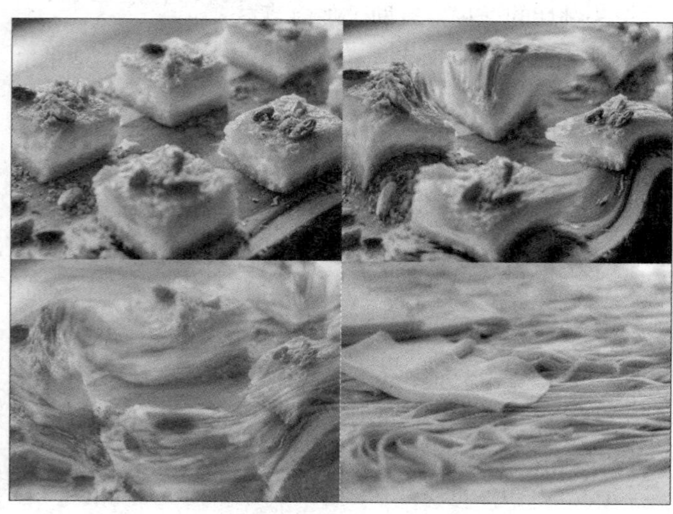

图 6-82

设计要领

- 启动Premiere软件，导入素材文件。
- 在素材文件间添加视频过渡效果。
- 新建调整图层，调整调整图层持续时间。
- 为调整图层添加视频效果，并添加关键帧。

第7章 视频特效

内容概要

Premiere软件中有100多种视频效果，通过为素材对象添加视频效果，可以变化素材对象的质感、风格等属性，制作特殊的视觉效果。学习时读者可尝试多种视频效果，感受不同视觉效果带来的变化。

知识要点

- 学会添加视频效果。
- 学会调整视频效果。
- 熟悉各类视频效果的使用。

数字资源

【本章案例素材来源】："素材文件\第7章"目录下

【本章案例最终文件】："素材文件\第7章\案例精讲\制作倒放视频效果.prproj"

案例精讲 制作倒放视频效果

本案例将利用视频效果制作倒放视频效果。主要涉及的知识点包括添加视频效果、调整视频效果等。

扫码观看视频

步骤 01 启动Premiere软件，新建项目和序列，执行“文件”→“导入”命令，导入素材文件“猫.mp4”和“拍摄.mp4”，如图7-1所示。

图 7-1

步骤 02 选中“项目”面板中的素材“猫.mp4”，拖动至“时间轴”面板中的V1轨道中，如图7-2所示。

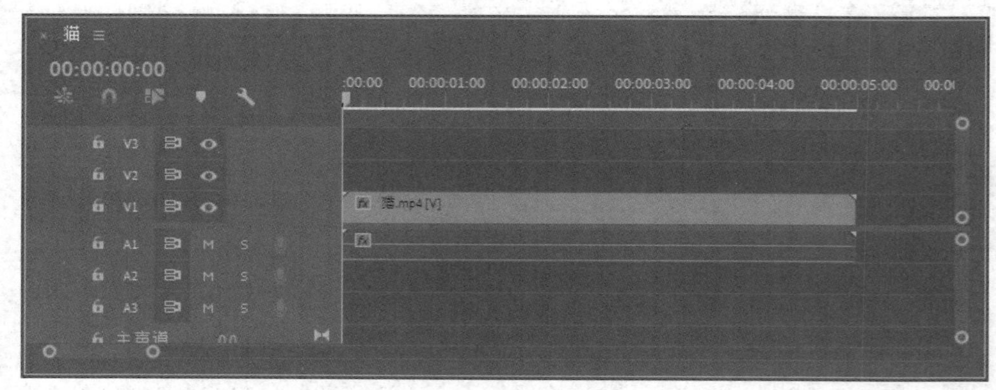

图 7-2

步骤 03 选中“时间轴”面板中的素材，按住Alt键向右拖动复制，如图7-3所示。

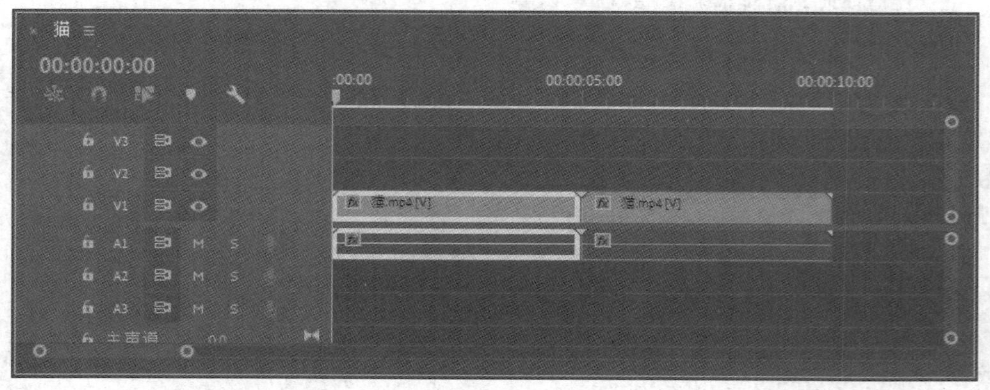

图 7-3

步骤04 选中复制的素材，右击，在弹出的快捷菜单中选择“速度/持续时间”选项，打开“剪辑速度/持续时间”对话框，在该对话框中调整参数，如图7-4所示。

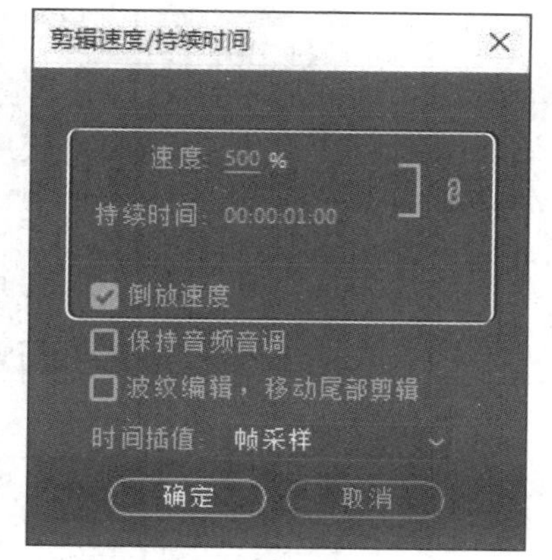

图 7-4

步骤05 完成后单击“确定”按钮，如图7-5所示。

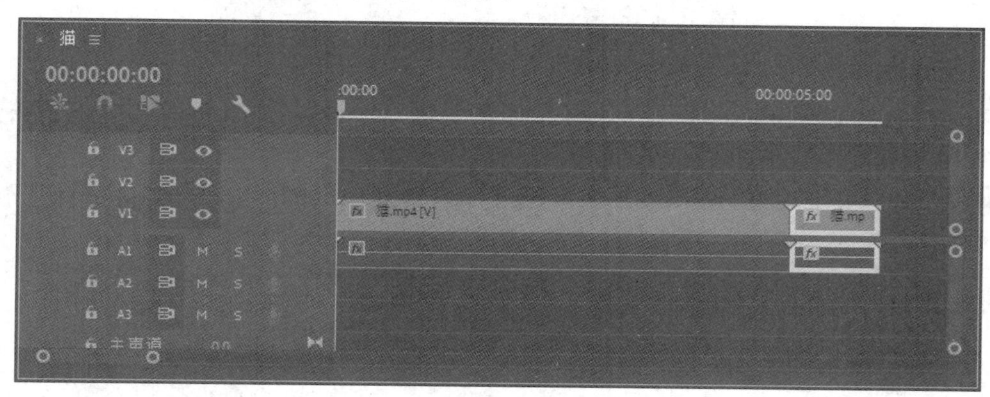

图 7-5

步骤06 在“效果”面板中搜索“杂色”视频效果，拖动至复制素材上，在“效果控件”面板中调整参数，如图7-6所示。调整后的效果如图7-7所示。

图 7-6

图 7-7

步骤 07 使用相同的方法为复制素材添加“波形变形”视频效果，在“效果控件”面板中调整参数，如图7-8所示。调整后的效果如图7-9所示。

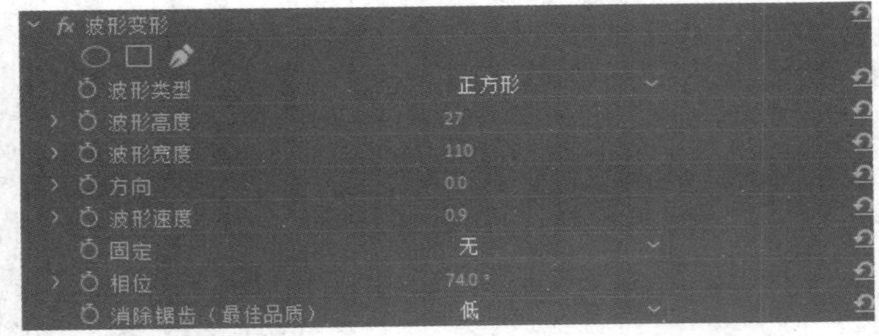

图 7-8

图 7-9

步骤 08 选中“项目”面板中的素材“拍摄.mp4”，拖动至“时间轴”面板中的V2轨道中，如图7-10所示。

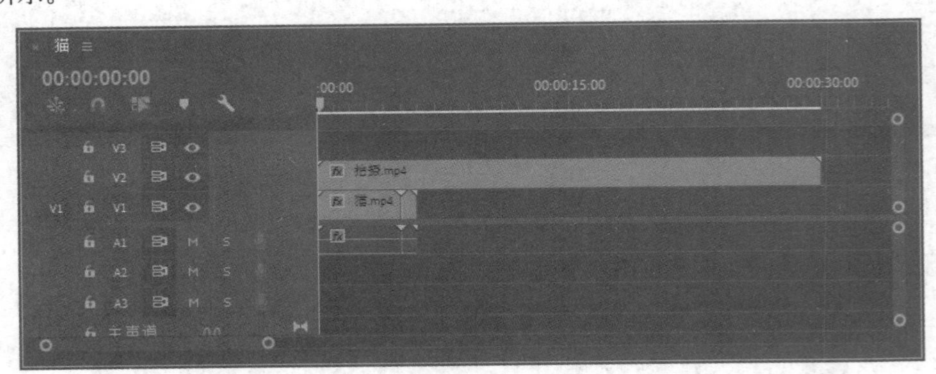

图 7-10

步骤 09 移动时间线至V1轨道素材末端，使用“剃刀工具”在V2轨道素材上单击，剪切并删除多余部分，如图7-11所示。

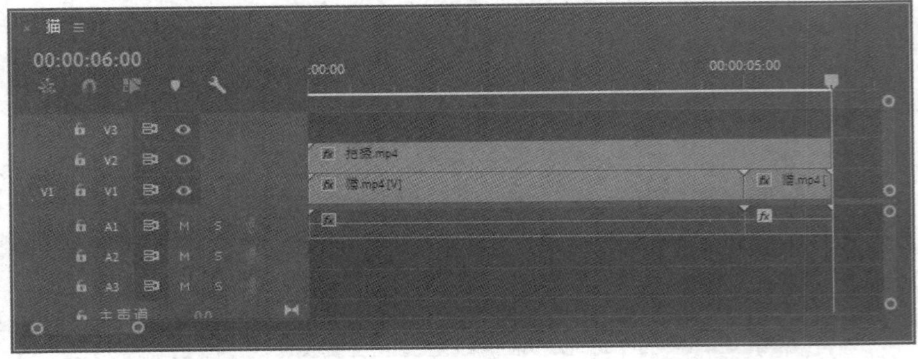

图 7-11

步骤10 在“效果”面板中搜索“颜色键”视频效果，拖动至V2轨道素材上，在“效果控件”面板中调整参数，如图7-12所示。完成后的效果如图7-13所示。

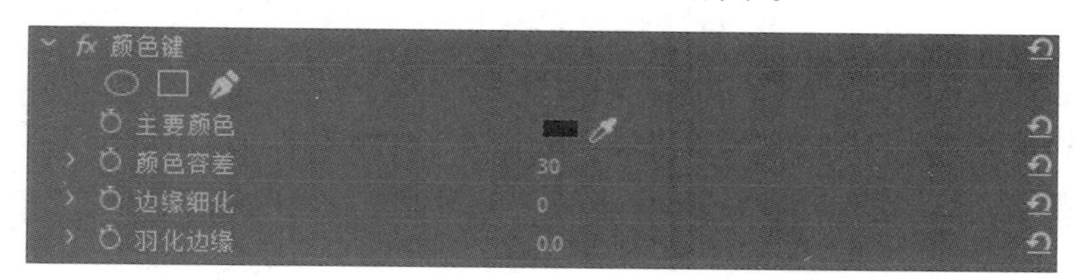

图 7-12

图 7-13

步骤11 到这里就完成了视频倒放效果的制作，在“节目监视器”面板中预览，效果如图7-14所示。

图 7-14

你学会了吗？

边用边学

7.1 认识视频效果

Premiere软件中包括多组内置视频效果，通过这些视频效果可以解决图像质量问题，也可以制作复杂的视觉效果。下面将针对Premiere软件中的视频效果进行讲解。

7.1.1 什么是视频效果

视频效果主要用于视频节目的剪辑中，可以为视频添加特别的视觉效果。Premiere软件中的视频效果分为内置视频效果和外挂视频效果两种。

1. 内置视频效果

Premiere软件中的内置视频效果共18组，包括用于调整颜色的“颜色校正”视频效果组、用于抠像的“键控”视频效果组、可以制作特殊效果的“生成效果”组等。图7-15所示为“效果”面板中的视频效果组。

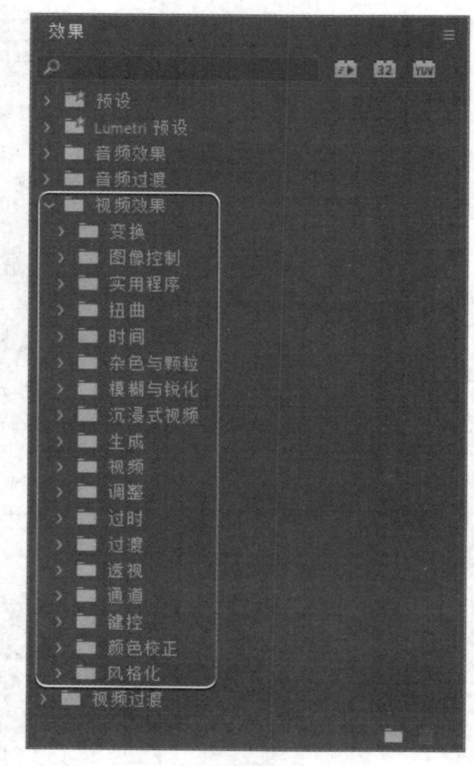

图 7-15

内置视频效果组不需要安装，打开Premiere软件即可根据需要使用。

2. 外挂视频效果

外挂视频效果指的是由第三方提供的插件效果，通过安装不同的外挂视频效果，用户可以制作出Premiere软件自身不易制作或无法实现的某些特效。

常用的Premiere软件视频外挂效果有红巨人调色插件、红巨星粒子插件、人像磨皮插件Beauty Box、蓝宝石特效插件系列GenArts Sapphire等。

7.1.2 添加视频效果

在“效果”面板中选中要添加的视频效果，拖动至“时间轴”面板中的素材上，即可为素材文件添加视频效果。图7-16所示为添加“马赛克”视频效果的前后对比效果。

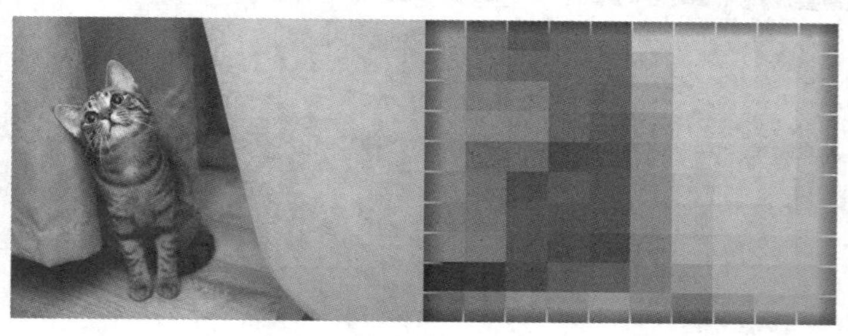

图 7-16

一些视频效果添加后会即时在“节目监视器”面板中看到效果，还有一部分视频效果需要在“效果控件”面板中调整后才可以在“节目监视器”面板中看到效果。

7.1.3 调整视频效果

在“时间轴”面板中的素材上添加视频效果后，可以在“效果控件”面板中对添加的效果参数进行调整，以达到理想的画面效果。

选中“时间轴”面板中添加视频效果的素材，在“效果控件”面板中可以看到添加的效果，如图7-17所示。对添加的效果参数进行调整后，“节目监视器”面板中的画面效果也随之变化，如图7-18所示。

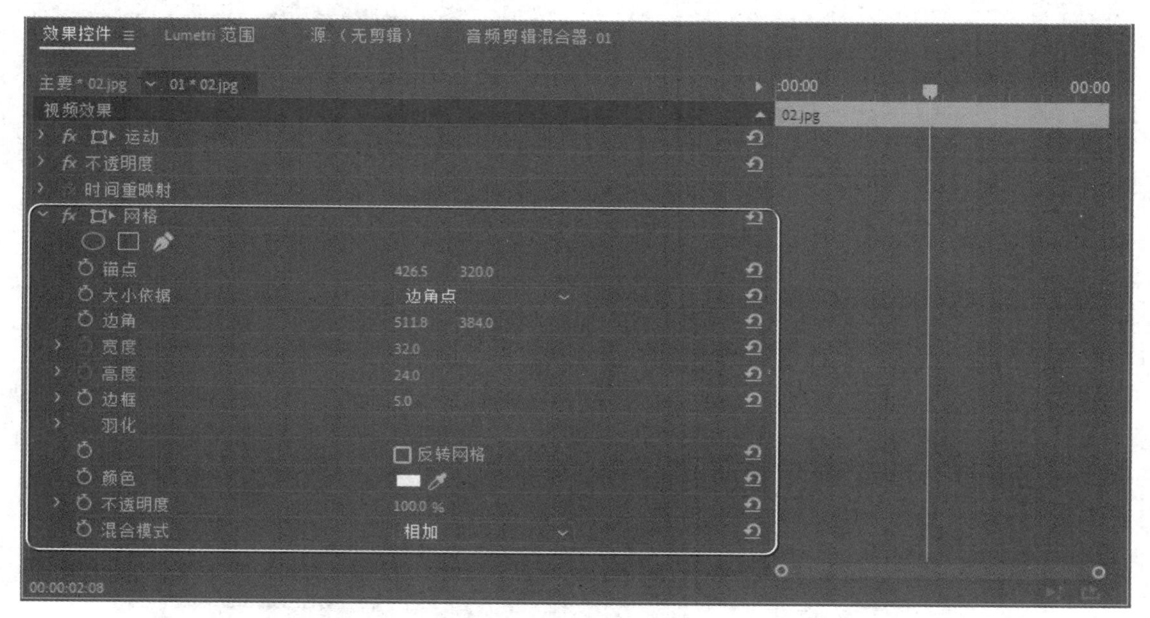

图 7-17

图 7-18

若对设置的效果不满意，想恢复初始设置，可以单击“效果控件”面板相应属性右侧的“重置参数”按钮，恢复默认参数设置，如图7-19和图7-20所示。

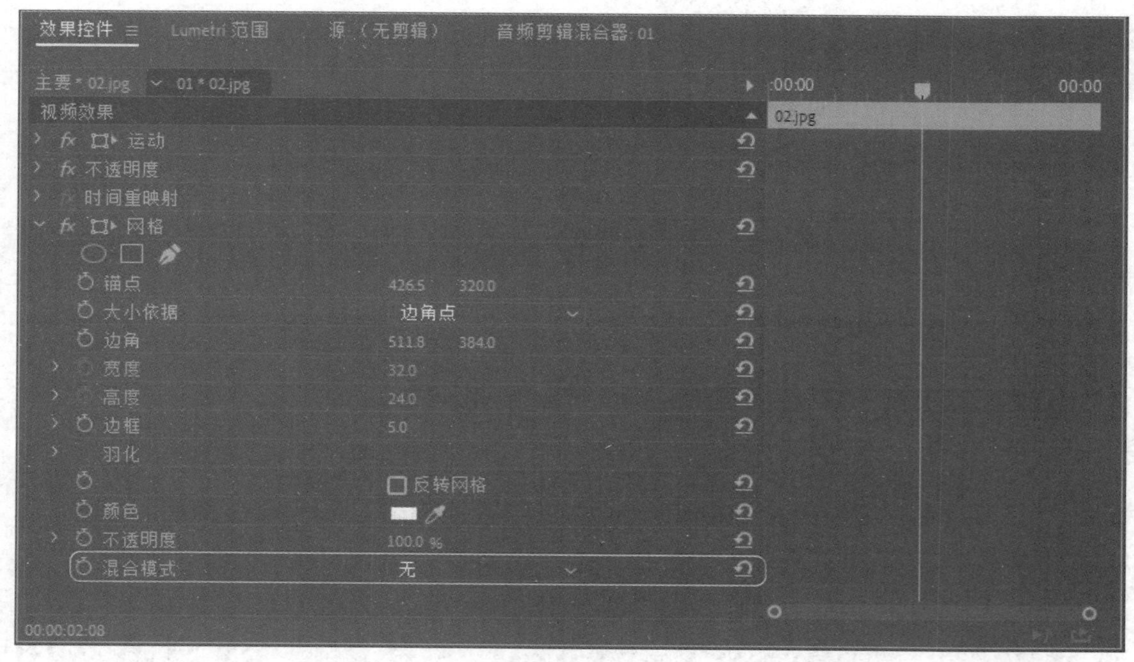

图 7-19

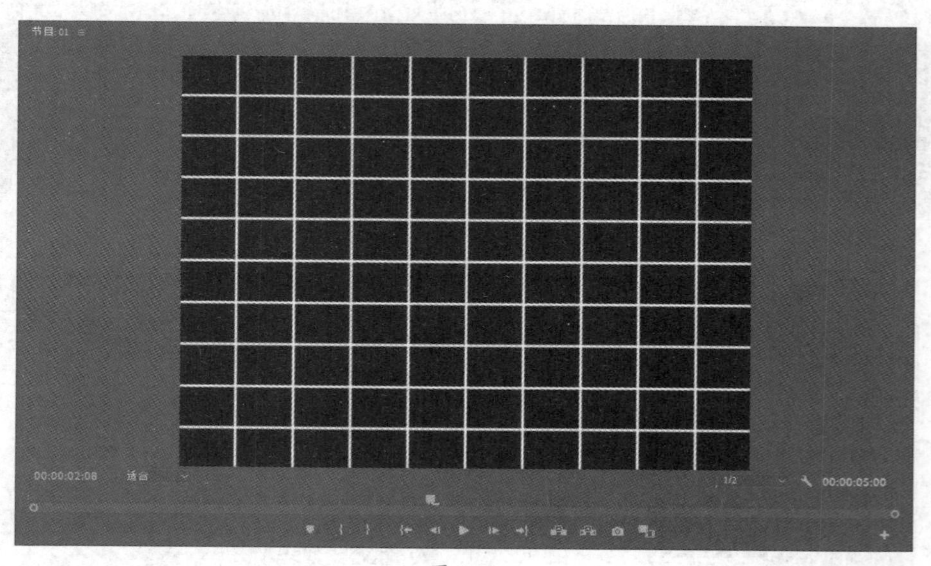

图 7-20

不同的视频效果在“效果控件”面板中需要调整的参数也会有所不同，用户可以在使用过程中根据需要进行细致的调整。

7.1.4 复制视频效果

在Premiere软件中，可以复制调整好的视频效果，节省重复制作的时间精力。

在“时间轴”面板中选中添加视频效果的素材文件，按Ctrl+C组合键或执行“编辑”→“复制”命令复制，选中另一个素材文件，按Ctrl+Alt+V组合键或执行“编辑”→“粘贴属性”命令，打开“粘贴属性”对话框，如图7-21所示。选中要复制粘贴的属性，单击“确定”按钮即可复制视频效果。

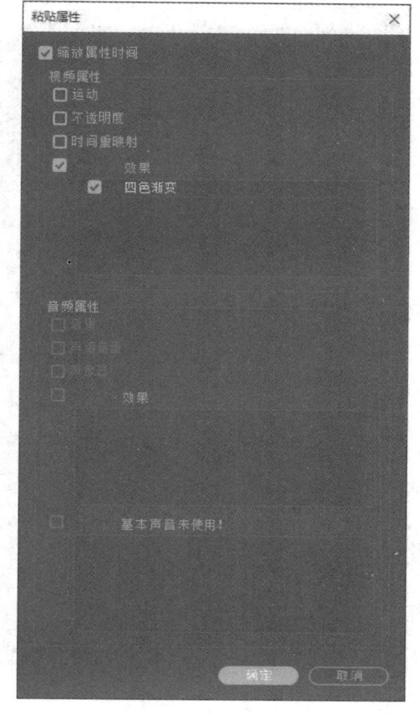

图 7-21

也可以选中添加视频效果的素材文件，在“效果控件”面板中选中要复制的视频效果，如图7-22所示，按Ctrl+C组合键复制；在“时间轴”面板中选中另一个素材文件，按Ctrl+V组合键粘贴，即可复制选中的视频效果，如图7-23所示。

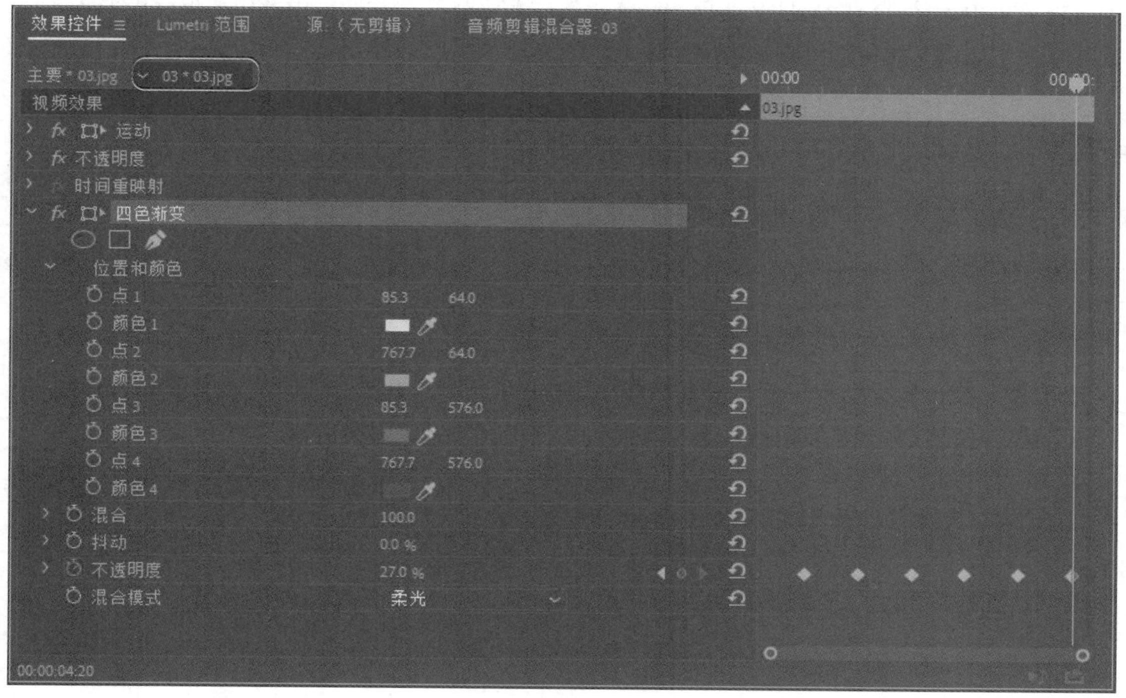

图 7-22

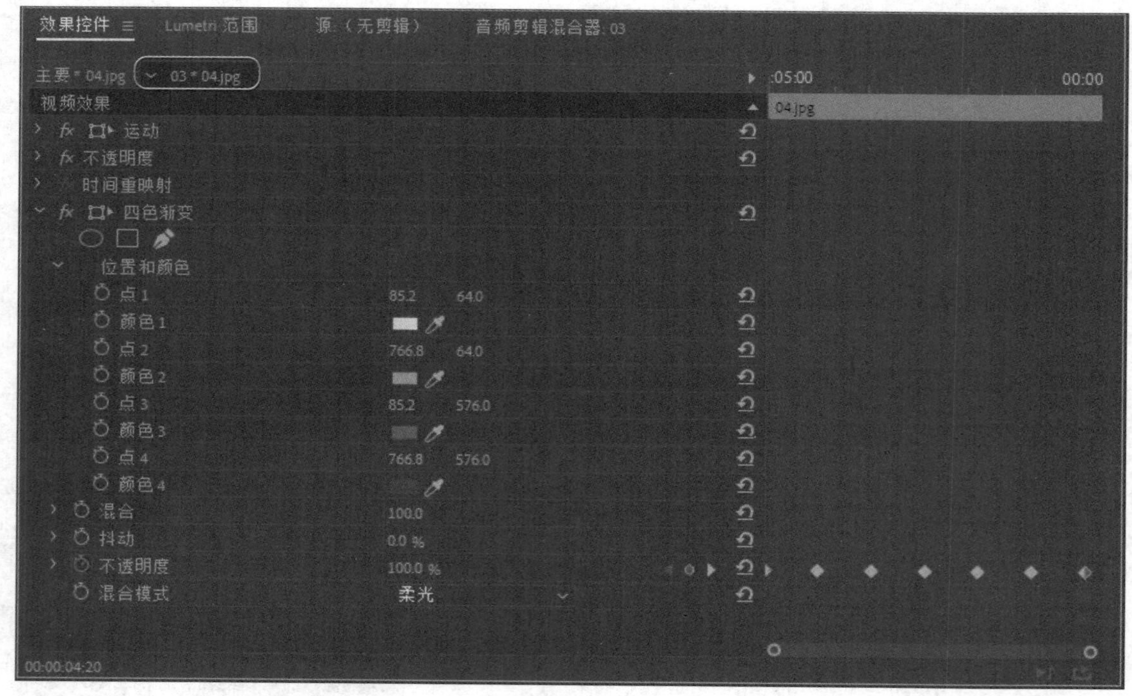

图 7-23

7.1.5 删除视频效果

Premiere软件中删除视频效果很便捷。既可以在“效果控件”面板中选中要删除的视频效果，按Delete键或Backspace键删除；也可以在“时间轴”面板中选中素材文件，右击，在弹出的快捷菜单中选择“删除属性”选项，在弹出的“删除属性”对话框中选中要删除的属性，完成后单击“确定”按钮即可删除选中的效果。

7.2 视频效果的应用

在剪辑素材文件的过程中，用户可以通过添加视频效果制作出需要的画面效果。下面将针对Premiere软件中常见的视频效果进行介绍。

7.2.1 变换

“变换”视频效果组中包括“垂直翻转”“水平翻转”“羽化边缘”和“裁剪”4种效果。通过该效果组中的视频效果可以翻转素材文件、羽化素材边缘或将之裁剪。

1. 垂直翻转

“垂直翻转”视频效果可以将素材垂直翻转。选中“效果”面板中的“垂直翻转”视频效果，直接拖动至“时间轴”面板中的素材上，即可翻转素材对象。图7-24所示为翻转前后的效果对比。

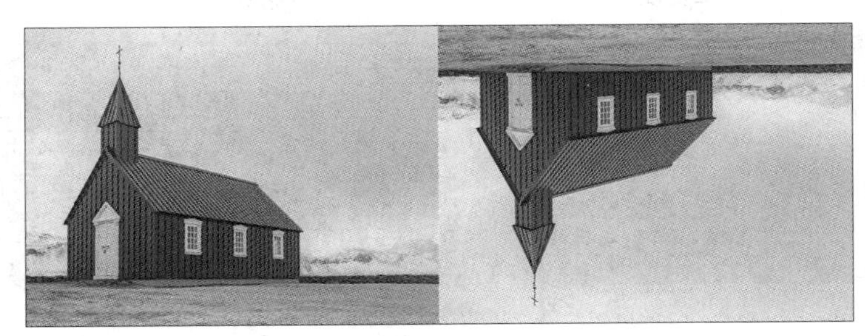

图 7-24

2. 水平翻转

“水平翻转”视频效果可以将素材水平翻转。选中“效果”面板中的“水平翻转”视频效果，直接拖动至“时间轴”面板中的素材上，即可翻转素材对象。图7-25所示为翻转前后效果对比。

图 7-25

3. 羽化边缘

“羽化边缘”视频效果可以羽化素材对象的边缘。选中“效果”面板中的“羽化边缘”视频效果，拖动至“时间轴”面板中的素材上，在“效果控件”面板中对参数进行设置，如图7-26所示，即可按照设置的参数羽化素材对象边缘。图7-27所示为羽化前后效果对比。

图 7-26

图 7-27

4. 裁剪

“裁剪”视频效果可以将素材边缘裁剪。选中“效果”面板中的“裁剪”视频效果，拖动至“时间轴”面板中的素材上，在“效果控件”面板中对参数进行设置，如图7-28所示，即可按照设置的参数裁剪素材对象边缘。图7-29所示为裁剪前后效果对比。

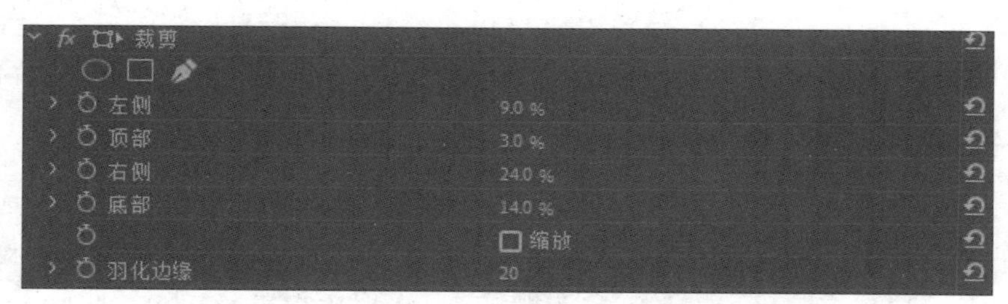

图 7-28

图 7-29

其中，“裁剪”参数中各选项的作用如下：

- **左侧**：设置画面左侧裁剪量。数值越大，裁剪越多。
- **顶部**：设置画面顶部裁剪量。
- **右侧**：设置画面右侧裁剪量。
- **底部**：设置画面底部裁剪量。
- **缩放**：选中该复选框后，将缩放裁剪后的素材对象以铺满整个画面。
- **羽化边缘**：用于设置裁剪后的素材边缘羽化程度。

7.2.2 实用程序

“实用程序”视频效果组中只有“Cineon转换器”一种效果。通过该效果可以高度控制Cineon帧的颜色转换。图7-30所示为“Cineon转换器”选项，调整前后效果对比如图7-31所示。

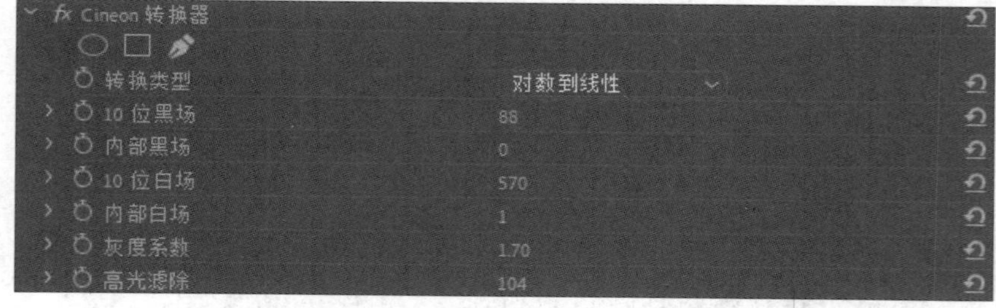

图 7-30

图 7-31

其中，“Cineon转换器”参数中部分选项的作用如下：

- **转换类型**：用于设置Cineon文件的转换类型，包括“线性到对数”“对数到线性”和“对数到对数”3种。
- **10位黑场**：用于设置画面细节的黑点数量。
- **内部黑场**：用于剪辑的黑场。
- **10位白场**：用于设置画面细节的白点数量。
- **内部白场**：用于剪辑的白场。
- **灰度系数**：用于调整中间调的灰度。
- **高光滤除**：用于设置明亮高光的滤除值。

7.2.3 扭曲

“扭曲”视频效果组中包括“偏移”“变形稳定器”和“变换”等12种效果。通过该效果组中的视频效果可以使素材发生几何扭曲变形，从而制作出各种画面变形效果。

1. 偏移

“偏移”视频效果可以在画面中移动素材图像，移动造成的空缺会自动由移出画面的部分进行补充。

选中“效果”面板中的“偏移”视频效果，拖动至“时间轴”面板中的素材上，在“效果控件”面板中对偏移参数进行设置，如图7-32所示，即可按照设置的参数调整素材图像。图7-33所示为调整前后的效果对比。

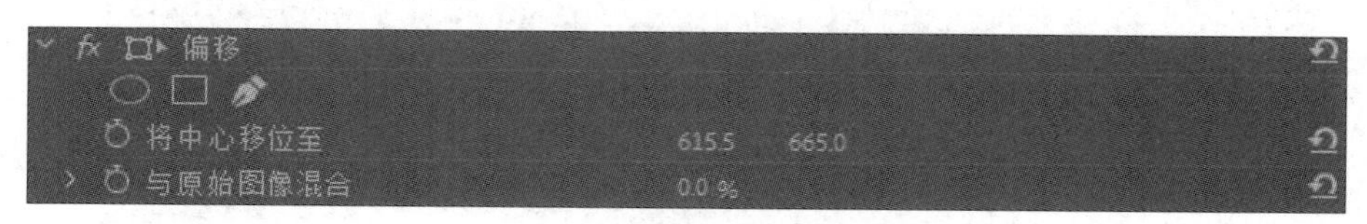

图 7-32

图 7-33

2. 变形稳定器

“变形稳定器”视频效果可消除素材中因摄像机移动造成的抖动，使素材画面流畅稳定。图7-34所示为“变形稳定器”选项。

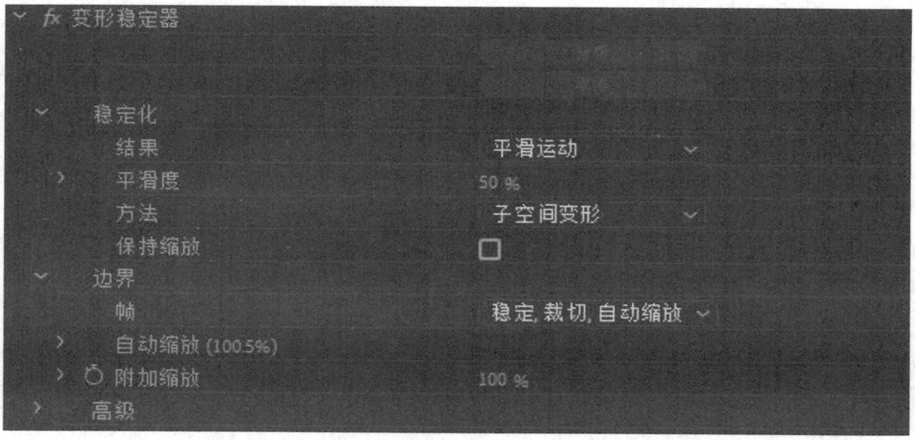
变形稳定器
稳定化
结果
平滑运动
平滑度
50 %
方法
子空间变形
保持缩放
边界
帧
稳定, 裁切, 自动缩放
自动缩放 (100.5%)
附加缩放
100 %
高级

图 7-34

3. 变换

“变换”视频效果可以调整素材对象的位置或使其发生水平或垂直方向的倾斜等。选中“效果”面板中的“变换”视频效果，拖动至“时间轴”面板中的素材上，在“效果控件”面板中对参数进行设置，如图7-35所示，即可按照设置的参数调整素材图像。图7-36所示为调整前后的效果对比。

变换
锚点
426.5 320.0
位置
426.5 320.0
等比缩放
缩放
84.0
100.0
倾斜
2.0
倾斜轴
260.0 °
旋转
0.0
不透明度
100.0
使用合成的快门角度
快门角度
0.00
采样
双线性

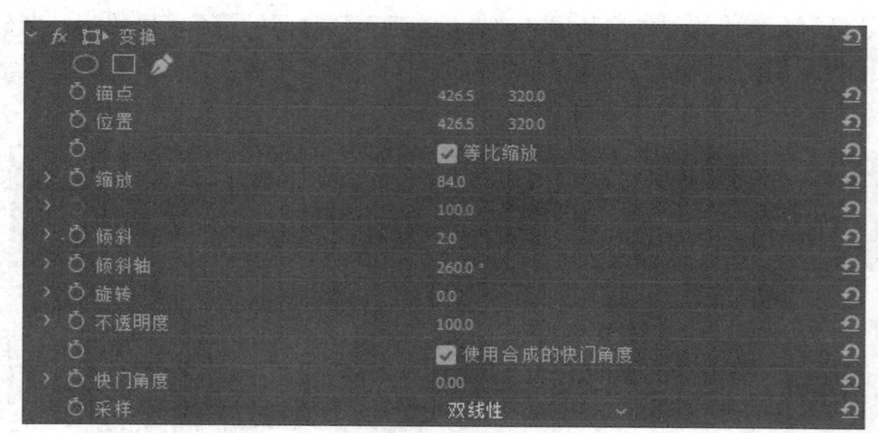

图 7-35

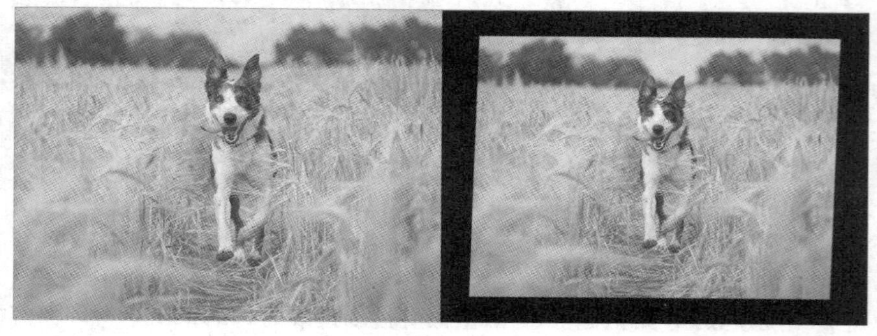

图 7-36

4. 放大

“放大”视频效果可以放大素材图像的整体或一部分，类似放置放大镜看到的效果。选中“效果”面板中的“放大”视频效果，拖动至“时间轴”面板中的素材上，在“效果控件”面板中对参数进行设置，如图7-37所示，即可按照设置的参数调整素材图像。图7-38所示为调整前后的效果对比。

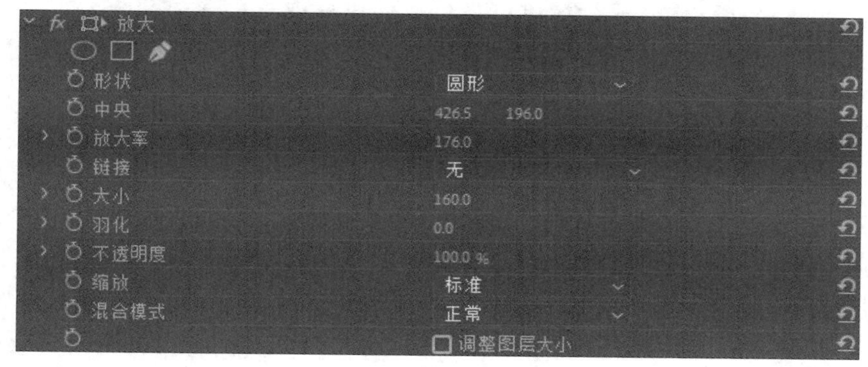

图 7-37

图 7-38

其中，“放大”参数中部分选项的作用如下：

- **形状**：用于设置放大区域的形状。
- **中央**：用于定义放大区域中心点的位置。
- **放大率**：用于设置放大的缩放百分比。

5. 旋转扭曲

“旋转扭曲”视频效果可以围绕剪辑中心来旋转扭曲素材对象。中心的扭曲程度大于边缘的扭曲程度。

选中“效果”面板中的“旋转扭曲”视频效果，拖动至“时间轴”面板中的素材上，在“效果控件”面板中对参数进行设置，如图7-39所示，即可按照设置的参数调整素材图像。图7-40所示为调整前后的效果对比。

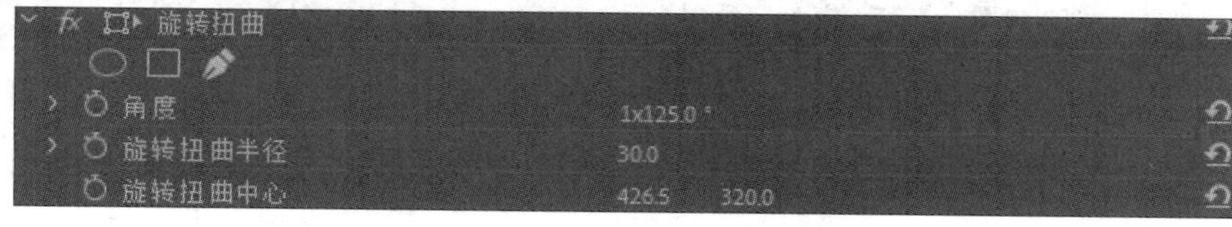

图 7-39

图 7-40

其中，“旋转扭曲”参数中各选项的作用如下：

- **角度**：用于设置图像旋转的程度。正数表示顺时针旋转，负数表示逆时针旋转。
- **旋转扭曲半径**：用于设置旋转范围。数值越大，旋转范围越大。
- **旋转扭曲中心**：用于设置旋转中心位置。

6. 果冻效应修复

“果冻效应修复”视频效果可以修复由于时间延迟、录制不同步而导致的果冻效应扭曲。图7-41所示为“果冻效应修复”选项。

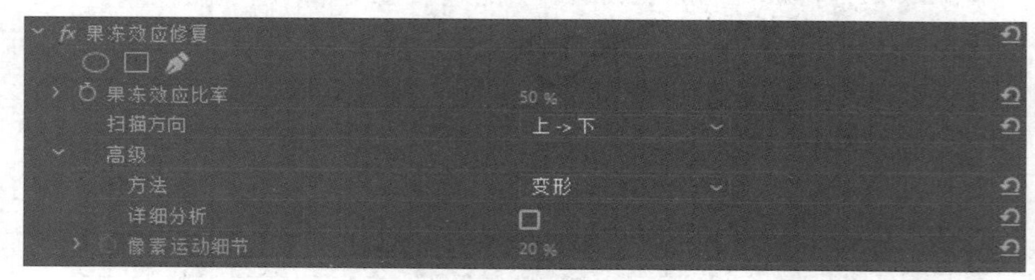

图 7-41

7. 波形变形

“波形变形”视频效果可以使素材画面中产生水波形一样的波浪效果。选中“效果”面板中的“波形变形”视频效果，拖动至“时间轴”面板中的素材上，在“效果控件”面板中对参数进行设置，如图7-42所示，即可按照设置的参数调整素材图像。图7-43所示为调整前后的效果对比。

fx 波形变形	
波形类型	正弦
波形高度	11
波形宽度	86
方向	90.0 °
波形速度	1.0
固定	无
相位	0.0
消除锯齿（最佳品质）	低

图 7-42

图 7-43

8. 湍流置换

“湍流置换”视频效果可使用不规则杂色在素材对象中创建湍流扭曲。选中“效果”面板中的“湍流置换”视频效果，拖动至“时间轴”面板中的素材上，在“效果控件”面板中对参数进行设置，如图7-44所示，即可按照设置的参数调整素材图像。图7-45所示为调整前后的效果对比。

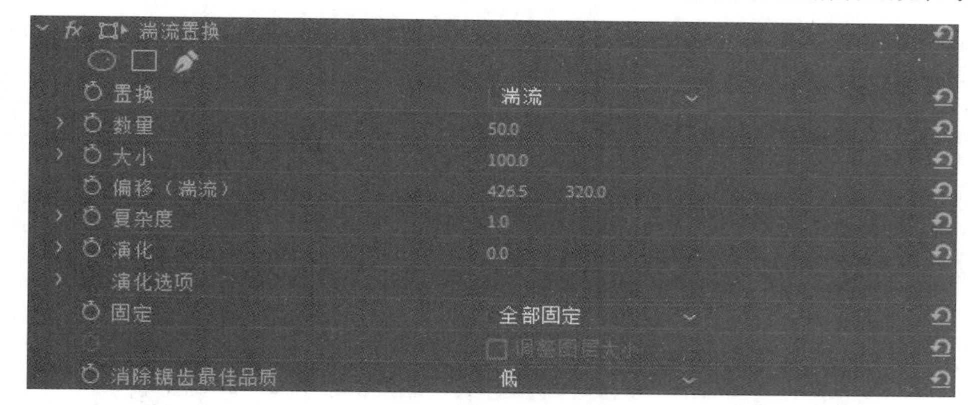

图 7-44

图 7-45

9. 球面化

“球面化”视频效果可以制作类似球面凸起的效果。选中“效果”面板中的“球面化”视频效果，拖动至“时间轴”面板中的素材上，在“效果控件”面板中对半径和球面中心等参数进行设置，如图7-46所示，即可按照设置的参数调整素材图像。图7-47所示为调整前后的效果对比。

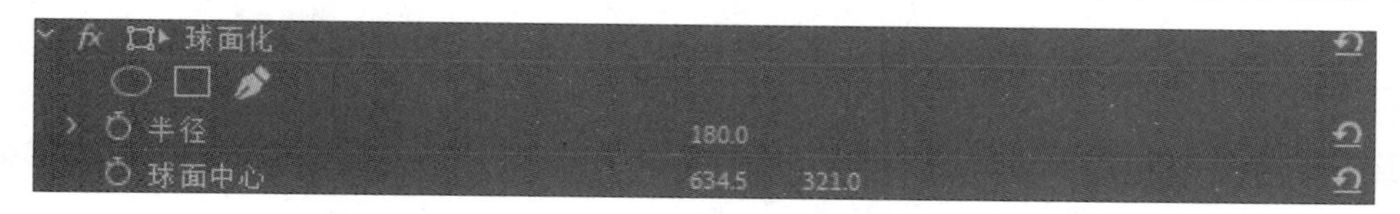

图 7-46

图 7-47

10. 边角定位

“边角定位”视频效果可以通过改变素材对象角点的位置来变换图像。选中“效果”面板中的“边角定位”视频效果，拖动至“时间轴”面板中的素材上，在“效果控件”面板中对四个角点的参数进行设置，如图7-48所示，即可按照设置的参数调整素材图像。图7-49所示为调整前后的效果对比。

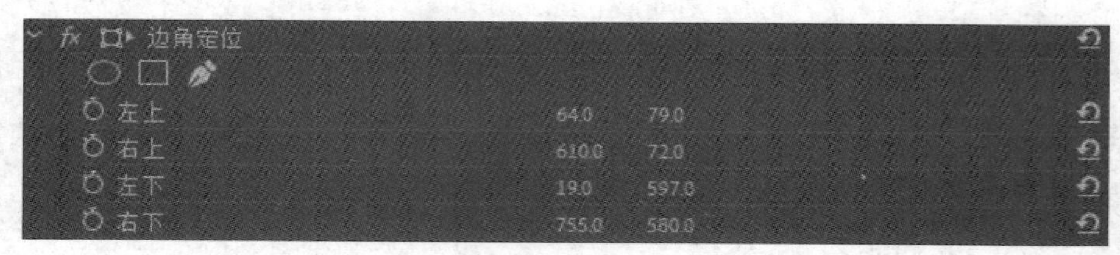

图 7-48

图 7-49

11. 镜像

“镜像”视频效果可以沿指定的分割线镜像翻转素材对象。图7-50所示为“镜像”选项。

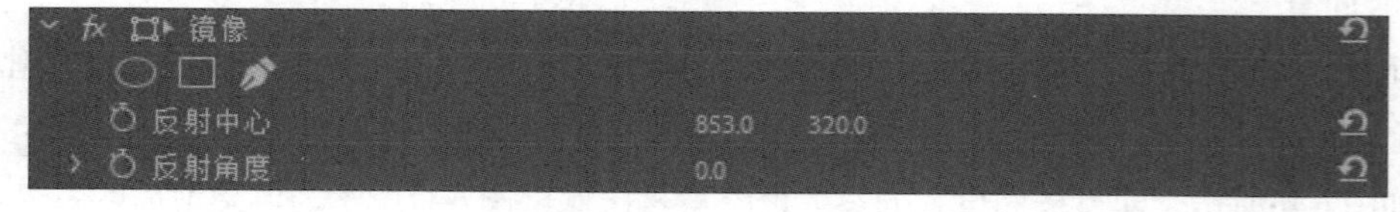

图 7-50

12. 镜头扭曲

“镜头扭曲”视频效果可以使素材在垂直或水平方向上产生偏移，制作出扭曲的效果。图7-51所示为“镜头扭曲”选项。使用“镜头扭曲”进行调整前后的效果对比如图7-52所示。

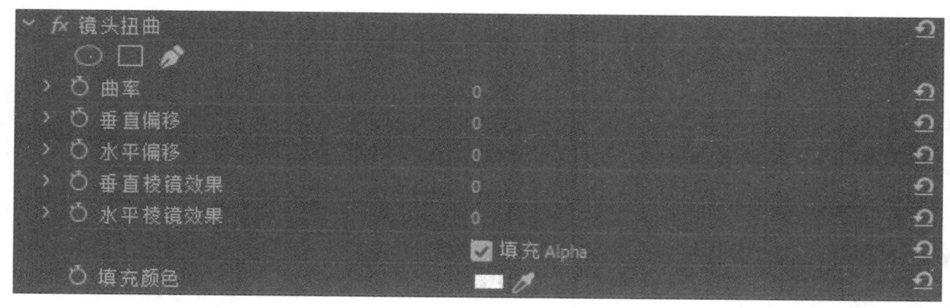

图 7-51

图 7-52

7.2.4 时间

“时间”视频效果组中包括“残影”和“色调分离时间”两种效果。通过该效果组中的视频效果可以调整素材的帧。

1. 残影

“残影”视频效果可以混合动态素材中不同帧的像素，制作出残影的效果。图7-53所示为“残影”选项。调整后效果如图7-54所示。

fx 残影	
残影时间（秒）	0.267
残影数量	2
起始强度	0.60
衰减	0.50
残影运算符	相加

图 7-53

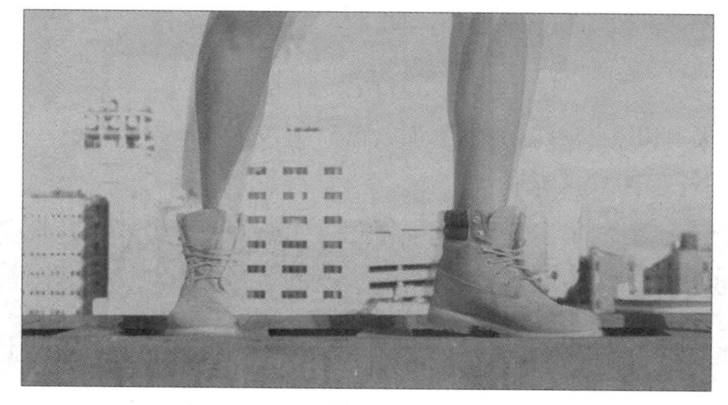

图 7-54

其中，“残影”参数中部分选项的作用如下：

- **残影时间（秒）：**用于设置残影之间的时间，单位为秒。
- **残影数量：**用于设置残影的数量。
- **起始强度：**用于设置残影序列中第一个图像的不透明度。
- **衰减：**用于残影的衰减。
- **残影运算符：**用于设置合并残影的混合运算。

2. 色调分离时间

“色调分离时间”视频效果可以将剪辑锁定到特定的帧速率。

7.2.5 杂色与颗粒

“杂色与颗粒”视频效果组包括“中间值”“杂色”“杂色Alpha”“杂色HLS”“杂色HLS自动”和“蒙尘与划痕”6种效果。通过该效果组中的视频效果可以在图像上添加杂色，柔化图像画面。

1. 中间值

“中间值”视频效果可以用指定半径内邻近像素的中间颜色值替代画面中的像素。图7-55所示为“中间值”选项。使用此选项进行调整前后的效果对比如图7-56所示。

图 7-55

图 7-56

2. 杂色

“杂色”视频效果可以在素材图像中添加杂色。图7-57所示为“杂色”选项。使用此选项进行调整前后的效果对比如图7-58所示。

图 7-57

图 7-58

3. 杂色Alpha

“杂色Alpha”视频效果可在素材的Alpha通道上生成杂色。图7-59所示为“杂色Alpha”选项。

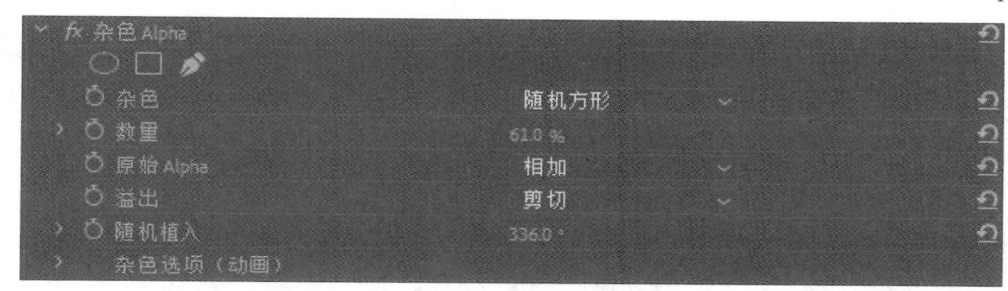

图 7-59

4. 杂色HLS

“杂色HLS”视频效果可以在素材中添加静态杂色，并对其色相、饱和度等参数进行设置。图7-60所示为“杂色HLS”选项。

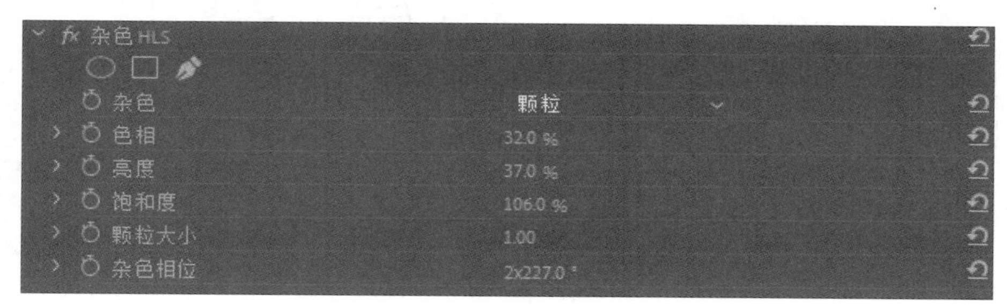

图 7-60

5.杂色HLS自动

“杂色HLS自动”视频效果可以在素材中添加动态杂色，并对其色相、饱和度等参数进行设置。图7-61所示为“杂色HLS自动”选项。使用此选项进行调整前后的效果对比如图7-62所示。

杂色 HLS 自动
杂色 颗粒
色相 32.0 %
亮度 37.0 %
饱和度 106.0 %
颗粒大小 1.00
杂色动画速度 200.0

图 7-61

图 7-62

6. 蒙尘与划痕

“蒙尘与划痕”视频效果可以减少素材中的杂色和瑕疵。图7-63所示为“蒙尘与划痕”选项。使用此选项进行调整前后的效果对比如图7-64所示。

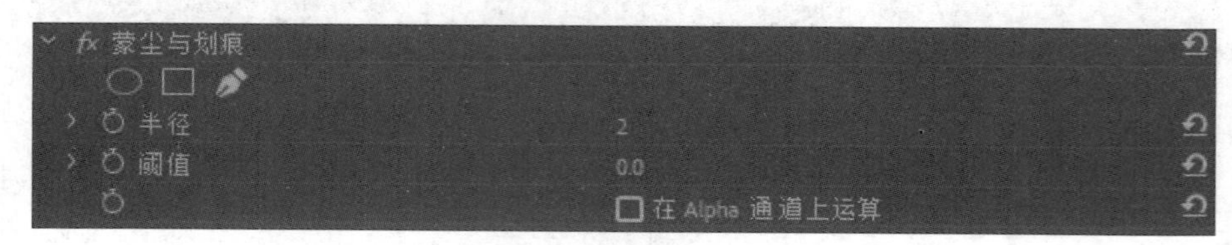

图 7-63

图 7-64

7.2.6 模糊与锐化

“模糊与锐化”视频效果组包括“减少交错闪烁”“复合模糊”和“方向模糊”等8种效果。通过该效果组中的视频效果可以对素材画面的模糊和锐化进行调整。

1. 减少交错闪烁

“减少交错闪烁”视频效果可以减少电视机扫描时的交错闪烁。图7-65所示为“减少交错闪烁”选项。使用此选项进行调整前后的效果对比如图7-66所示。

图 7-65

图 7-66

2. 复合模糊

“复合模糊”视频效果可以通过控制素材的明亮度值来模糊画面。图7-67所示为“复合模糊”选项。

图 7-67

3. 方向模糊

“方向模糊”视频效果可以制作指定方向的模糊效果。图7-68所示为“方向模糊”选项。使用此选项进行调整前后的效果对比如图7-69所示。

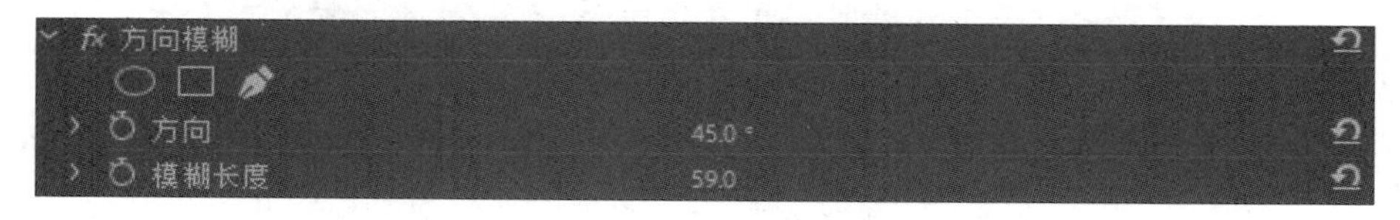

图 7-68

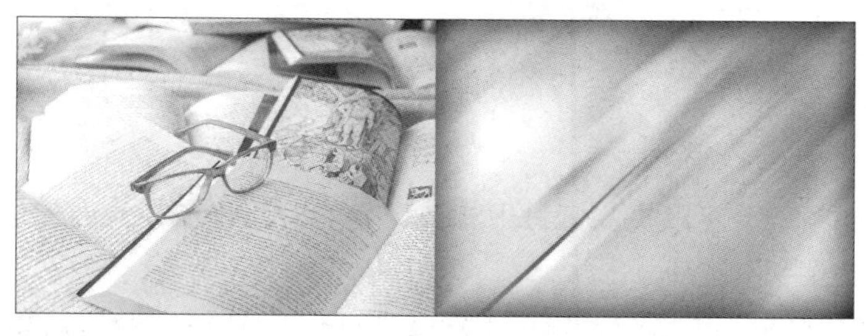

图 7-69

4. 相机模糊

“相机模糊”视频效果可以模拟离开相机焦点范围的图像模糊效果。图7-70所示为“相机模糊”选项。使用此选项进行调整前后的效果对比如图7-71所示。

图 7-70

图 7-71

5. 通道模糊

“通道模糊”视频效果可以单独模糊素材的颜色通道。图7-72所示为“通道模糊”选项。使用此选项进行调整前后的效果对比如图7-73所示。

图 7-72

图 7-73

6. 钝化蒙版

“钝化蒙版”视频效果可以提高素材中相邻像素的对比程度，从而使素材图像变清晰。图7-74所示为“钝化蒙版”选项。

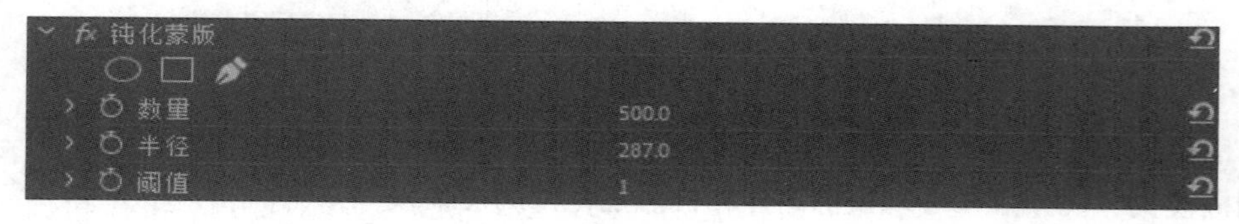

图 7-74

7. 锐化

“锐化”视频效果可以增加颜色对比度，使素材画面更清晰。图7-75所示为“锐化”选项。使用此选项进行调整前后的效果对比如图7-76所示。

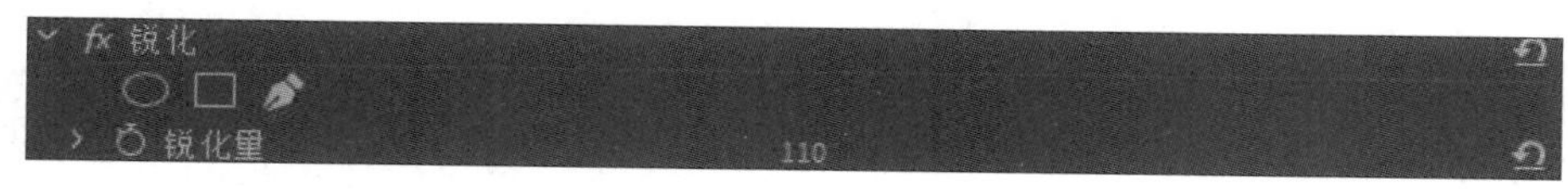

图 7-75

图 7-76

8. 高斯模糊

“高斯模糊”视频效果可以柔化图像，使素材画面模糊。如图7-77所示为“高斯模糊”选项。使用此选项进行调整前后的效果对比如图7-78所示。

图 7-77

图 7-78

7.2.7 沉浸式视频

“沉浸式视频”视频效果组包括“VR分形杂色”“VR发光”和“VR平面到球面”等11种效果，如图7-79所示。该效果组中的视频效果通过虚拟现实技术（VR）生成一种模拟环境，可用于为VR视频添加效果。

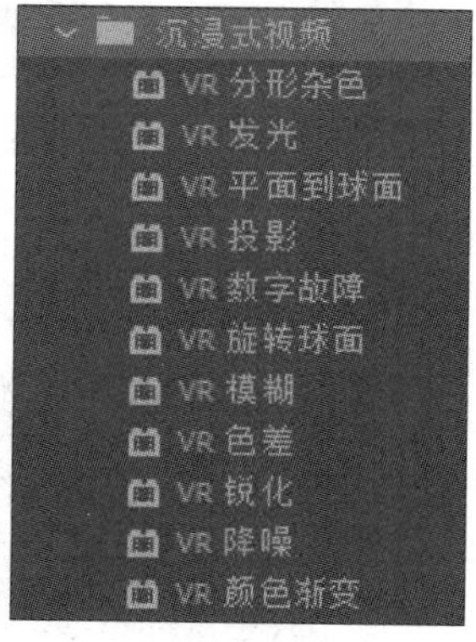

图 7-79

7.2.8 生成

“生成”视频效果组中包括“书写”“单元格图案”和“吸管填充”等12种效果。通过该效果组中的视频效果可以处理应用光、填充色等属性，使画面具有光感和动感。

1. 书写

“书写”视频效果可以模拟书写运动的效果。添加“书写”视频效果后，通过关键帧的添加即可制作出写字的效果。图7-80所示为“书写”选项。

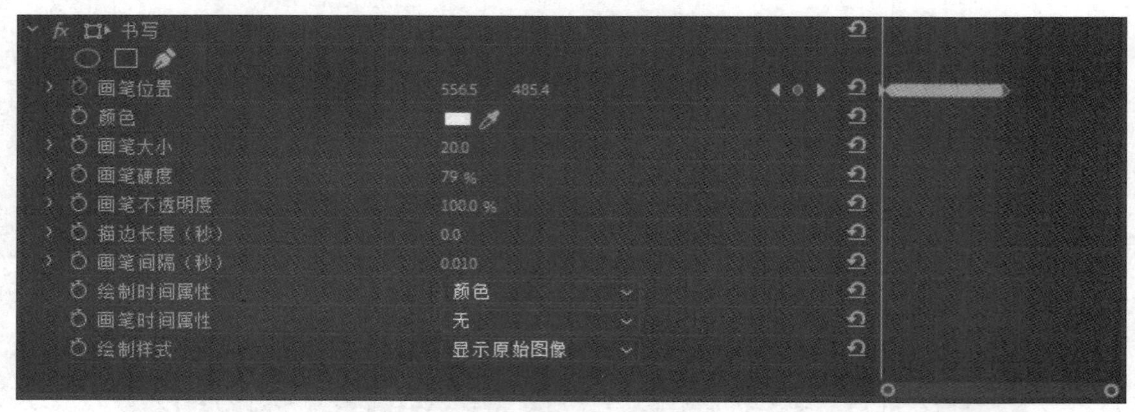

图 7-80

在制作书写运动时，将对象嵌套可以减少软件运算量，使制作过程比较流畅。

2. 单元格图案

“单元格图案”视频效果可以生成不规则的单元格图案。图7-81所示为“单元格图案”选项。

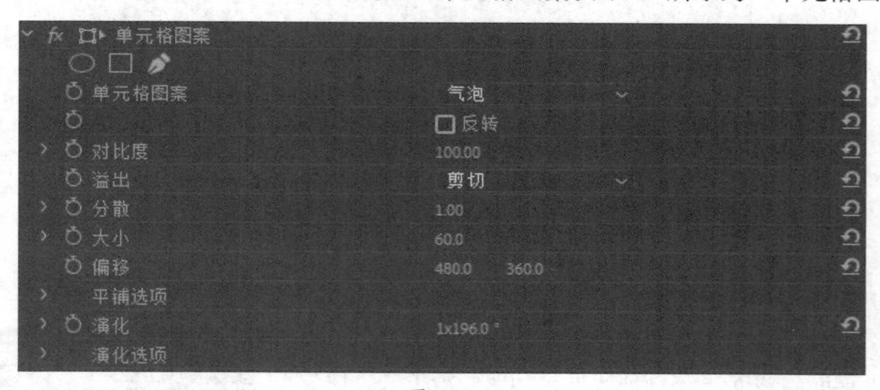

图 7-81

3. 吸管填充

“吸管填充”视频效果可以使用采样点的颜色填充整个画面。图7-82所示为“吸管填充”选项。

图 7-82

4. 四色渐变

“四色渐变”视频效果可以设置4种颜色的渐变效果来填充整个素材画面。图7-83所示为“四色渐变”选项。使用此选项进行调整前后的效果对比如图7-84所示。

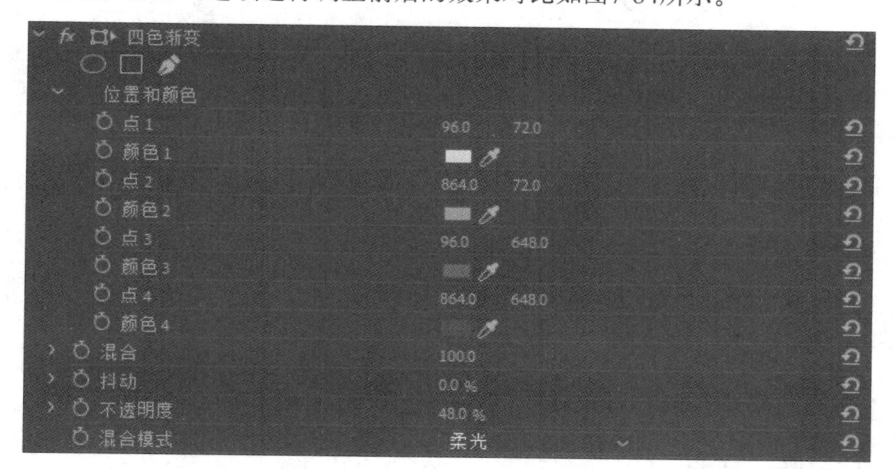

图 7-83

图 7-84

5. 圆形

“圆形”视频效果可以在素材画面中制作圆形或圆环。图7-85所示为“圆形”选项。使用此选项进行调整前后的效果对比如图7-86所示。

图 7-85

图 7-86

6. 棋盘

“棋盘”视频效果可以在素材画面中制作棋盘格图案。图7-87所示为“棋盘”选项。使用此选项进行调整前后的效果对比如图7-88所示。

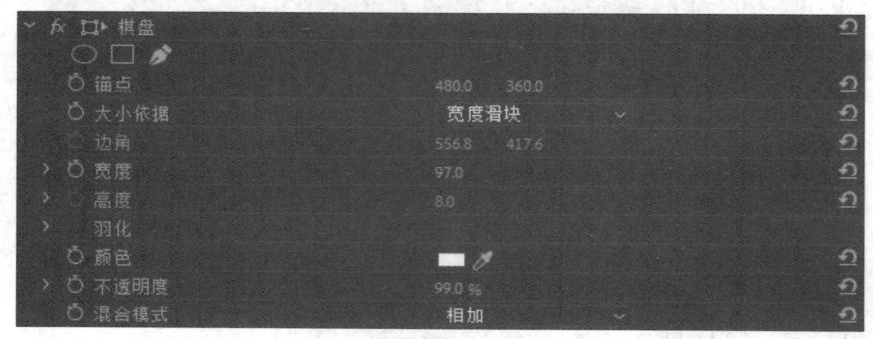

图 7-87

图 7-88

7. 椭圆

“椭圆”视频效果可以在素材画面中制作椭圆环。图7-89所示为“椭圆”选项。

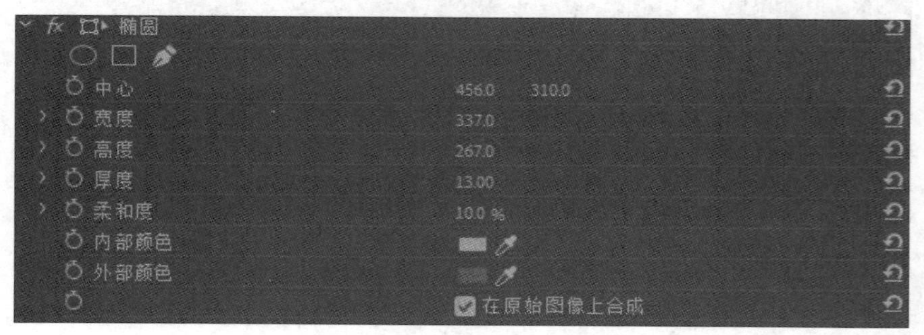

图 7-89

8. 油漆桶

“油漆桶”视频效果可以使用纯色来填充指定区域。图7-90所示为“油漆桶”选项。使用此选项进行调整前后的效果对比如图7-91所示。

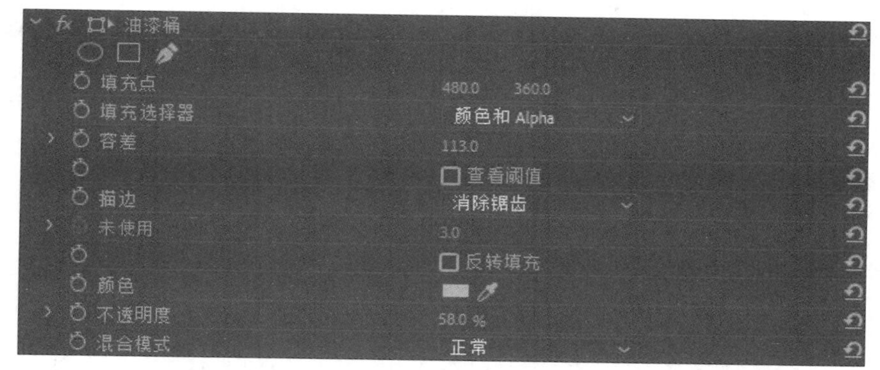

图 7-90

图 7-91

9. 渐变

“渐变”视频效果可以在素材图像中添加一个双色渐变。图7-92所示为“渐变”选项。使用此选项进行调整前后的效果对比如图7-93所示。

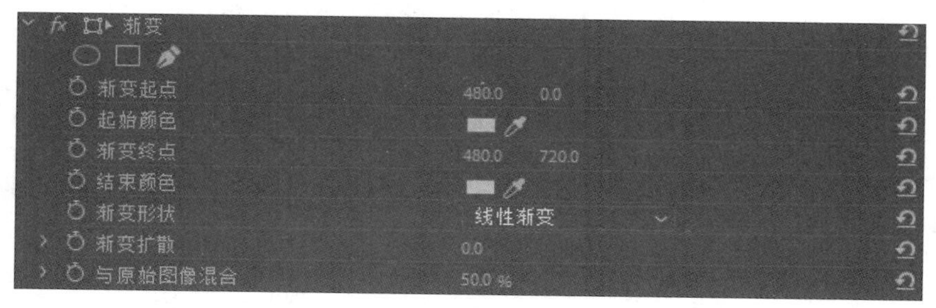

图 7-92

图 7-93

10. 网格

“网格”视频效果可以在素材图像中创建网格。图7-94所示为“网格”选项。使用此选项进行调整前后的效果对比如图7-95所示。

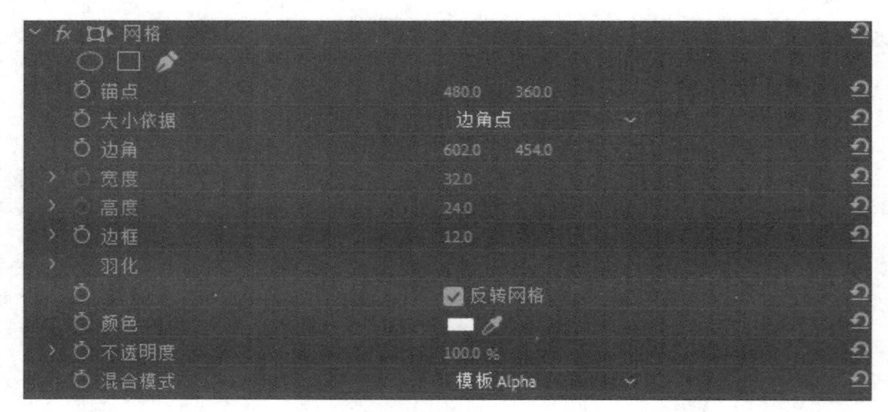

图 7-94

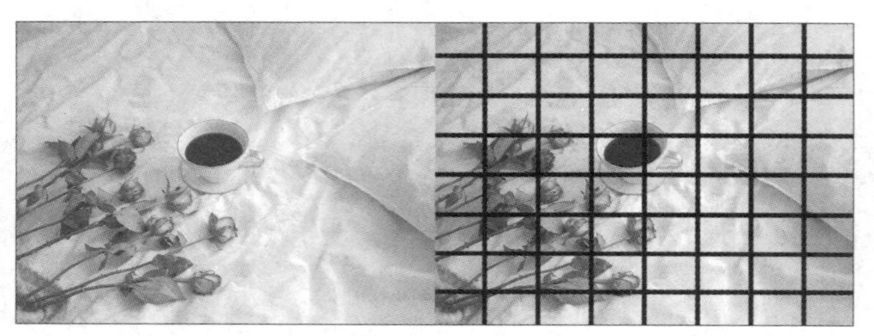

图 7-95

11. 镜头光晕

“镜头光晕”视频效果可以在素材画面中添加镜头光晕。图7-96所示为“镜头光晕”选项。

图 7-96

12. 闪电

“闪电”视频效果可以在素材画面中添加闪电。使用此选项进行调整前后效果对比如图7-97所示。

图 7-97

7.2.9 视频

“视频”视频效果组中包括“SDR遵从情况”“剪辑名称”“时间码”和“简单文本”4种效果。通过该效果组中的视频效果，可为素材添加一些剪辑基础信息。

1. SDR遵从情况

“SDR遵从情况”视频效果可以将HDR格式的素材转换为SDR格式。

2. 剪辑名称

“剪辑名称”视频效果可以显示素材名称信息。在“效果”面板中选中“剪辑名称”效果，拖动至“时间轴”面板中的素材上，即可在“节目监视器”面板中看到相应的信息。在“效果控件”面板中可对“剪辑名称”选项的相关参数进行修改，如图7-98所示。使用此选项进行调整前后的效果对比如图7-99所示。

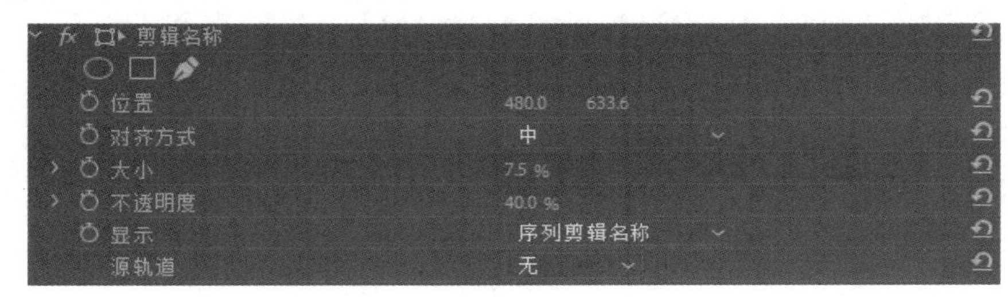

图 7-98

图 7-99

3. 时间码

“时间码”视频效果可以在素材画面中添加时间码。图7-100所示为“时间码”选项。使用此选项进行调整前后的效果对比如图7-101所示。

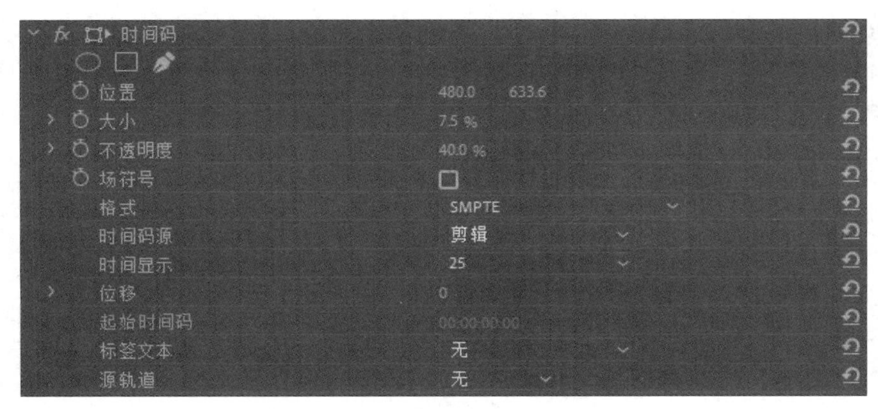

图 7-100

图 7-101

4. 简单文本

“简单文本”视频效果可以在素材画面中添加简单文本。图7-102所示为“简单文本”选项。在“简单文本”选项中单击“编辑文本”按钮，可以在弹出的对话框中输入文字，完成后单击“确定”按钮即可替换文字。添加文本信息前后的效果对比如图7-103所示。

图 7-102

图 7-103

7.2.10 调整

“调整”视频效果组中包括“ProcAmp”“光照效果”“卷积内核”“提取”和“色阶”5种效果。通过该效果组中的视频效果可以调整素材的颜色、亮度等参数，从而调整素材画面效果。

1. ProcAmp

“ProcAmp”视频效果可以调整素材的亮度、对比度和色相等属性。图7-104所示为“ProcAmp”选项。使用此选项进行调整前后的效果对比如图7-105所示。

图 7-104

图 7-105

2. 光照效果

“光照效果”视频效果可以模拟灯光照射的效果。图7-106所示为“光照效果”选项。使用此选项进行调整前后的效果对比如图7-107所示。

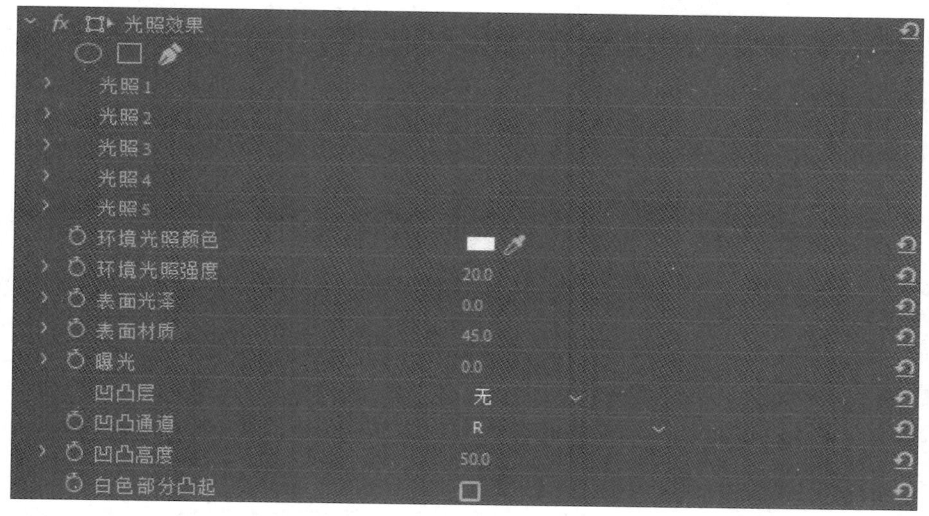

图 7-106

图 7-107

3. 卷积内核

“卷积内核”视频效果可以通过调整素材中每个像素的亮度值来改变素材画面效果。图7-108所示为“卷积内核”选项。使用此选项进行调整前后的效果对比如图7-109所示。

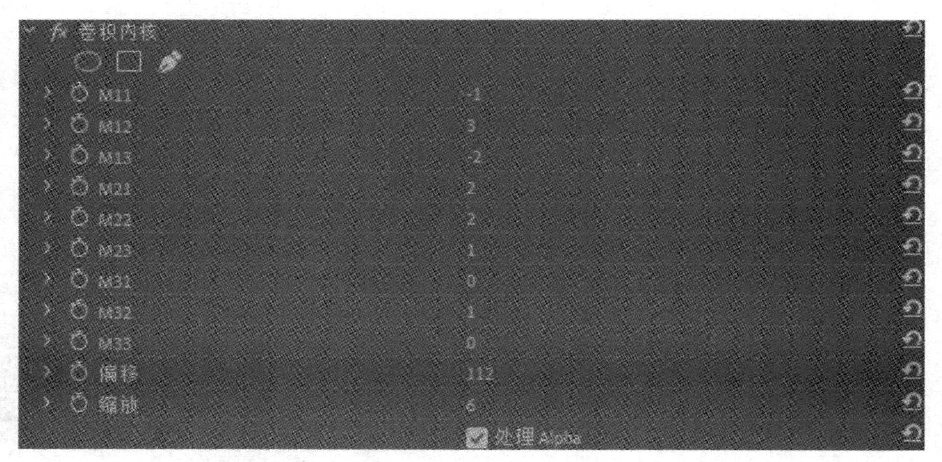

图 7-108

图 7-109

4. 提取

“提取”视频效果可以提取画面的颜色信息，将其转换为灰度模式显示。图7-110所示为“提取”选项。使用此选项进行调整前后的效果对比如图7-111所示。

图 7-110

图 7-111

5. 色阶

“色阶”视频效果可以调整素材的亮度和对比度，从而改变画面效果。使用此选项进行调整前后的效果对比如图7-112所示。

图 7-112

7.2.11　过渡

“过渡”视频效果组包括“块溶解”“径向擦除”“渐变擦除”“百叶窗”和“线性擦除”5种效果。通过该效果组中的视频效果，并配合关键帧可以为素材添加过渡效果。

扫码观看视频

1. 块溶解

“块溶解”视频效果可以制作素材在随机块中消失的效果。图7-113所示为“块溶解”选项。使用此选项进行调整前后的效果对比如图7-114所示。

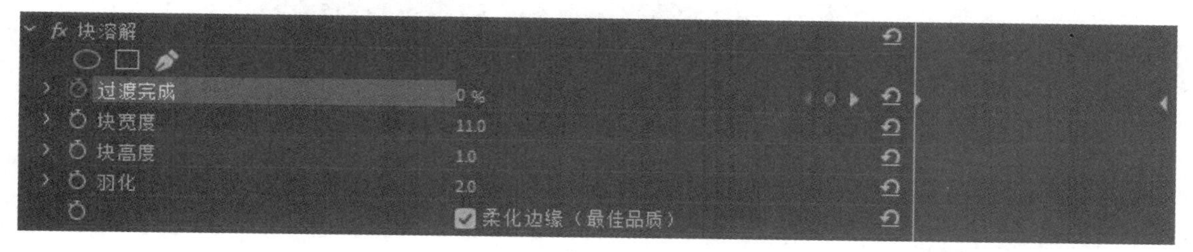

图 7-113

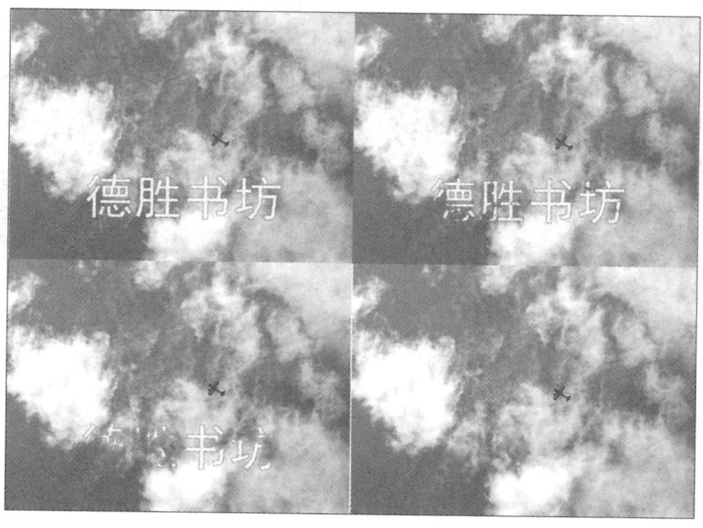

图 7-114

2. 径向擦除

“径向擦除”视频效果可以围绕指定点旋转擦除素材图像。图7-115所示为“径向擦除”选项。使用此选项进行调整前后的效果对比如图7-116所示。

图 7-115

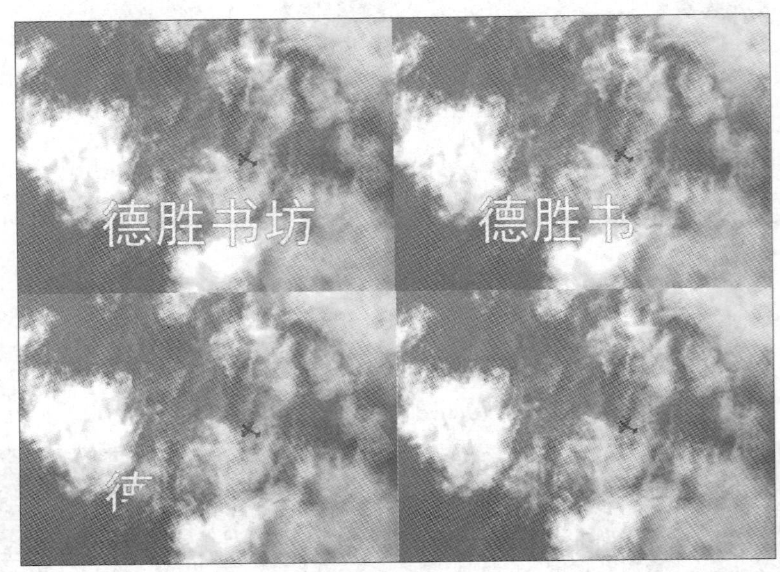

图 7-116

3. 渐变擦除

“渐变擦除”视频效果可以基于另一视频轨道中的素材的明亮度使素材逐渐消失。图7-117所示为“渐变擦除”选项。使用此选项进行调整前后的效果对比如图7-118所示。

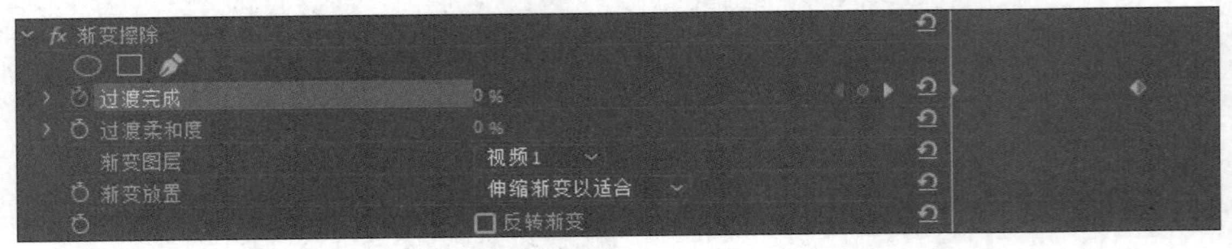

图 7-117

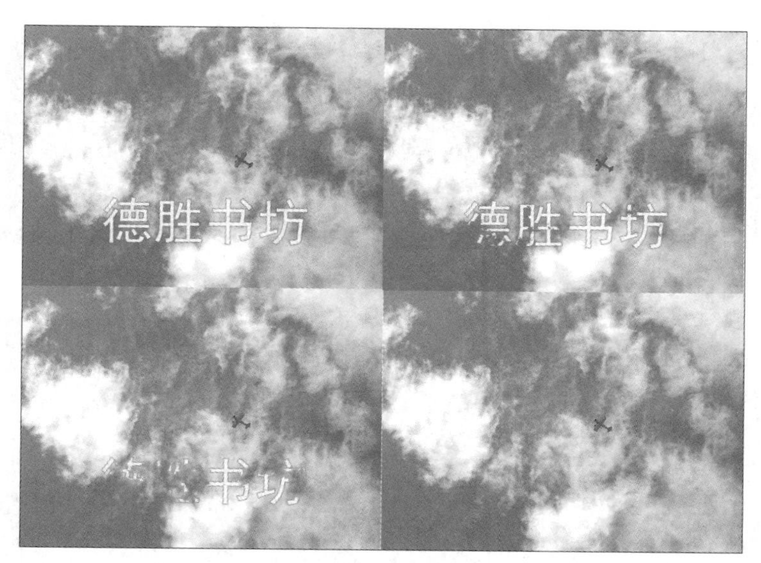

图 7-118

4. 百叶窗

“百叶窗”视频效果可以使用指定方向和宽度的条纹擦除当前素材。图7-119所示为“百叶窗”选项。

图 7-119

5. 线性擦除

“线性擦除”视频效果可以使用沿指定方向擦除素材图像。图7-120所示为“线性擦除”选项。

图 7-120

7.2.12 透视

“透视”视频效果组中包括“基本3D”“径向阴影”“投影”“斜面Alpha”和“边缘斜面”5种效果。通过该效果组中的视频效果可以制作透视效果。

1. 基本3D

“基本3D”视频效果可以模拟平面图像在空间内运动的效果。图7-121所示为“基本3D”选项。使用此选项进行调整前后的效果对比如图7-122所示。

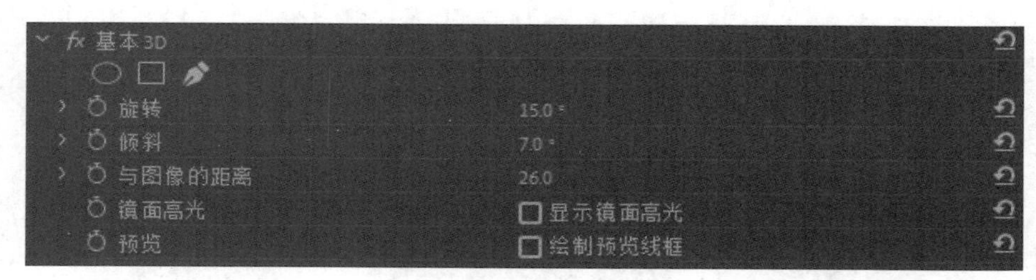

图 7-121

图 7-122

2. 径向阴影

“径向阴影”视频效果可以使指定位置产生的光源照射到图像上，在下层图像上投射出阴影。图7-123所示为“径向阴影”选项。使用此选项进行调整前后的效果对比如图7-124所示。

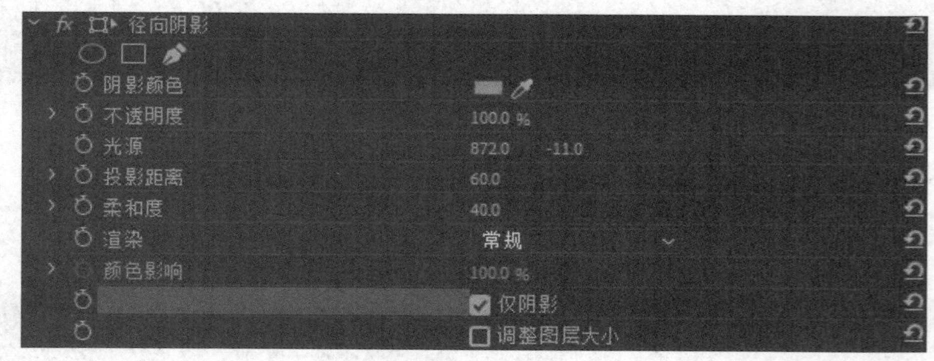

图 7-123

图 7-124

3. 投影

“投影”视频效果可以为素材对象添加投影。图7-125所示为“投影”选项。使用此选项进行调整前后的效果对比如图7-126所示。

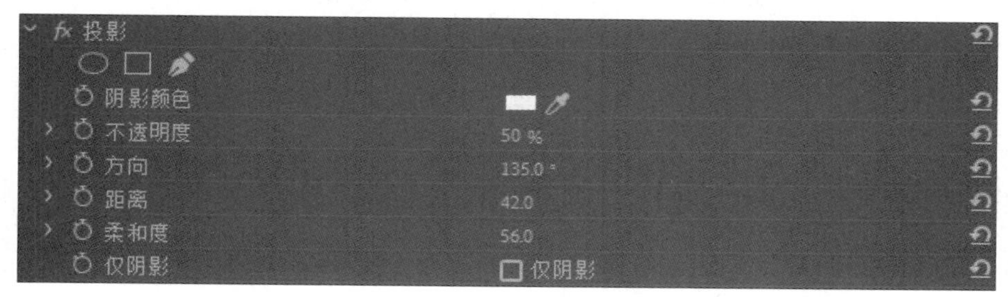

图 7-125

图 7-126

4. 斜面Alpha

“斜面Alpha”视频效果可以使平面图像产生三维外观。图7-127所示为“斜面Alpha”选项。使用此选项进行调整前后的效果对比如图7-128所示。

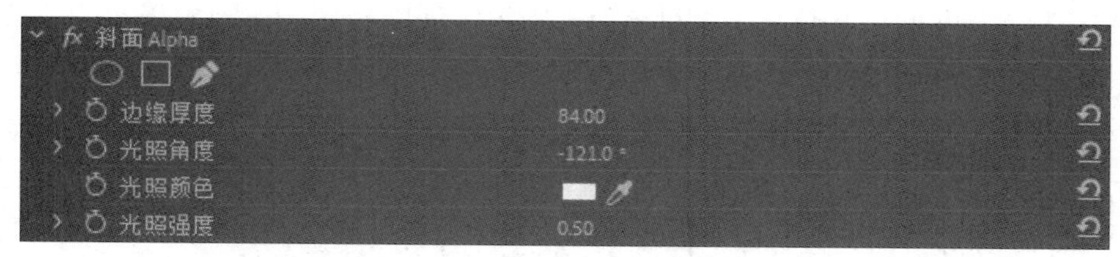

图 7-127

图 7-128

5.边缘斜面

“边缘斜面”视频效果可以使素材边缘产生三维斜面的效果。图7-129所示为“边缘斜面”选项。使用此选项进行调整前后的效果对比如图7-130所示。

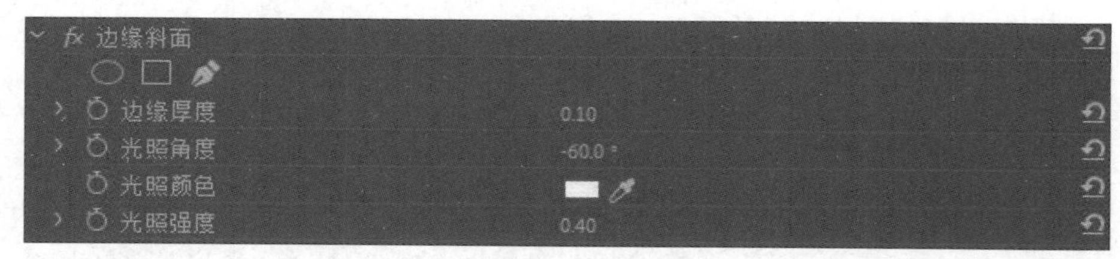

图 7-129

图 7-130

7.2.13 通道

“通道”视频效果组中包括“反转”“复合运算”和“混合”等7种效果。通过该效果组中的视频效果，可以插入或转换素材通道来调整素材画面。

1. 反转

“反转”视频效果可以反色显示素材画面，制作出负片效果。图7-131所示为“反转”选项。使用此选项进行调整前后的效果对比如图7-132所示。

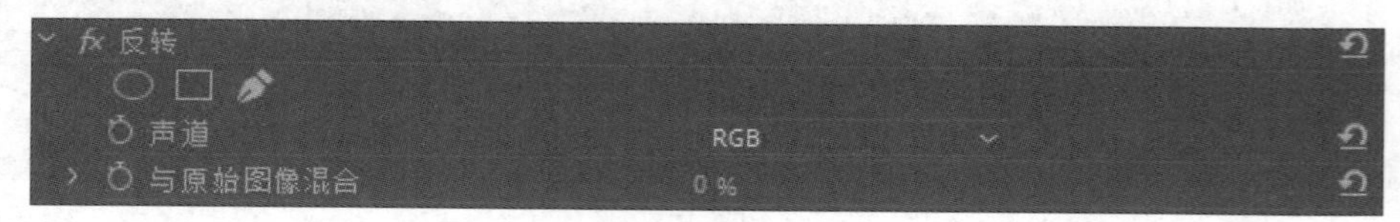

图 7-131

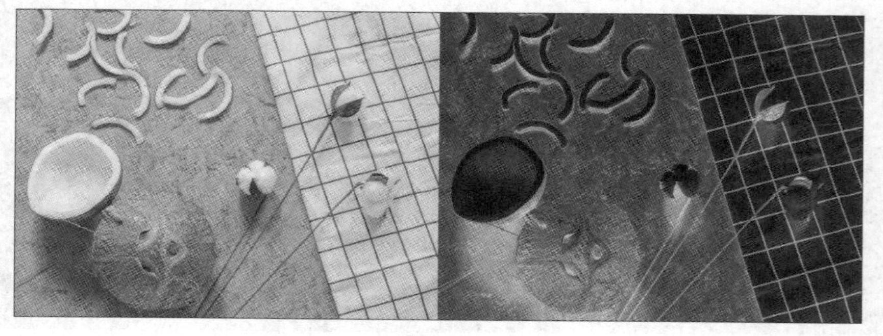

图 7-132

2. 复合运算

“复合运算”视频效果可以运用数学运算的方式合成当前层和指定层的素材图像。图7-133所示为“复合运算”选项。使用此选项进行调整前后的效果对比如图7-134所示。

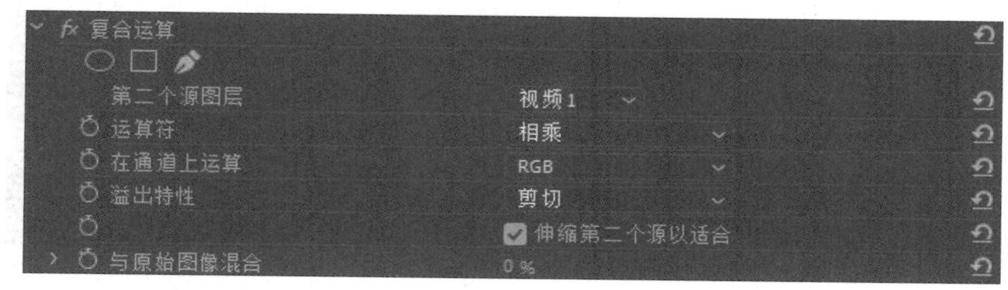

图 7-133

图 7-134

3. 混合

“混合”视频效果可以利用不同的混合模式来变换素材图像的通道，制作特殊的颜色效果。图7-135所示为“混合”选项。使用此选项进行调整前后的效果对比如图7-136所示。

图 7-135

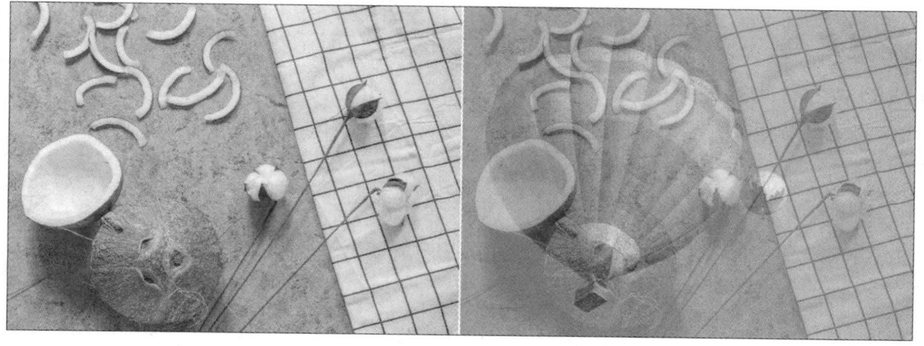

图 7-136

4. 算术

“算术”视频效果可以通过简单运算素材的RGB通道，从而调整画面效果。图7-137所示为“算术”选项。使用此选项进行调整前后的效果对比如图7-138所示。

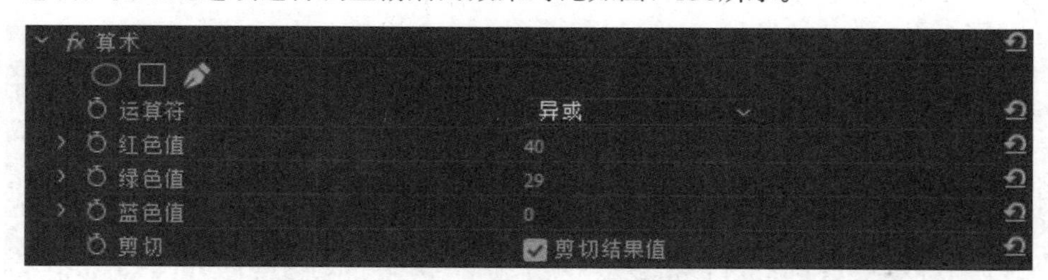

图 7-137

图 7-138

5. 纯色合成

“纯色合成”视频效果可以通过指定一种颜色和素材图像混合，从而调整画面效果。图7-139所示为“纯色合成”选项。

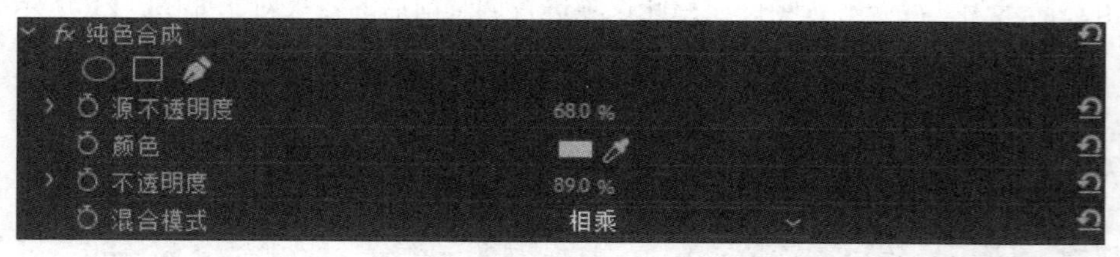

图 7-139

6. 计算

“计算”视频效果可以混合两个素材的通道。图7-140所示为“计算”选项。使用此选项进行调整前后的效果对比如图7-141所示。

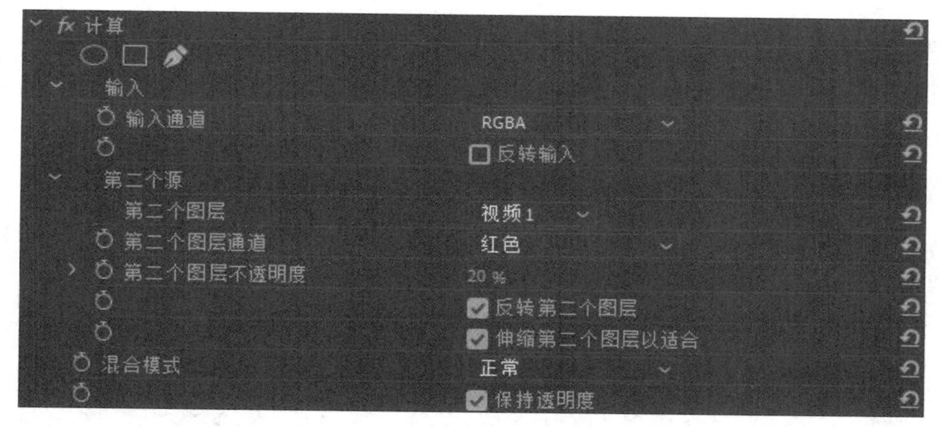

图 7-140

图 7-141

7. 设置遮罩

“设置遮罩”视频效果可以将当前素材中的Alpha通道替换成另一素材中的Alpha通道，使之产生运动屏蔽的效果。图7-142所示为“设置遮罩”选项。使用此选项进行调整前后的效果对比如图7-143所示。

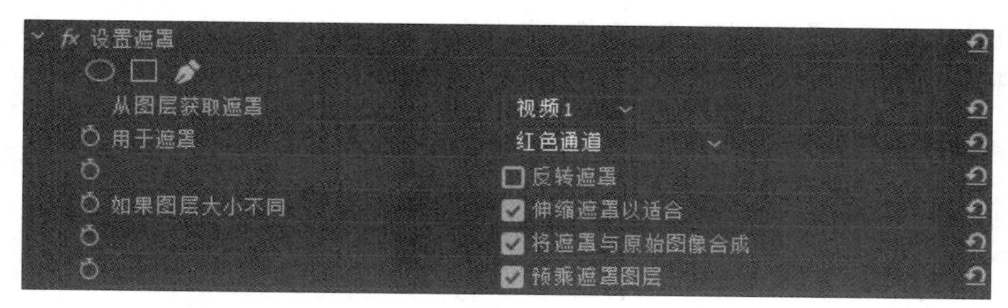

图 7-142

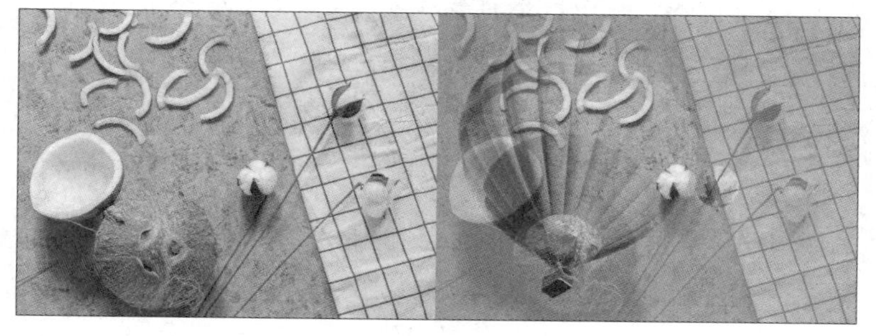

图 7-143

7.2.14 键控

“键控”视频效果组中包括“Alpha调整”“亮度键”和“图像遮罩键”等9种效果。通过该效果组中的视频效果可以实现在素材中抠像。

1. Alpha调整

“Alpha调整”视频效果可以将上层图像中的Alpha通道设置遮罩叠加效果。图7-144所示为“Alpha调整”选项。使用此选项进行调整前后的效果对比如图7-145所示。

图 7-144

图 7-145

2. 亮度键

“亮度键”视频效果可以调整生成图像中的灰度像素以改变画面效果。图7-146所示为“亮度键”选项。使用此选项进行调整前后的效果对比如图7-147所示。

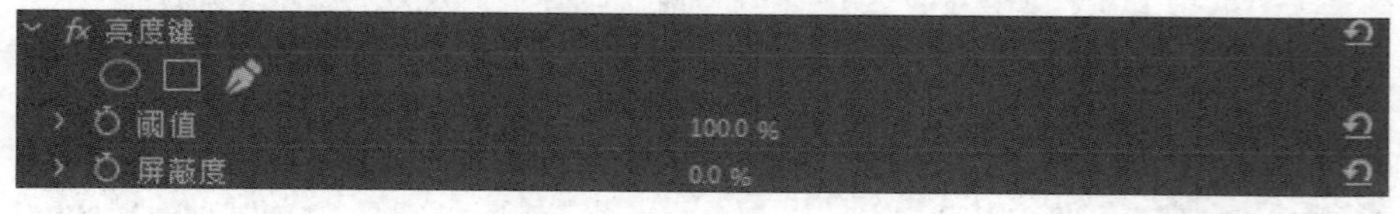

图 7-146

图 7-147

3. 图像遮罩键

“图像遮罩键”视频效果可以使用外部素材来控制当前两个图层的画面效果。图7-148所示为“图像遮罩键”选项。

图 7-148

4. 差值遮罩

“差值遮罩”视频效果可以比较源剪辑和差值剪辑，然后在源图像中抠出与差值图像中的位置和颜色均匹配的像素。图7-149所示为“差值遮罩”选项。使用此选项进行调整前后的效果对比如图7-150所示。

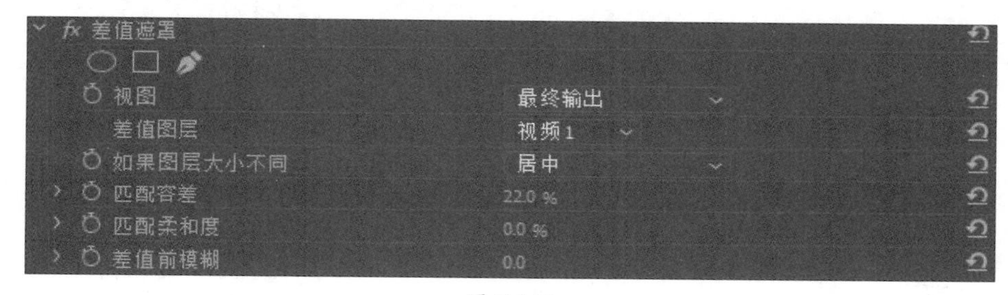

图 7-149

图 7-150

5. 移除遮罩

“移除遮罩”视频效果可以去除遮罩边缘的颜色残留。图7-151所示为“移除遮罩”选项。

图 7-151

6. 超级键

“超级键”视频效果可以指定颜色生成遮罩，并对其进行调整。图7-152所示为“超级键”选项。使用此选项进行调整前后的效果对比如图7-153所示。

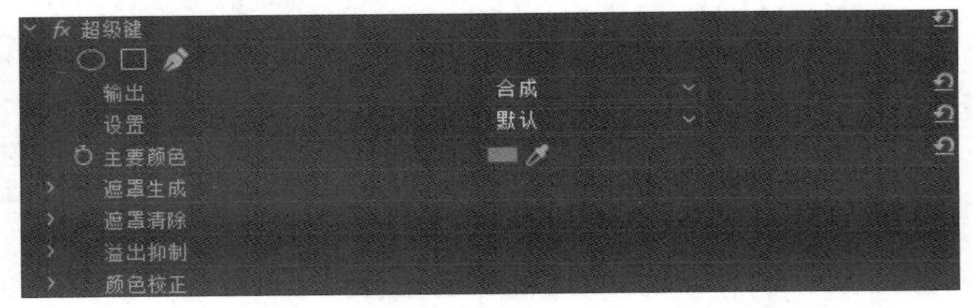

图 7-152

图 7-153

7. 轨道遮罩键

“轨道遮罩键”视频效果可以以上层轨道中的图像遮罩为当前轨道。图7-154所示为“轨道遮罩键”选项。使用此选项进行调整前后的效果对比如图7-155所示。

图 7-154

图 7-155

8. 非红色键

“非红色键”视频效果可以去除素材中的红色以外的颜色。图7-156所示为“非红色键”选项。使用此选项进行调整前后的效果对比如图7-157所示。

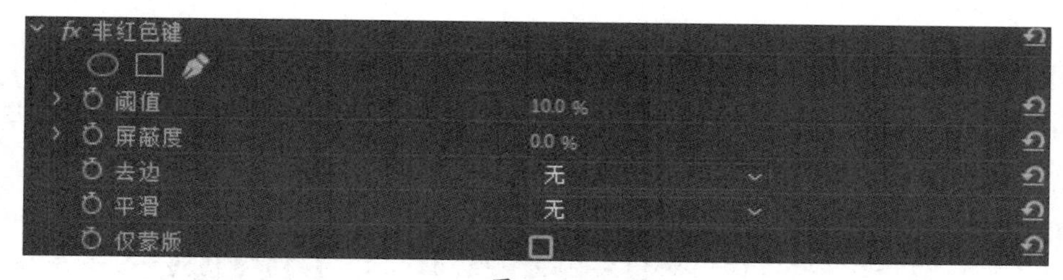

图 7-156

图 7-157

9. 颜色键

“颜色键”视频效果可以去除素材中指定的颜色。图7-158所示为“颜色键”选项。使用此选项进行调整前后的效果对比如图7-159所示。

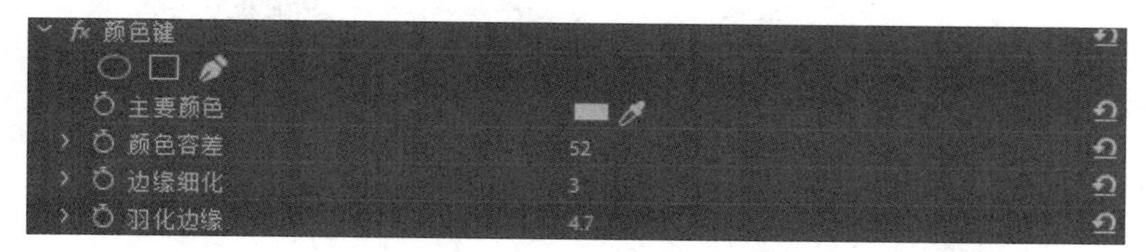

图 7-158

图 7-159

7.2.15 风格化

“风格化”视频效果组中包括“Alpha发光”“复制”和“彩色浮雕”等13种效果。通过该效果组中的视频效果，可以将素材图像艺术化。

1. Alpha发光

“Alpha发光”视频效果可以将含有Alpha通道的素材边缘向外生成单色或双色过渡的发光效果。图7-160所示为“Alpha发光”选项。

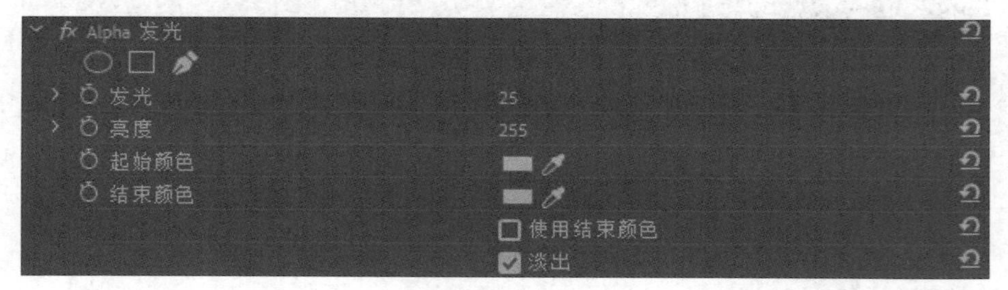

图 7-160

2. 复制

“复制”视频效果可以复制素材对象并平铺，使每个区域都显示完整的图像。图7-161所示为“复制”选项。使用此选项进行调整前后的效果对比如图7-162所示。

图 7-161

图 7-162

3. 彩色浮雕

“彩色浮雕”视频效果可以将素材浮雕化，且保持彩色。图7-163所示为“彩色浮雕”选项。使用此选项进行调整前后的效果对比如图7-164所示。

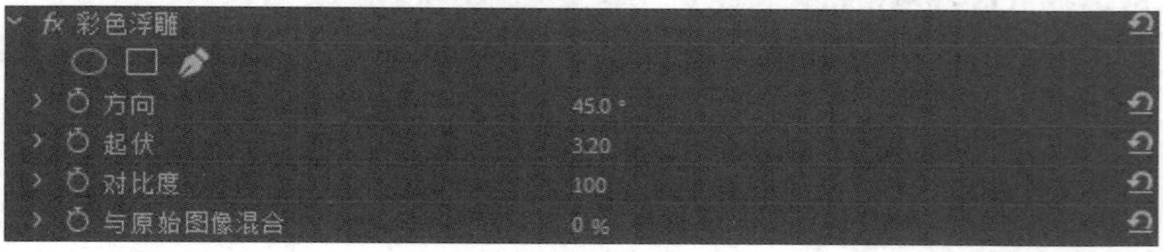

fx 彩色浮雕
方向 45.0 °
起伏 3.20
对比度 100
与原始图像混合 0 %

图 7-163

图 7-164

4. 曝光过度

“曝光过度”视频效果可以制作曝光过度的效果。图7-165所示为“曝光过度”选项。使用此选项进行调整前后的效果对比如图7-166所示。

图 7-165

图 7-166

5. 查找边缘

“查找边缘”视频效果可以识别并突出有明显过渡的图像边缘，产生线条图效果。图7-167所示为“查找边缘”选项。使用此选项进行调整前后的效果对比如图7-168所示。

图 7-167

图 7-168

6. 浮雕

“浮雕”视频效果可以制作灰色浮雕的效果。图7-169所示为“浮雕”选项。使用此选项进行调整前后的效果对比如图7-170所示。

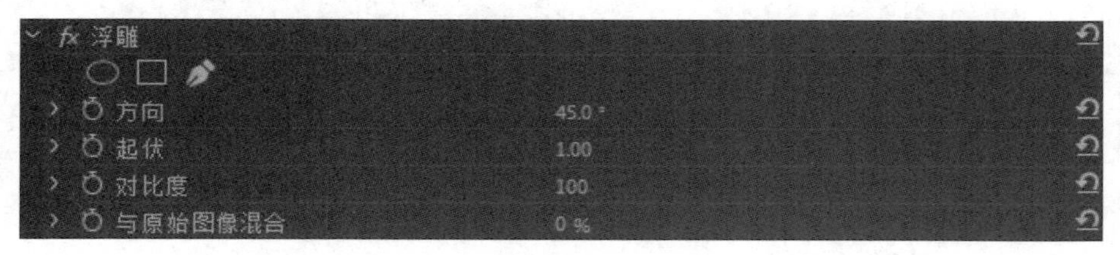

图 7-169

图 7-170

7. 画笔描边

“画笔描边”视频效果可以制作出画笔绘图的效果。图7-171所示为“画笔描边”选项。使用此选项进行调整前后的效果对比如图7-172所示。

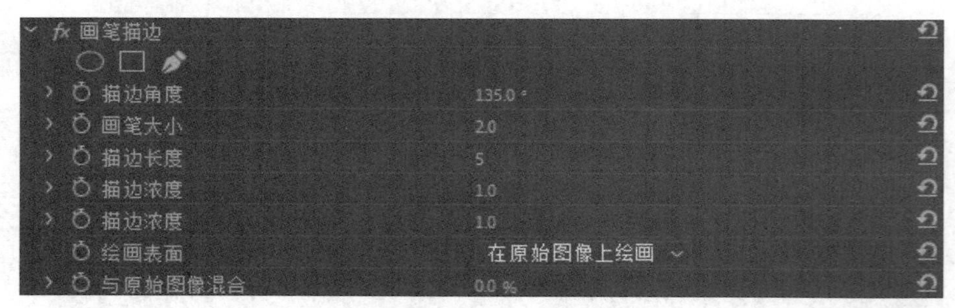

图 7-171

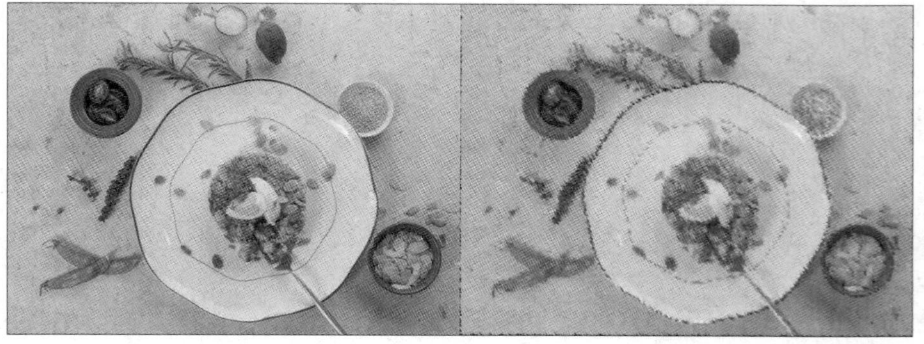

图 7-172

8. 粗糙边缘

“粗糙边缘”视频效果可以粗糙素材边缘，模拟腐蚀感效果。图7-173所示为“粗糙边缘”选项。使用此选项进行调整前后的效果对比如图7-174所示。

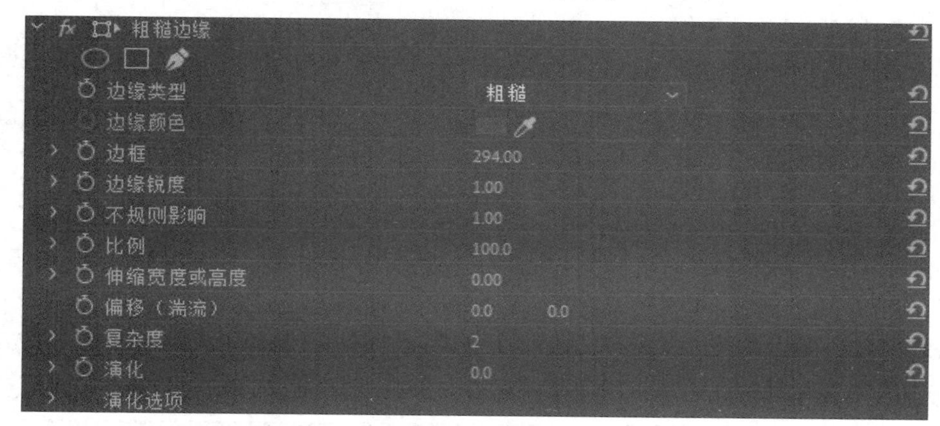

图 7-173

图 7-174

9. 纹理

“纹理”视频效果可以为素材添加纹理。图7-175所示为“纹理”选项。使用此选项进行调整前后的效果对比如图7-176所示。

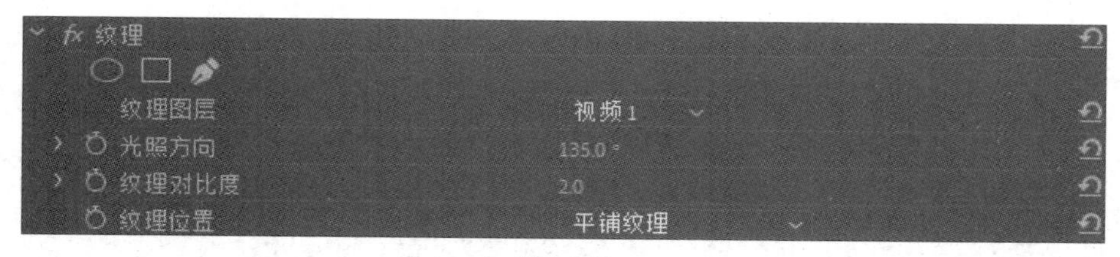

图 7-175

图 7-176

10. 色调分离

“色调分离”视频效果可以区分调节画面色调，使素材图像更具胶片感。图7-177所示为“色调分离”选项。使用此选项进行调整前后的效果对比如图7-178所示。

图 7-177

图 7-178

11. 闪光灯

“闪光灯”视频效果可以制作闪光灯闪烁的效果。图7-179所示为“闪光灯”选项。

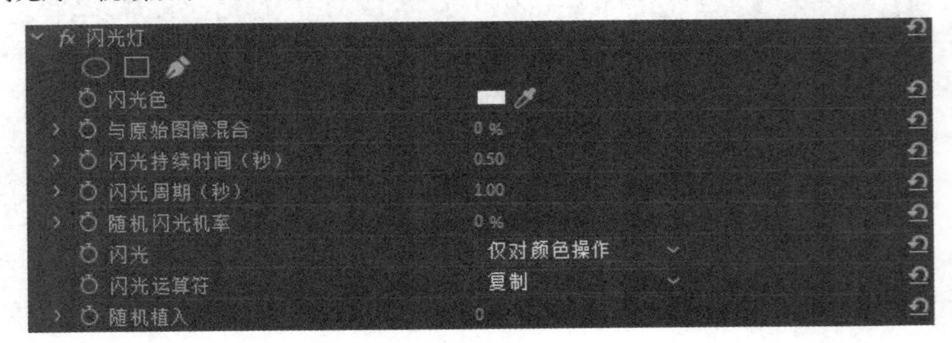

图 7-179

12. 阈值

“阈值”视频效果可以将素材转换为黑白模式。图7-180所示为“阈值”选项。使用此选项进行调整前后的效果对比如图7-181所示。

图 7-180

图 7-181

13. 马赛克

“马赛克”视频效果可以为素材图像添加马赛克。图7-182所示为“马赛克”选项。使用此选项进行调整前后的效果对比如图7-183所示。

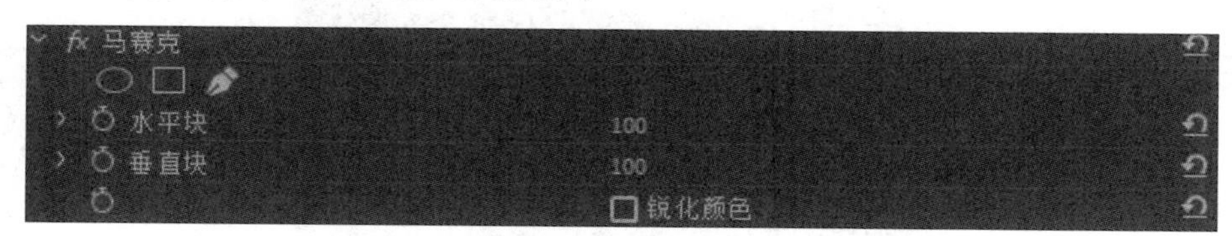

图 7-182

图 7-183

经验之谈 效果类型过滤器的作用

Premiere软件的“效果”面板中包括“加速效果”“32位颜色效果”和“YUV效果”3个效果类型的过滤器，如图7-184所示。当单击对应的效果过滤器按钮使之呈启用状态时，将只有对应类型的效果与过渡会显示在下面的效果列表中。

图 7-184

这3种过滤器作用分别如下：

- **加速效果**：启用该按钮后，“效果”面板中将显示可以充分利用经认证的图形卡的处理能力来加速渲染的效果与过渡，如图7-185所示。

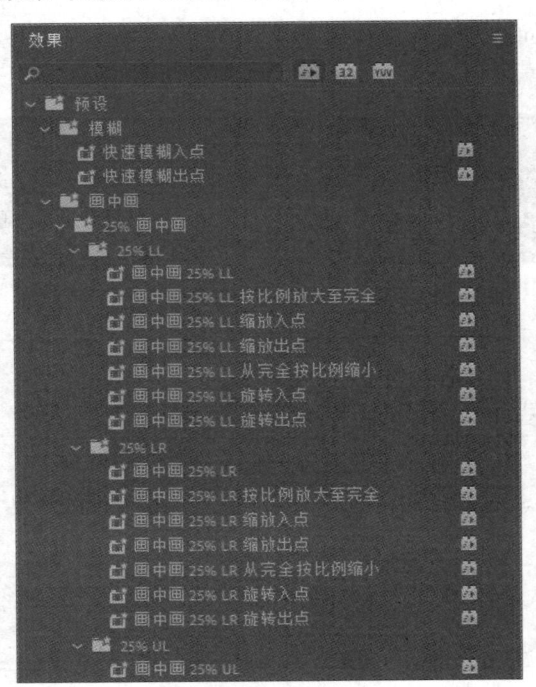

图 7-185

- **32位颜色效果**：启用该按钮后，“效果”面板中将显示支持高位深度处理的视频效果与过渡。当这些效果应用于高位深度资源时，可以用 32 bpc 像素渲染这些效果。
- **YUV效果**：启用该按钮后，“效果”面板中将显示可以直接处理YUV值的视频效果与过渡。这些效果不会将YUV值转换为RGB值，从而避免变色。

上手实操

实操一 制作羽化边缘特效

本实操将使用“羽化边缘”特效对素材的边缘进行羽化，如图7-186所示。

图 7-186

设计要领

- 启动Premiere软件，新建项目和序列，导入素材。
- 将素材文件拖至“时间轴”面板中，设置缩放。
- 添加“羽化边缘”特效，设置参数。

扫码观看视频

实操二 制作浮雕特效

本实操将使用“浮雕”特效锐化图像中物体的边缘并修改图像颜色，其效果将从一个指定的角度使边缘高光，效果如图7-187所示。

图 7-187

设计要领

- 启动Premiere软件，新建项目和序列，导入素材。
- 将素材文件拖至“时间轴”面板中，设置缩放。
- 添加“浮雕”特效，设置参数。

扫码观看视频

第8章 调　色

内容概要

色彩是视觉艺术中非常重要的元素，在影视作品中，不同的色彩往往代表不同的情感，通过调色，可以更好地表达影视作品的主题。本章将针对Premiere软件中调色的知识进行介绍。

知识要点

- 了解调色的基础知识。
- 学会如何调色。

数字资源

【本章案例素材来源】：“素材文件\第8章”目录下

【本章案例最终文件】：“素材文件\第8章\案例精讲\制作小清新音乐短片效果.prproj”

案例精讲 制作小清新音乐短片效果

本案例将通过调整视频画面颜色制作小清新音乐短片效果。主要涉及的知识点包括颜色平衡（RGB）、亮度曲线、通道混合器等。

扫码观看视频

步骤01 启动Premiere软件，新建项目和序列，执行“文件”→“导入”命令，导入素材文件“山谷.mp4”，并将其拖动至V1轨道中，如图8-1所示。

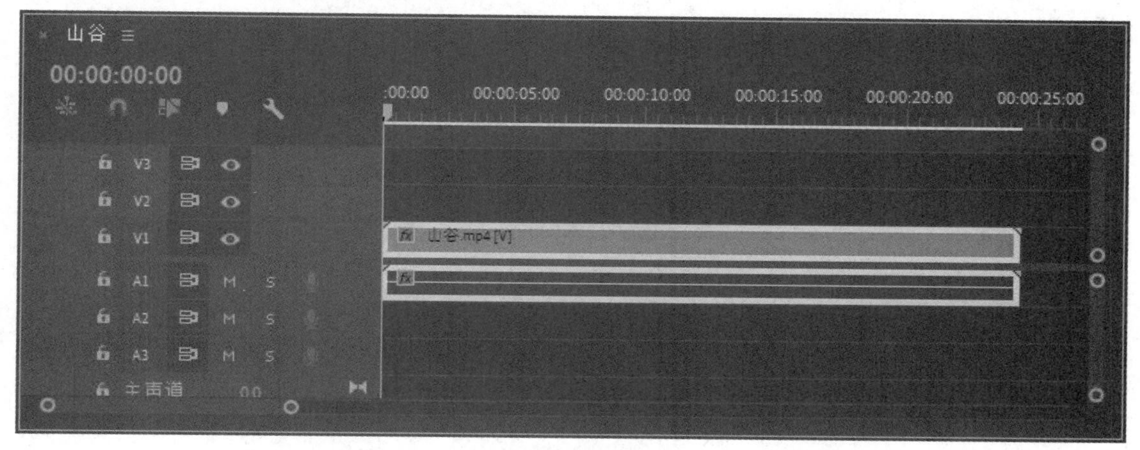

图 8-1

步骤02 在“效果”面板中搜索“颜色平衡（RGB）”视频效果，拖动至“时间轴”面板中V1轨道素材中，在“效果控件”面板中对“颜色平衡（RGB）”参数进行调整，如图8-2所示。调整后效果如图8-3所示。

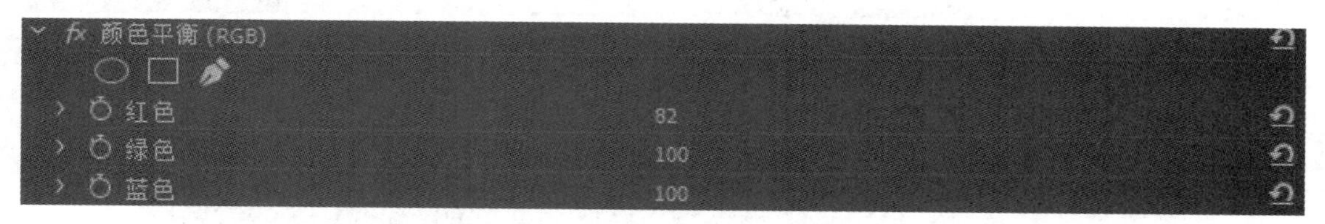

图 8-2

图 8-3

步骤 03 继续在“效果”面板中搜索“亮度曲线”视频效果并拖动至素材上，在“效果控件”面板中对“亮度曲线”参数进行调整，如图8-4所示。调整后效果如图8-5所示。

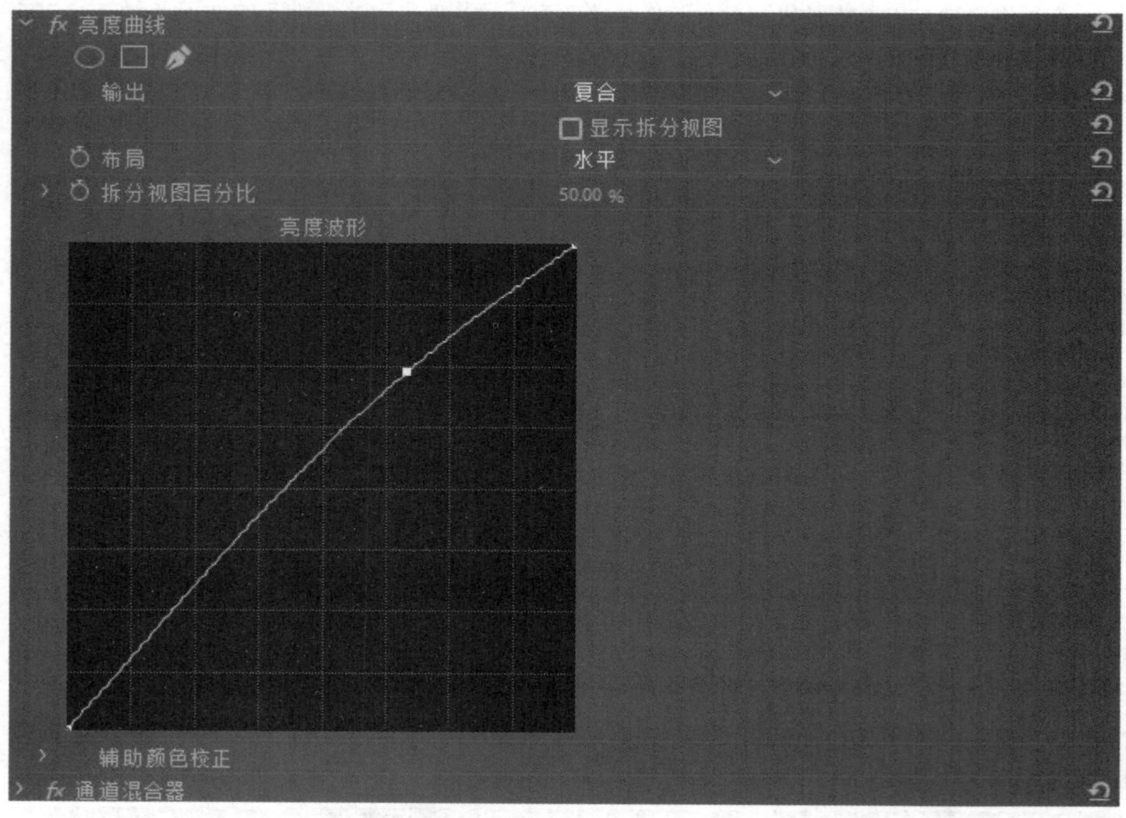

图 8-4

图 8-5

步骤04 在“效果”面板中搜索“通道混合器”视频效果并拖动至素材上，在“效果控件”面板中对“通道混合器”参数进行调整，如图8-6所示。调整后效果如图8-7所示。

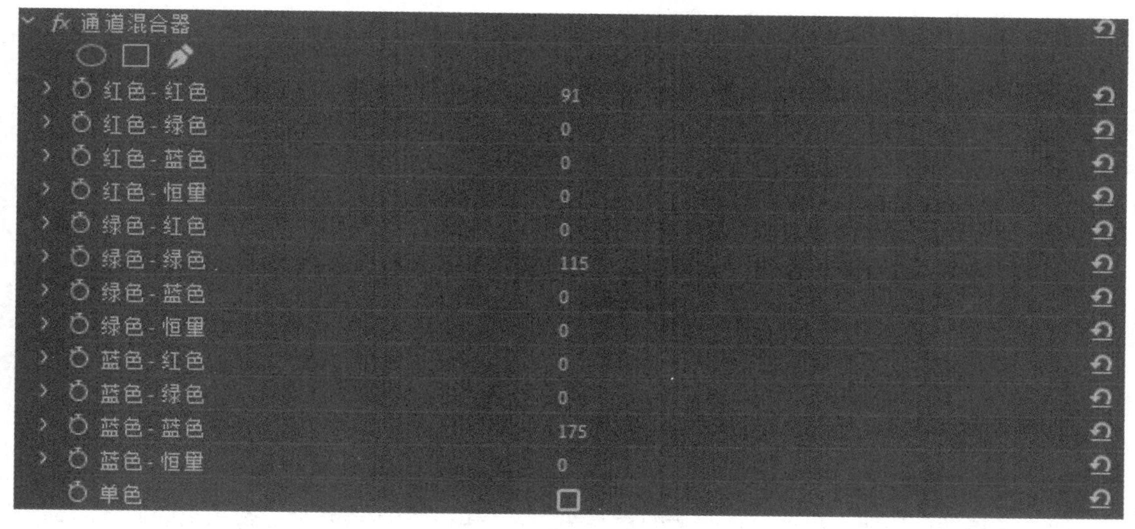

图 8-6

图 8-7

步骤05 到这里就完成了小清新音乐短片效果的制作，其前后对比效果如图8-8所示。

图 8-8

边用边学

8.1 调色的基础知识

调色可以改变画面的色调，使之呈现另一种视觉感受。在进行调色之前，可以先了解色彩的基础知识。

8.1.1 色彩属性

色相、明度、纯度是色彩的三大属性，通过改变这三种属性，可以对色彩进行调整。

1. 色相

色相是指色彩相貌，该属性是区分色彩的依据。调整色相可以调整画面的颜色倾向，即可从红色调改为绿色。

2. 明度

明度是指颜色的明亮程度。色彩的明度分为同一色相不同明度和不同色相不同明度两种。同一色相不同明度即同一颜色明度的深浅变化，如红色与粉色。不同色相中，白色明度最高，黑色最低，红、绿、蓝等为中间明度。

3. 纯度

纯度是指色彩的鲜艳程度，纯度越高，色彩越鲜艳。

8.1.2 调色的作用

调色就是对画面颜色进行调整，校正色彩偏差，确定整部作品的情感基调，带给观众更直观深刻的感受。在调色过程中，要善于运用冷暖色调，使整部作品的色调协调统一。

8.2 图像控制

Premiere软件中的“图像控制”视频效果组包括“灰度系数校正”“颜色平衡（RGB）”“颜色替换”“颜色过滤”和“黑白”5种效果。通过该效果组中的视频效果可以对素材图像中的特定颜色进行处理，制作特殊的视觉效果。下面将针对该组效果进行介绍。

8.2.1 灰度系数校正

“灰度系数校正”视频效果可以使图像变亮或变暗而不影响图像高亮区域。选中“效果”面板中的“灰度系数校正”视频效果，拖动至“时间轴”面板中的素材上，在“效果控件”面板中对灰度系数进行设置，如图8-9所示，即可按照设置的参数调整素材图像，图8-10所示为调整前后的效果对比。

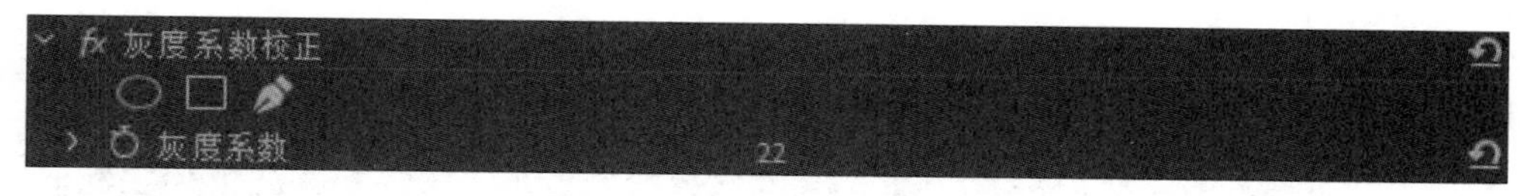

图 8-9

图 8-10

8.2.2 颜色平衡（RGB）

“颜色平衡（RGB）”视频效果可以调整素材对象的RGB三种色值，从而改变画面颜色。选中“效果”面板中的“颜色平衡（RGB）”视频效果，拖动至“时间轴”面板中的素材上，在“效果控件”面板中对参数进行设置，如图8-11所示，即可按照设置的参数调整素材图像，图8-12所示为调整前后的效果对比。

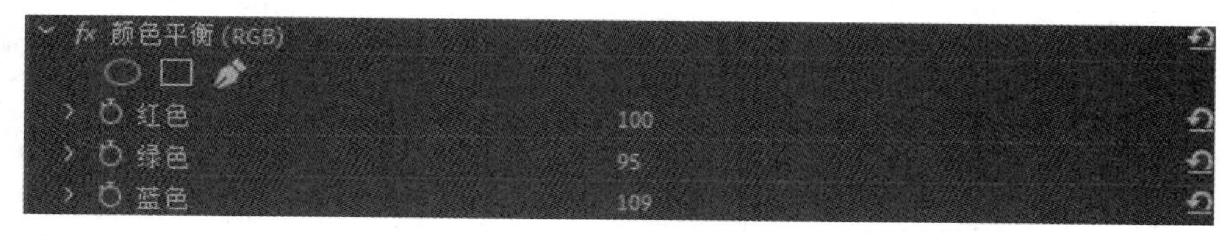

图 8-11

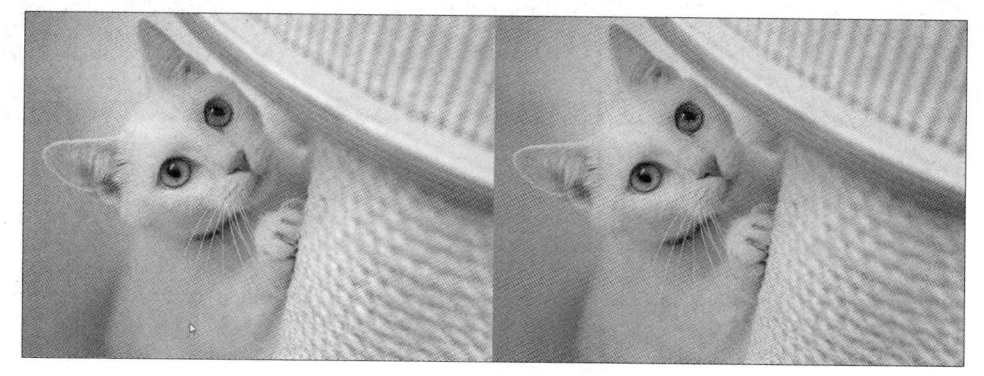

图 8-12

8.2.3 颜色替换

“颜色替换”视频效果可以替换素材中指定的颜色，而保持其他颜色不变。选中“效果”面板中的“颜色替换”视频效果，拖动至“时间轴”面板中的素材上，在“效果控件”面板中对参数进行设置，如图8-13所示，即可按照设置的参数调整素材图像，图8-14所示为调整前后的效果对比。

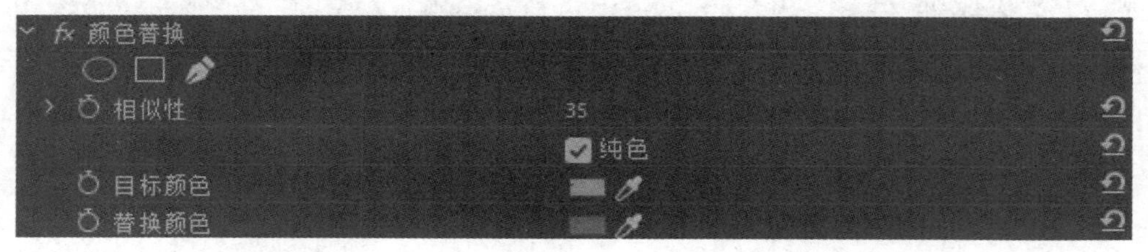

图 8-13

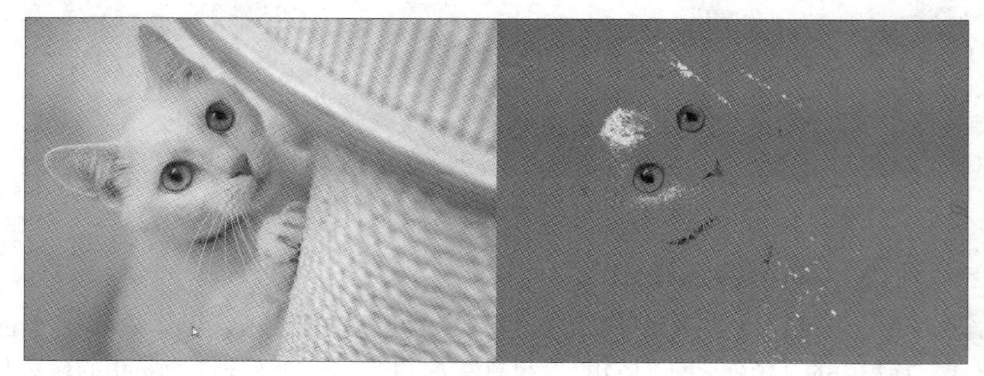

图 8-14

8.2.4　颜色过滤

“颜色过滤”视频效果可以将指定颜色以外的颜色过滤掉，使图像中只保留指定的颜色，其他颜色呈灰度模式显示。选中“效果”面板中的“颜色过滤”视频效果，拖动至“时间轴”面板中的素材上，在“效果控件”面板中对参数进行设置，如图8-15所示，即可按照设置的参数调整素材图像，图8-16所示为调整前后的效果对比。

图 8-15

图 8-16

8.2.5 黑白

“黑白”视频效果可以去除素材对象的颜色信息，将彩色画面转换为黑白画面。选中“效果”面板中的“黑白”视频效果，直接拖动至“时间轴”面板中的素材上，即可将素材对象变为黑白。图8-17所示为翻转前后的效果对比。

图 8-17

8.3 过时

Premiere软件中的“过时”视频效果组包括“RGB曲线”“RGB颜色校正器”和“三向颜色校正器”等12种效果。通过该效果组中的视频效果，可以对素材图像的色彩、色调等进行调整。下面将针对该组效果进行介绍。

8.3.1 RGB曲线

“RGB曲线”视频效果可以调节素材图像中R、G、B颜色通道的曲线，从而调整素材画面效果。调整前后的效果对比如图8-18所示。

图 8-18

8.3.2 RGB颜色校正器

“RGB颜色校正器”视频效果可以通过调整RGB颜色通道的参数来调整画面效果。图8-19所示为“RGB颜色校正器”选项。调整前后的效果对比如图8-20所示。

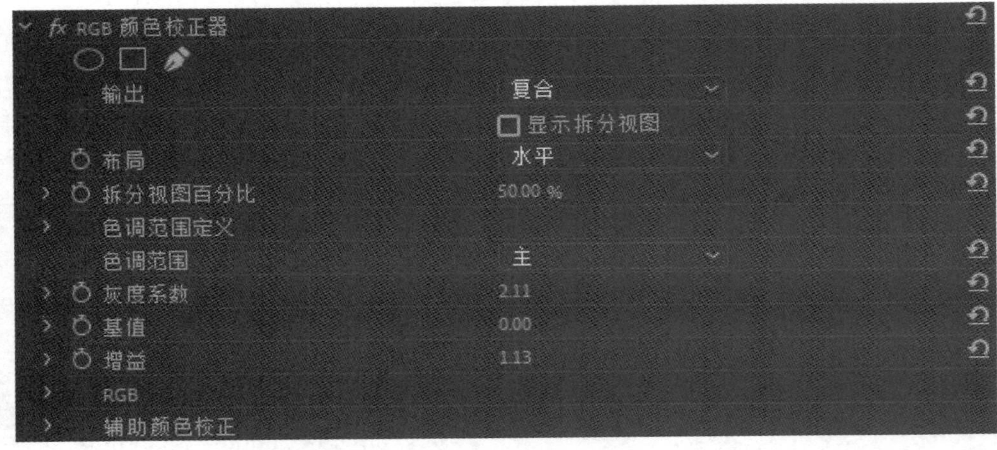

图 8-19

图 8-20

8.3.3 三向颜色校正器

“三向颜色校正器”视频效果可以通过调整阴影、中间调、高光等参数来调整画面效果。调整前后的效果对比如图8-21所示。

图 8-21

8.3.4 亮度曲线

“亮度曲线”视频效果可以调整素材画面的亮度。调整前后的效果对比如图8-22所示。

图 8-22

8.3.5 亮度校正器

“亮度校正器”视频效果可以校正素材画面的亮度。调整前后的效果对比如图8-23所示。

图 8-23

8.3.6 快速模糊

“快速模糊”视频效果可以模糊画面效果。图8-24所示为“快速模糊”选项。调整前后的效果对比如图8-25所示。

图 8-24

图 8-25

8.3.7 快速颜色校正器

“快速颜色校正器”视频效果可以通过调整素材的色相和饱和度快速调整图像颜色。调整前后的效果对比如图8-26所示。

图 8-26

8.3.8 自动对比度

“自动对比度”视频效果可以自动调整素材画面的对比度。直接拖动“效果”面板中的“自动对比度”视频效果至“时间轴”面板中的素材上即可。图8-27所示为“自动对比度”选项。调整前后的效果对比如图8-28所示。

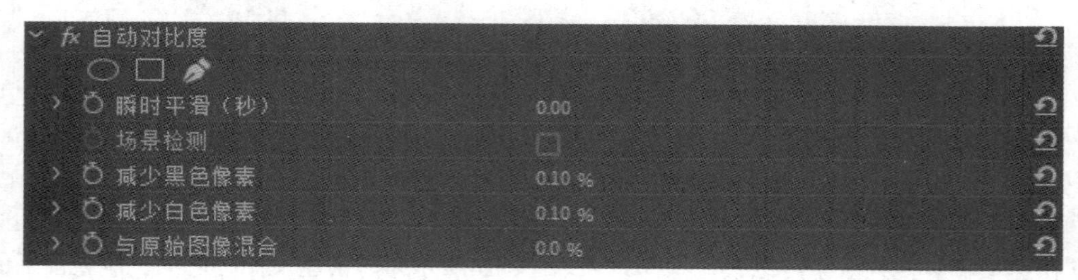

图 8-27

图 8-28

8.3.9 自动色阶

“自动色阶”视频效果可以自动调整素材画面的色阶。图8-29所示为“自动色阶”选项。调整前后的效果对比如图8-30所示。

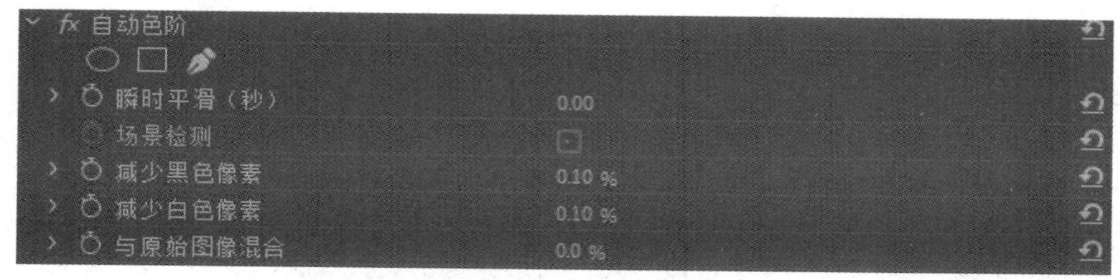

图 8-29

图 8-30

8.3.10 自动颜色

“自动颜色”视频效果可以自动调整素材画面的颜色。图8-31所示为“自动颜色”选项。调整前后的效果对比如图8-32所示。

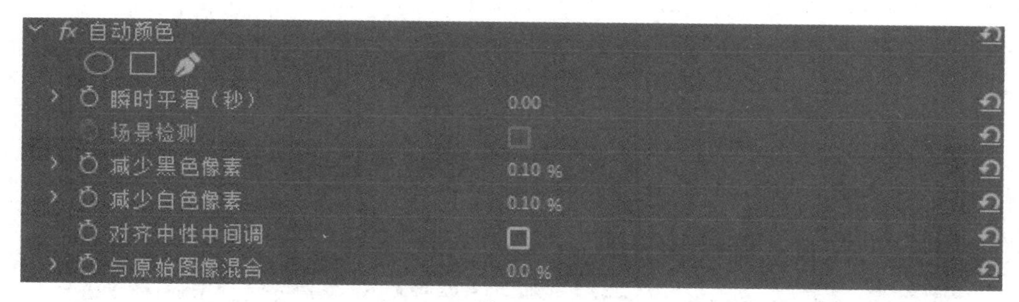

图 8-31

图 8-32

8.3.11 视频限幅器（旧版）

“视频限幅器（旧版）”视频效果可以限制素材的亮度和颜色，使其保持在一定范围内。图8-33所示为“视频限幅器（旧版）”选项。调整前后的效果对比如图8-34所示。

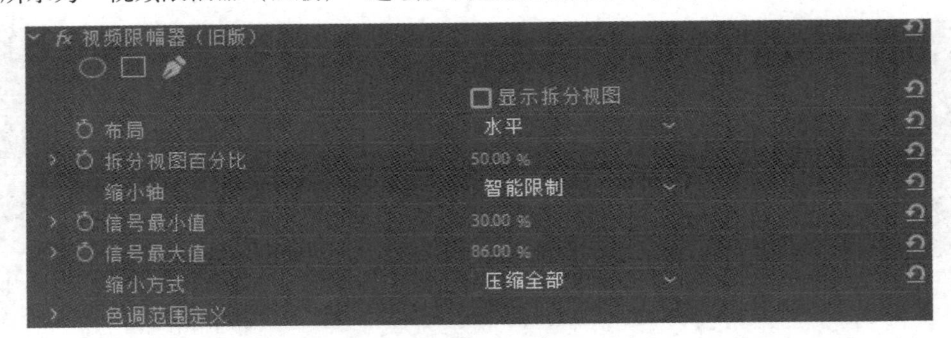

图 8-33

图 8-34

8.3.12 阴影/高光

“阴影/高光”视频效果可以调整素材画面的阴影和高光参数，从而调整画面效果。图8-35所示为“阴影/高光”选项。调整前后的效果对比如图8-36所示。

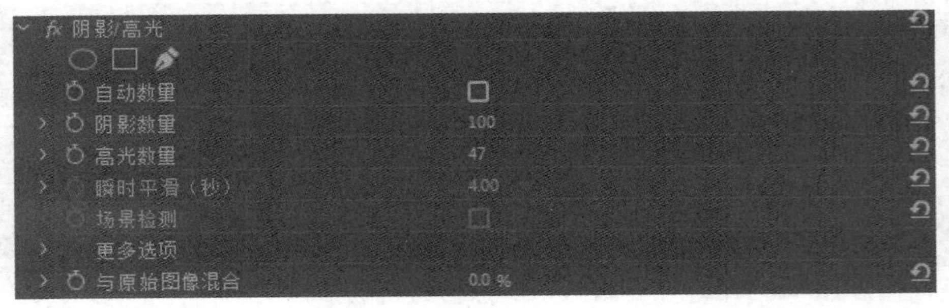

图 8-35

图 8-36

8.4 颜色校正

Premiere软件中的“颜色校正”视频效果组包括“ASC CDL”“Lumetri颜色”和“亮度与对比度”等12种效果。通过该效果组中的视频效果可以对素材对象的颜色进行校正。下面将针对该组效果进行介绍。

8.4.1 ASC CDL

“ASC CDL”视频效果可以调整素材图像的RGB参数和饱和度来调整素材颜色。调整前后的效果对比如图8-37所示。

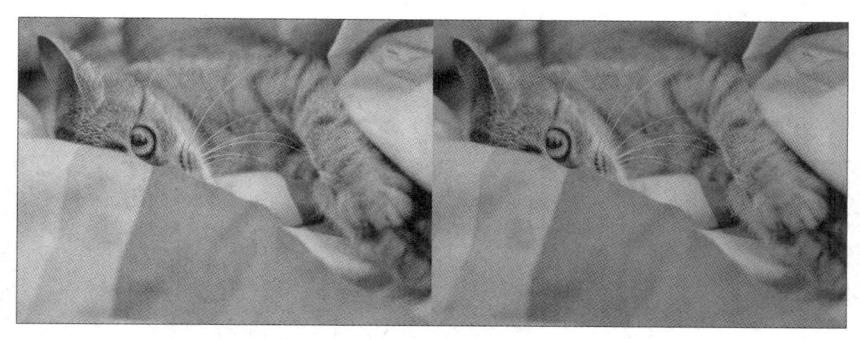

图 8-37

8.4.2 Lumetri颜色

“Lumetri颜色”视频效果可以应用Lumetri颜色分级引擎链接文件中的色彩校正预设项目，校正图像色彩。图8-38所示为“Lumetri颜色”选项。调整前后的效果对比如图8-39所示。

图 8-38

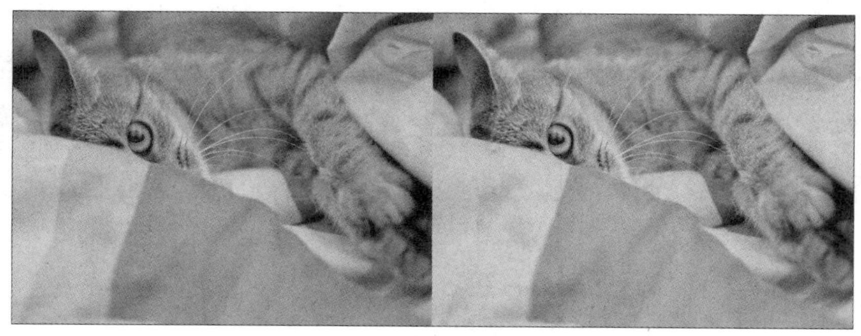

图 8-39

8.4.3 亮度与对比度

"亮度与对比度"视频效果可以通过调整素材图像的亮度和对比度调整图像画面效果。图8-40所示为"亮度与对比度"选项。

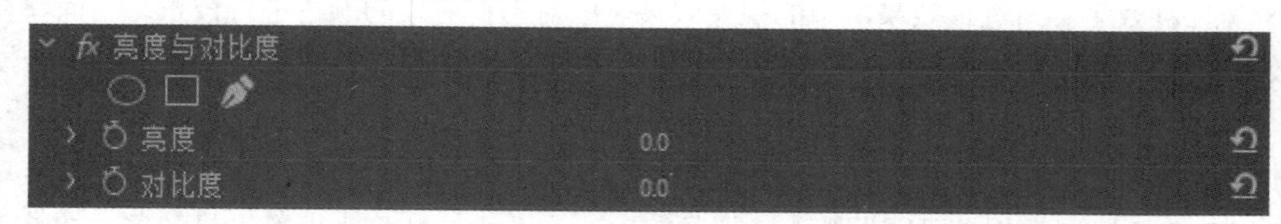

图 8-40

8.4.4 保留颜色

"保留颜色"视频效果可以保留素材图像中指定的颜色而去除其他颜色。图8-41所示为"保留颜色"选项。调整前后的效果对比如图8-42所示。

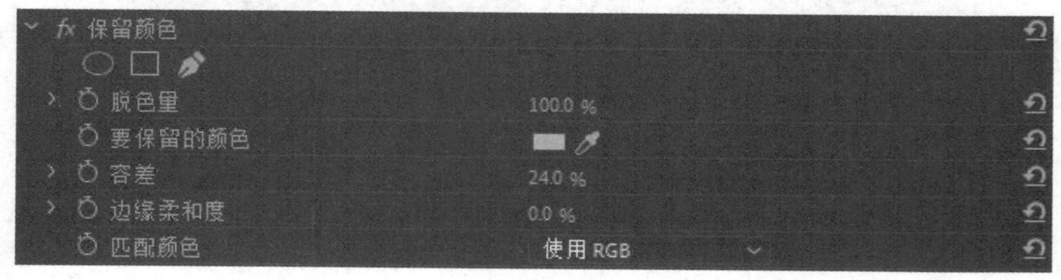

图 8-41

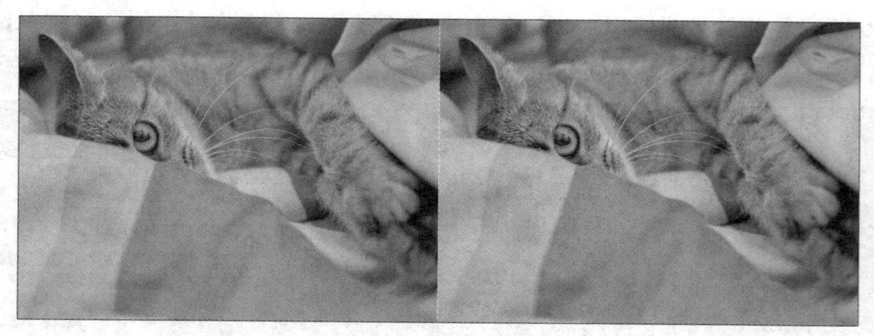

图 8-42

8.4.5 均衡

"均衡"视频效果可平均化分布素材图像中的亮度色分量。图8-43所示为"均衡"选项。

图 8-43

8.4.6 更改为颜色

“更改为颜色”视频效果可以将素材图像中的一种颜色更改为另一种颜色。图8-44所示为“更改为颜色”选项。调整前后的效果对比如图8-45所示。

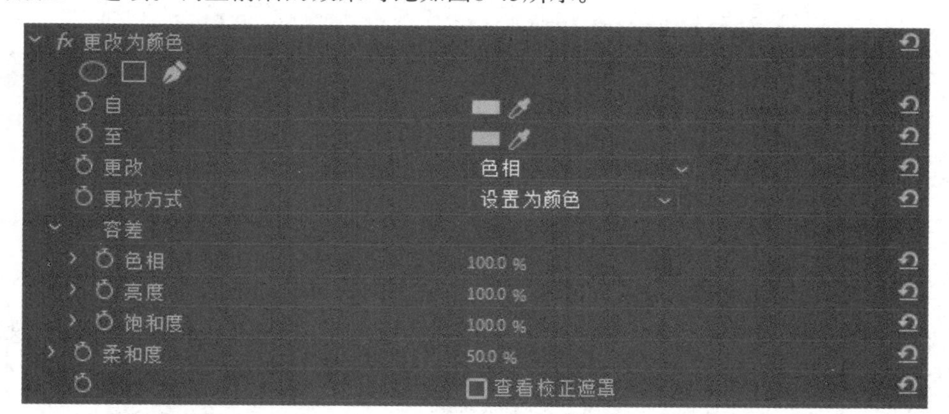

图 8-44

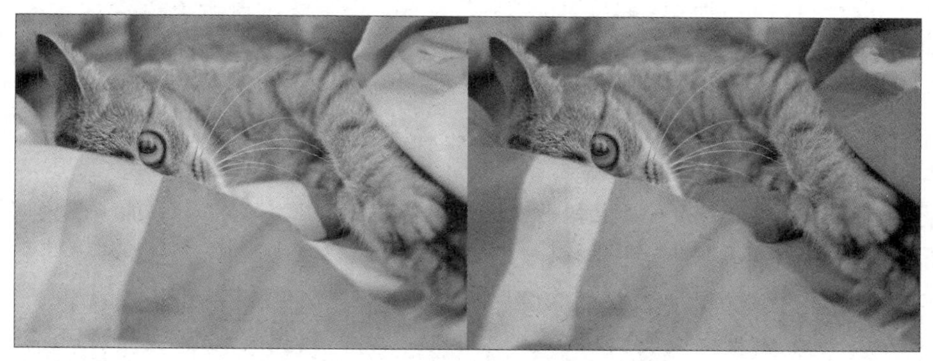

图 8-45

8.4.7 更改颜色

“更改颜色”视频效果可以更改指定颜色的参数。图8-46所示为“更改颜色”选项。调整前后的效果对比如图8-47所示。

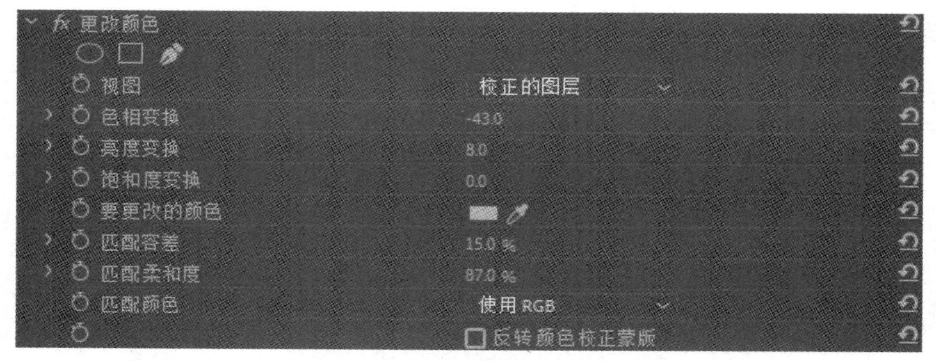

图 8-46

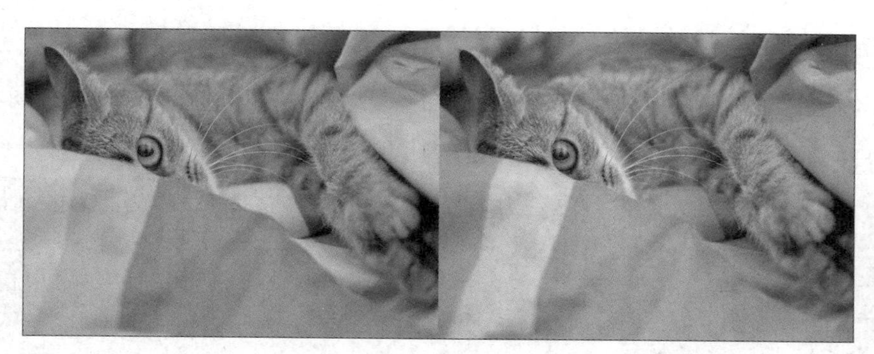

图 8-47

8.4.8 色调

“色调”视频效果可以映射素材中的黑白色调至其他颜色。图8-48所示为“色调”选项。

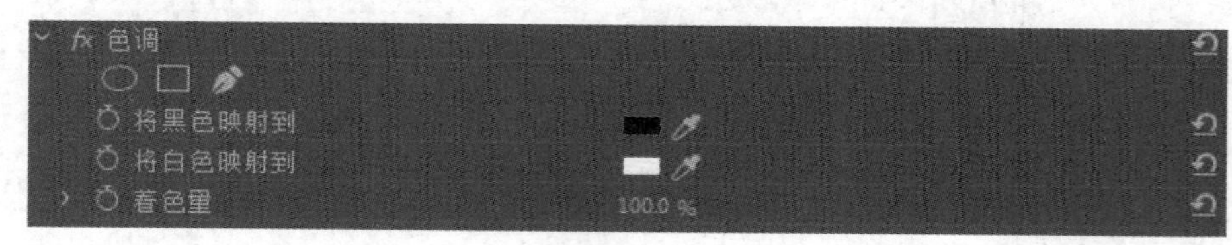

图 8-48

8.4.9 视频限制器

“视频限制器”视频效果可以限制素材图像的亮度、色度等参数，从而调整画面效果。图8-49所示为“视频限制器”选项。

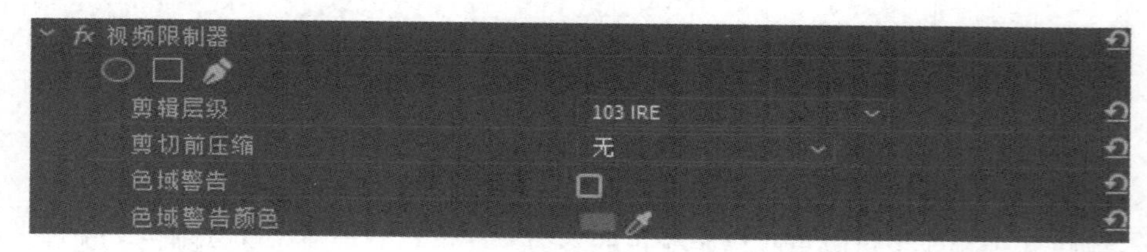

图 8-49

8.4.10 通道混合器

“通道混合器”视频效果可以调整素材图像颜色通道的参数，从而改变画面效果。调整前后的效果对比如图8-50所示。

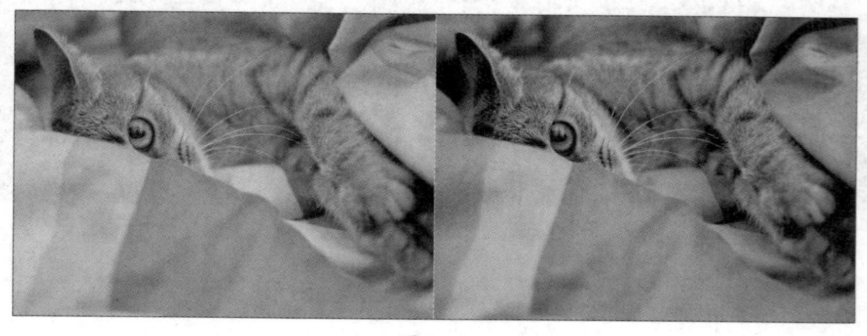

图 8-50

8.4.11 颜色平衡

“颜色平衡”视频效果可以通过改变素材图像阴影、高光、中间调的参数来改变画面效果。图8-51所示为“颜色平衡”选项。调整前后的效果对比如图8-52所示。

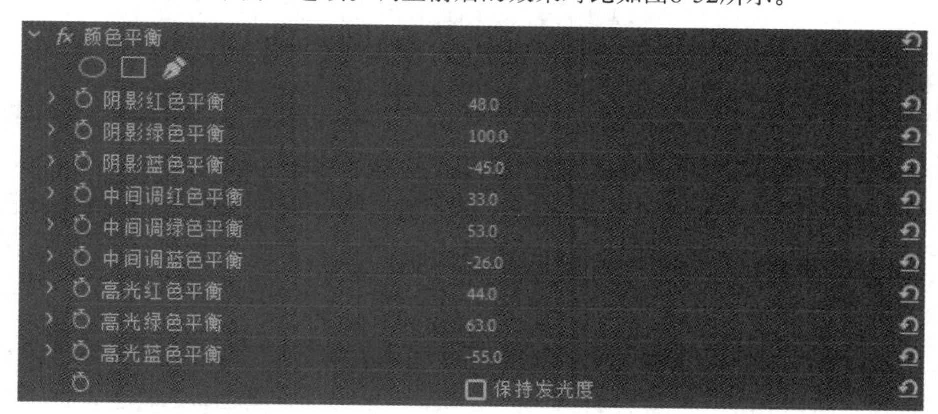

图 8-51

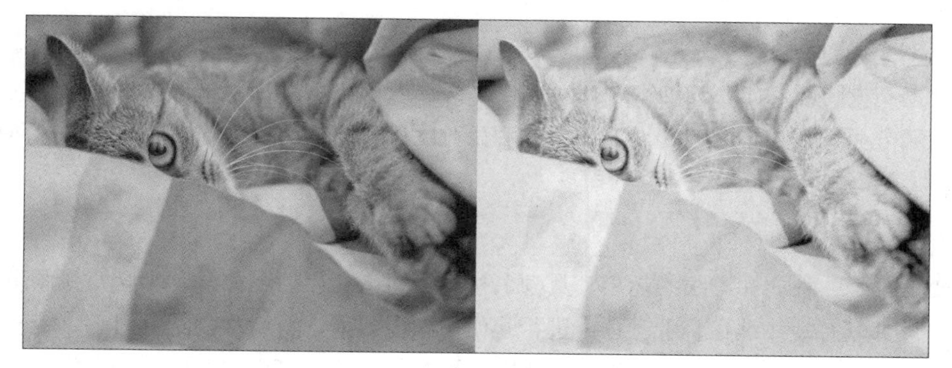

图 8-52

8.4.12 颜色平衡（HLS）

“颜色平衡（HLS）”视频效果可以调整素材图像的色相、亮度、饱和度等参数，从而改变画面效果。图8-53所示为“颜色平衡（HLS）”选项。

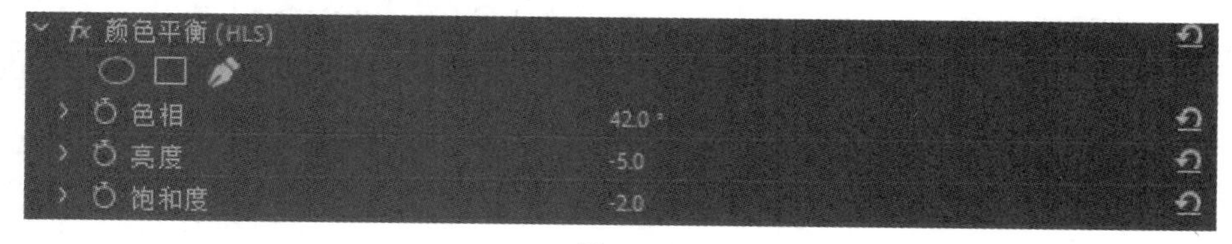

图 8-53

经验之谈 色彩的调和

色彩调和是指将两种或两种以上的色彩合理搭配，从而产生统一协调的效果。色彩调和是求得视觉统一，以达到心理平衡的重要手段。下面介绍调和色彩的4种方法。

1. 同种色的调和

相同色相、不同明度和纯度的色彩调和，使之产生有秩序的渐进，在明度、纯度的变化上弥补同种色相的单调感。

同种色被称为最稳妥的色彩搭配方法，将给人以协调的感觉。它们通常在同一个色相里，通过明度的黑白灰或者纯度的不同稍微加以区别，以产生极其微妙的韵律美与节奏美。

2. 类似色的调和

在色环中，色相越靠近越调和。类似色的调和主要靠类似色之间的共同色来产生作用，通过明度、纯度、面积上的不同实现变化和统一。类似色相较于同类色，色彩之间的可搭配度要大些，颜色丰富，富于变化。

3. 对比色的调和

通过提高或降低对比色的纯度，在对比色之间插入分割色（金、银、黑、白、灰等）。采用对比色双方面积大小不同的处理方法，或者在对比色之间加入相近的类似色，都是对比色调和常用的方法。

4. 渐变色的调和

渐变色也是一种调和方法的运用，是颜色按层次逐渐变化的现象。色彩渐变就像两种颜色间的混色，可以有规律地在多种颜色中进行。使用渐变效果，可增加视觉空间感，统一整体设计语言，以区别于其他个性体现，达到让人印象深刻的目的。渐变色能够柔和视觉，增强空间感，体现节奏和韵律美感，统一整个页面。

你学会了吗？

上手实操

实操一 制作诡异色调效果

本实操将通过调色制作诡异色调效果。完成后效果如图8-54所示。

图 8-54

设计要领

- 启动Premiere软件后，导入素材文件。
- 通过“亮度校正器”“颜色平衡（RGB）”和“三向颜色校正器”视频效果调蓝绿色调即可。

实操二 制作百变服饰动画效果

本实操的制作思路是对服饰的颜色进行变换，使服饰呈现不同的效果，主要用到的技术点有“更改颜色”视频特效和关键帧设置等，效果如图8-55所示。

图 8-55

设计要领

- 启动Premiere软件，新建项目和序列，导入素材。
- 添加“更改颜色”特效，设置参数。

扫码观看视频

第9章 音频特效

内容概要

音频是影视作品中重要的一环。通过添加合适的音频，可以烘托视频氛围，感染观者情绪。Premiere软件中有专门针对音频调节的面板，通过本章的学习，可以帮助读者学会添加和管理音频素材。

知识要点

- 熟悉声道的分类。
- 熟悉音频编辑面板。
- 学会添加并调整音频效果。
- 学会使用音频过渡效果。

数字资源

【本章案例素材来源】：“素材文件\第9章”目录下

【本章案例最终文件】：“素材文件\第9章\案例精讲\制作打电话效果.prproj”

案例精讲 制作打电话效果

本案例将利用音频效果制作打电话的效果。主要涉及的知识点包括添加音频效果、调整音频效果等。

扫码观看视频

步骤01 启动Premiere软件，新建项目和序列，执行“文件”→“导入”命令，导入素材文件“打电话.jpg”“男声.wav”和“女声.wav”，如图9-1所示。

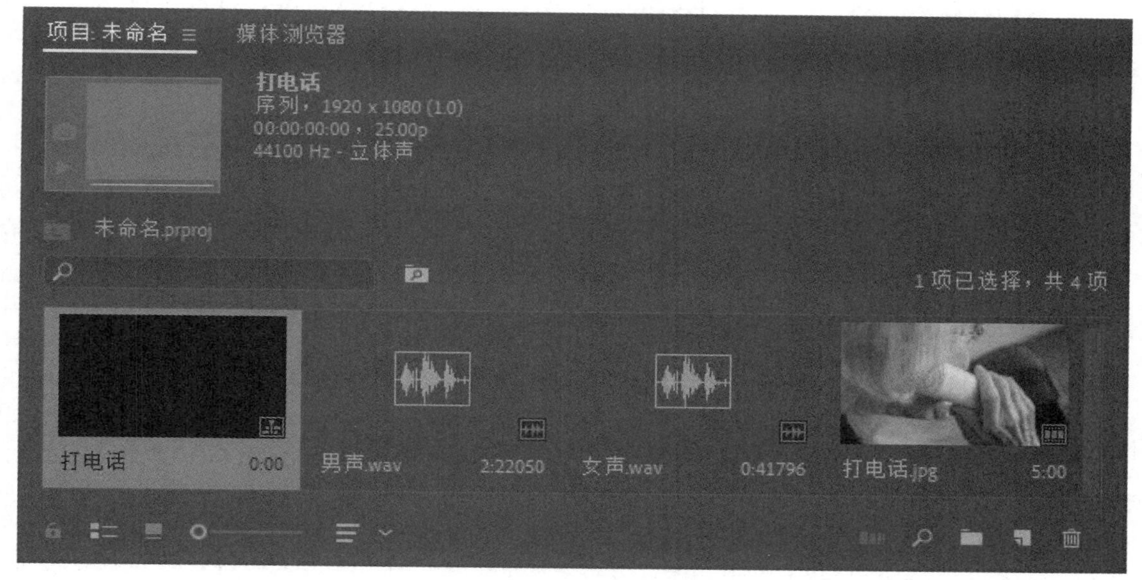

图 9-1

步骤02 选中“项目”面板中的“男声.wav”素材，拖动至“时间轴”面板中的A1轨道中，如图9-2所示。

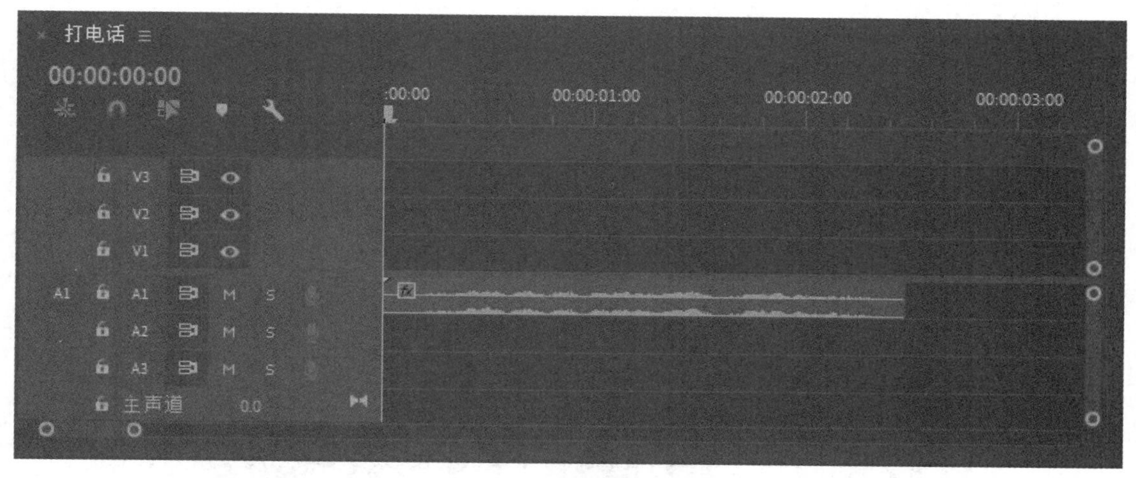

图 9-2

步骤03 在“效果”面板中搜索“高通”音频效果，拖动至“时间轴”面板中的A1轨道素材上，在“效果控件”面板中调整参数，如图9-3所示。

图 9-3

步骤04 选中“项目”面板中的“女声.wav”素材，继续拖动至“时间轴”面板中的A1轨道中，如图9-4所示。

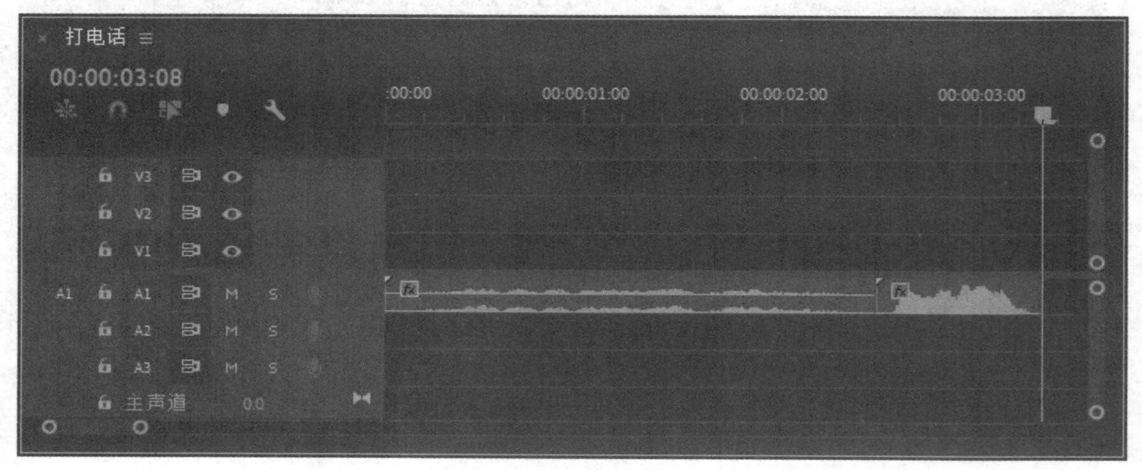

图 9-4

步骤05 在“效果”面板中搜索“音高换档器”音频效果，拖动至“时间轴”面板中的A1轨道素材上，在“效果控件”面板中单击“编辑”按钮，打开“剪辑效果编辑器”对话框进行调整，如图9-5所示。

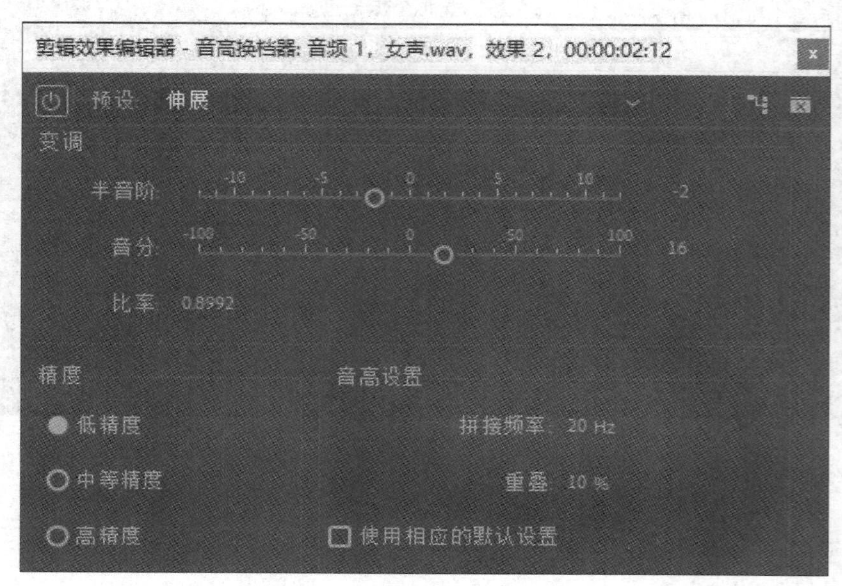

图 9-5

步骤06 调整完成后关闭“剪辑效果编辑器”对话框，在“效果控件”面板中设置“音量”参数，如图9-6所示。

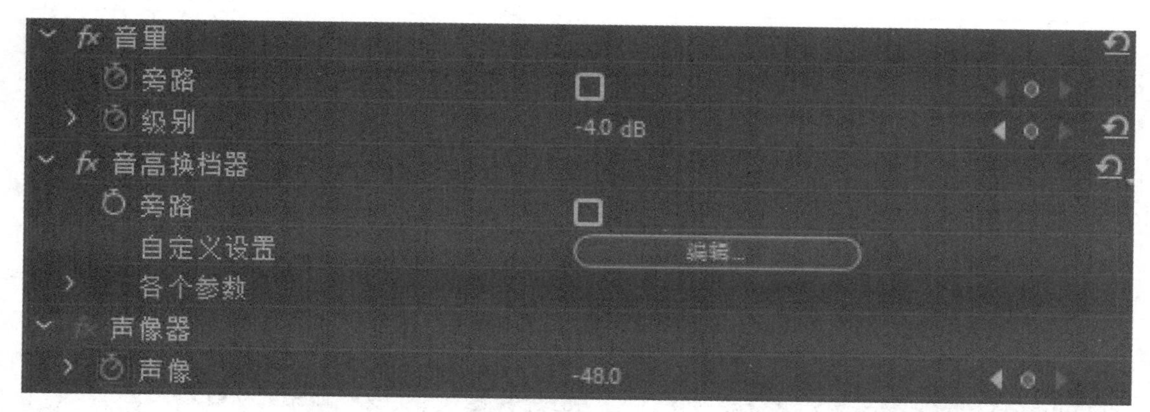

图 9-6

步骤07 选中“项目”面板中的“打电话.jpg”素材，拖动至“时间轴”面板中的V1轨道上，使用“比率拉伸工具”调整持续时间与音频一致，如图9-7所示。

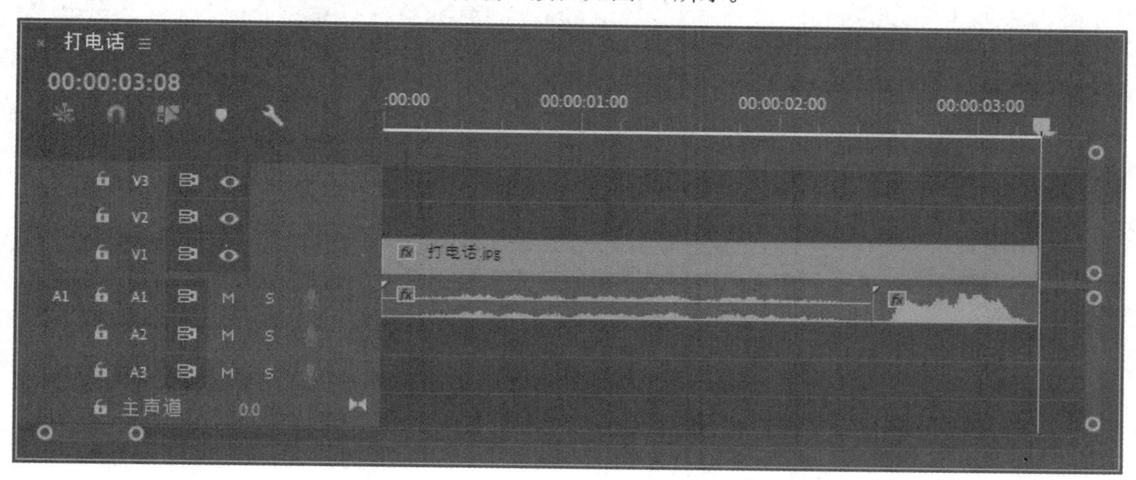

图 9-7

到这里就完成了打电话效果的制作。

你学会了吗？

边用边学

9.1 认识音频

影视作品中，除了需要最基础的视频外，还需要添加音频将其润色升华。好的音频效果，可以更好地烘托氛围，带来极致的音视频盛宴。

9.1.1 声道的分类

声道是指声音在录制或播放时在不同空间位置采集或回放的相互独立的音频信号。Premiere软件中的声道分为单声道、多声道、5.1声道和立体声4种，如图9-8所示。

图 9-8

其中常用的有单声道、5.1声道和立体声等，下面将对这几种声道进行介绍。

1. 单声道

单声道是指仅包含一个音轨的声道，在接收单声道信息时，声音比较简单且失真。

2. 立体声

立体声是具有一定程度的方位层次感等空间分布特性的声音。与单声道相比，立体声更贴近真实的声音，使作品更具临场感和层次感。

3. 5.1声道

5.1声道包括中央声道，前置左、右声道，后置左、右环绕声道，以及0.1重低音声道。与立体声相比，5.1声道更具空间感，可以获得更优质的前面声音、极好的音场形象和更宽阔的音场以及真实的立体环声，从而可以聆听背景中细微声音的移动。

9.1.2 音频剪辑混合器

“音频剪辑混合器”面板中提供了直观的控件调整音频素材的音量和平移关键帧，通过该面板，可以对音频轨道中的音频素材进行调整，如图9-9所示。

“音频剪辑混合器”面板中的轨道具有可扩展性，轨道的高度和宽度及其计量表取决于“时间轴”面板中的轨道数以及面板的高度和宽度。

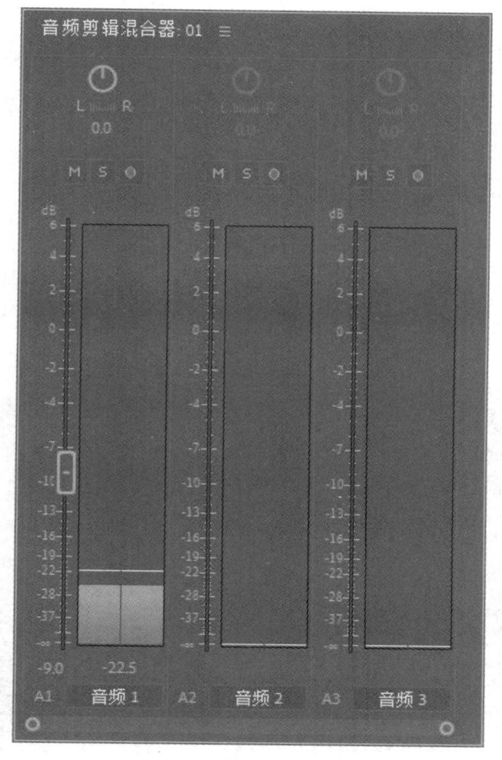

图 9-9

9.1.3 音轨混合器

“音轨混合器”面板中可以对音频素材的轨道名称、音量等参数进行设置。图9-10所示为“音轨混合器”面板。

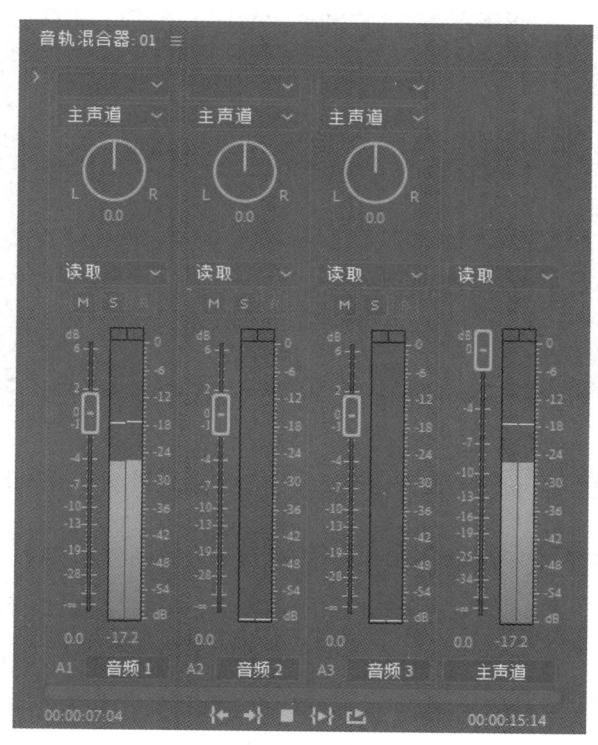

图 9-10

“音轨混合器”面板中部分按钮的作用如下：

- **声道调节滑轮**：用于控制单声道中左右音量的大小。
- **音量**：用于控制单声道总体音量大小。
- **静音轨道**：用于设置当前轨道静音。
- **独奏轨道**：用于设置其他轨道静音。
- **轨道名称**：用于设置音频轨道的名称。

9.2 添加、编辑音频

在Premiere软件中，音频有专门的音频轨道，添加音频后，还可对其播放速度、音频增益进行调整。下面将针对添加编辑音频的方式进行介绍。

9.2.1 添加音频

在Premiere软件中，图像视频素材和音频素材分别有不同的轨道。选中“项目”面板中的音频素材，拖动至“时间轴”面板中的音频轨道上，即可添加音频素材。图9-11所示为添加的音频素材。

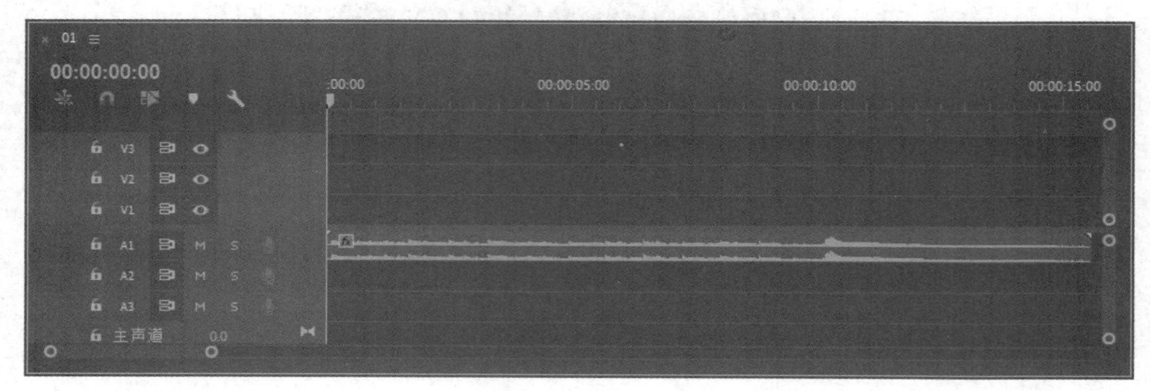

图 9-11

双击音频轨道空白处，可以展开添加的音频素材，如图9-12所示。

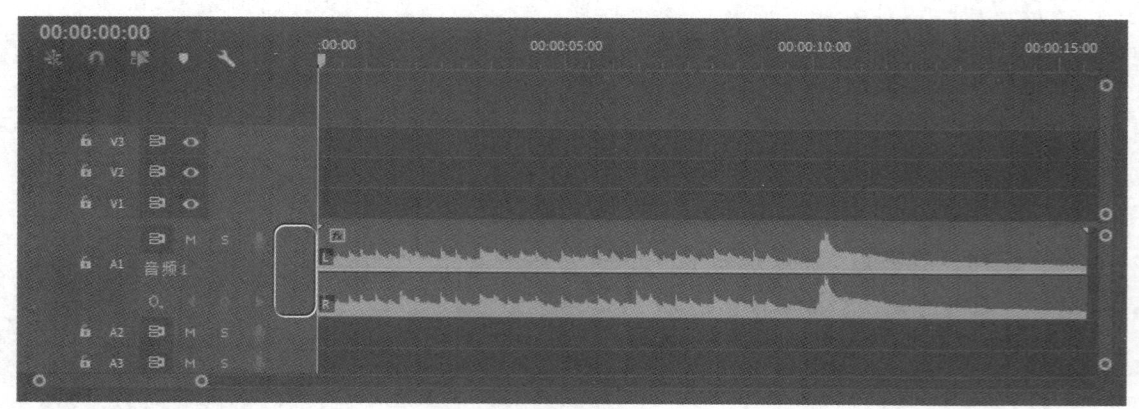

图 9-12

也可以直接从文件夹中拖动音频素材至音频轨道中。

9.2.2 调整音频播放速度

与调整视频素材播放时间类似，Premiere软件中的音频素材播放速度也可以调整。

选中音频素材，右击，在弹出的快捷菜单中选择“速度/持续时间”选项，打开“剪辑速度/持续时间”对话框，如图9-13所示。

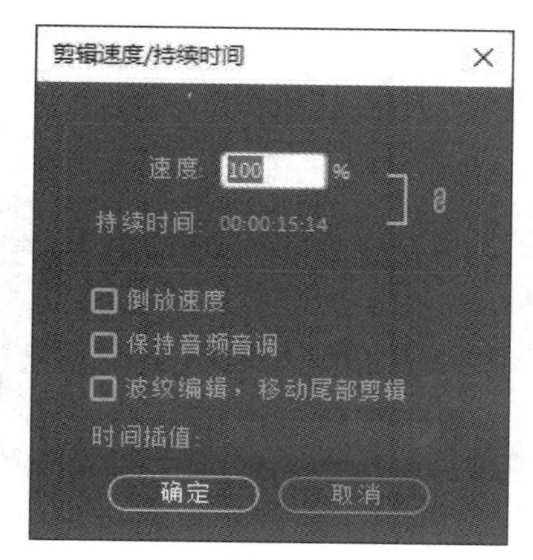

图 9-13

在“剪辑速度/持续时间”对话框中，可以对素材持续时间进行调整。调整音频素材持续时间时，可以选中“保持音频音调”复选框，防止音频变调。

9.2.3　调整音频增益

音频增益指的是音频输入信号的强弱，通过调整音频增益，可以直接控制音量的大小。若Premiere软件时间轴中存在多组添加音频素材的音频轨道，就需要平衡几个音频轨道的增益。

将音频素材插入至“时间轴”面板中后，在“音频仪表”面板中可以观察到音量变化，图9-14所示为“音频仪表”面板。播放音频素材时，“音频仪表”面板中的两个柱状将随音量变化而变化，若音频音量超出安全范围，柱状顶端将显示红色，如图9-15所示。

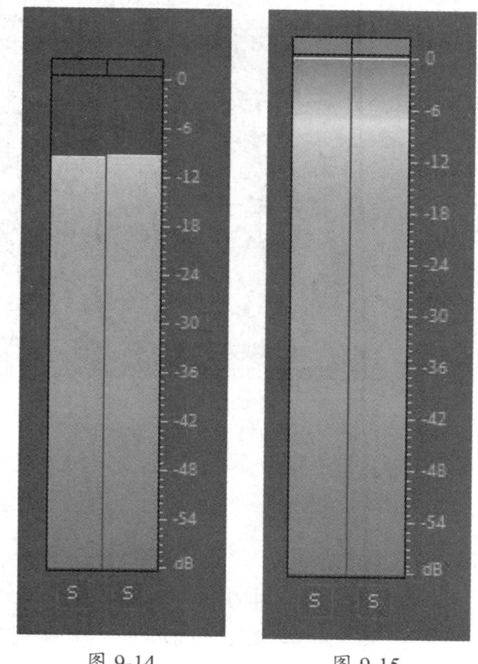

图 9-14　　　　图 9-15

选中音频素材，执行“剪辑”→“音频选项”→“音频增益”命令，打开“音频增益”对话框，如图9-16所示。在该对话框中可对音频增益进行调整。

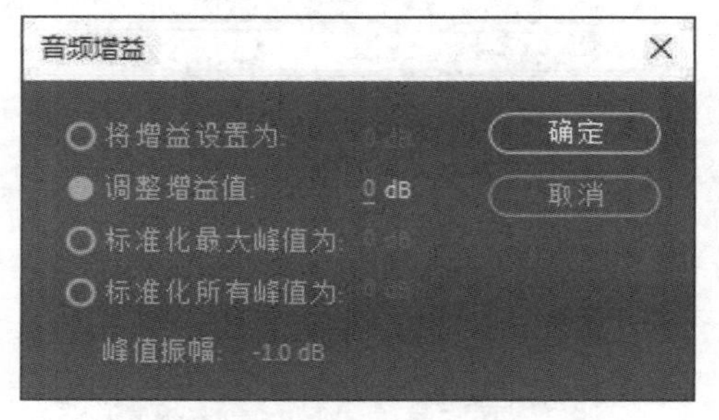

图 9-16

9.3 音频效果

Premiere软件中包括多种音频效果，通过这些音频效果，可以调整音频质量、去除噪音、制作特殊的音频效果等。如图9-17所示为Premiere软件中自带的音频效果。

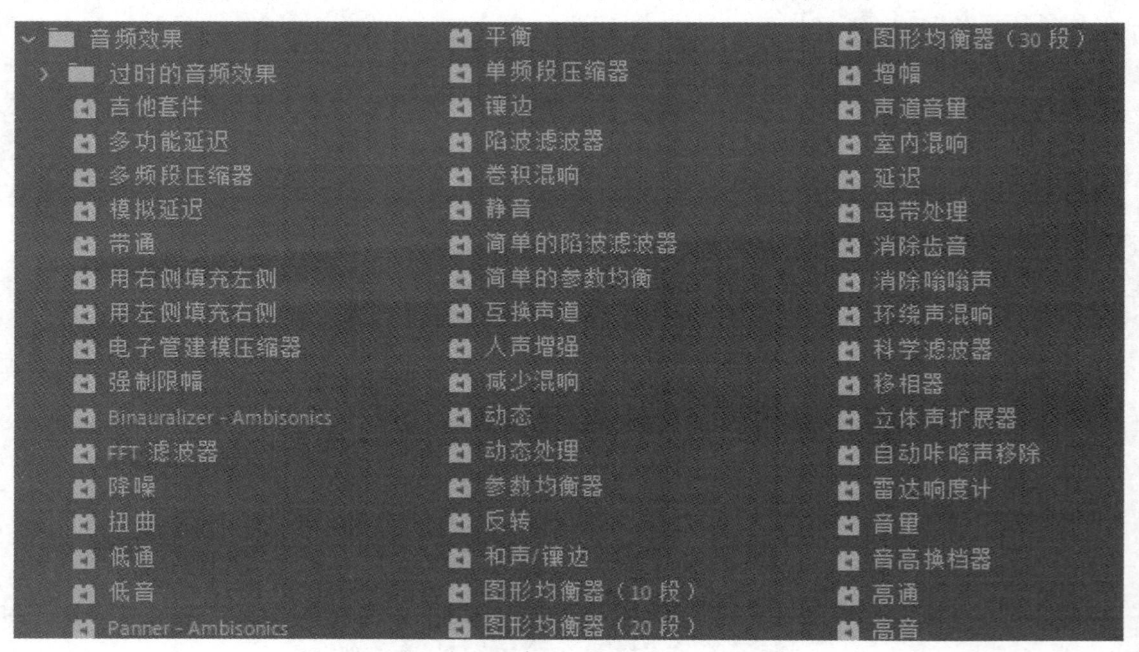

图 9-17

下面将针对这些音频效果的作用进行讲解。

9.3.1 “过时的音频效果”组

打开“过时的音频效果”音频效果组中包括15种音频效果，如图9-18所示。应用该组效果时，将弹出“音频效果替换”对话框，图9-19所示为添加“多频段压缩器（过时）”效果时打开的对话框。单击“否”按钮将应用旧版效果；单击“是”按钮将应用新版效果。

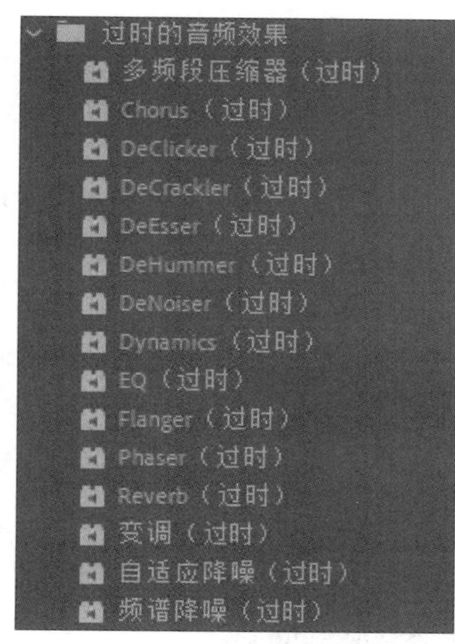

图 9-18

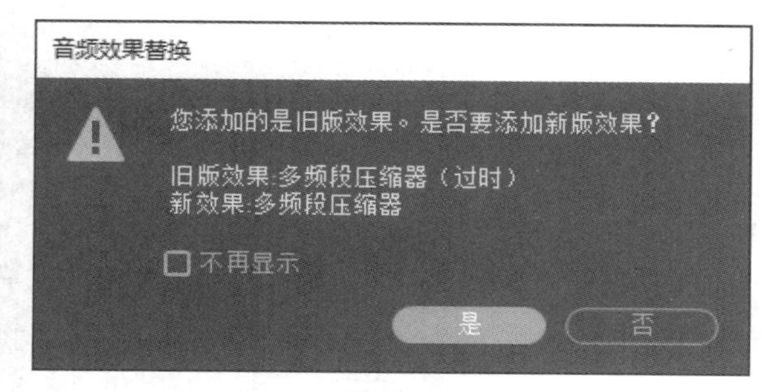

图 9-19

9.3.2 振幅和压限

振幅是指声音振动过程中最高位置到最低位置的距离，压限是指压缩和限制。下面将对具有这些效果的音频进行介绍。

1. 多频段压缩器

“多频段压缩器”音频效果可以压缩不同频段的音频。由于每个频段包含唯一的动态内容，常用于音频母带处理。图9-20所示为“多频段压缩器”音频效果的“剪辑效果编辑器”对话框。

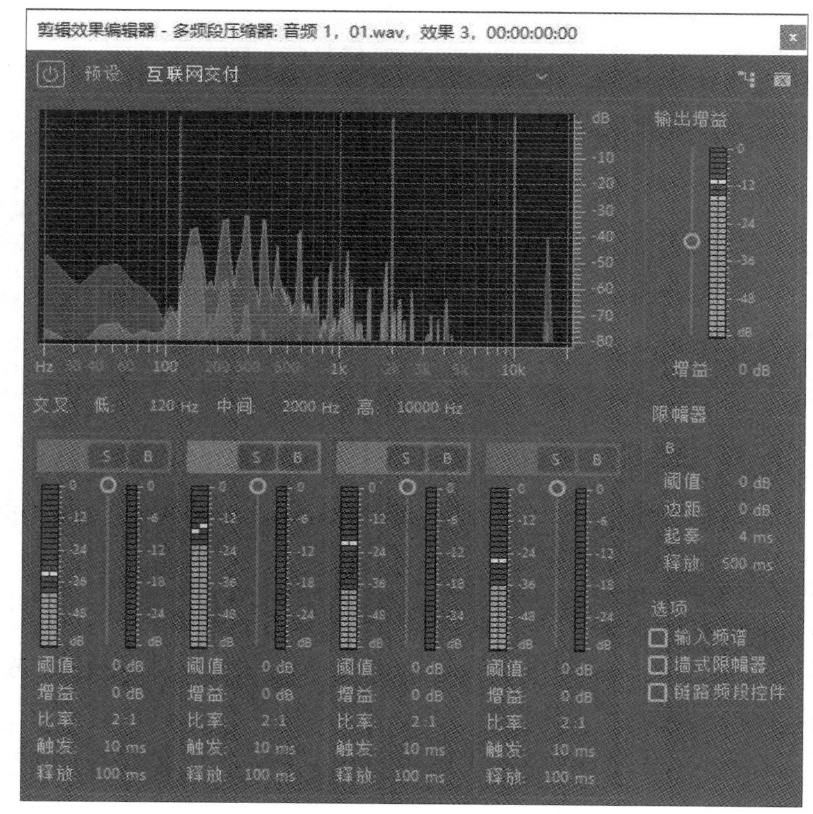

图 9-20

2. 电子管建模压缩器

“电子管建模压缩器”音频效果可模拟复古硬件压缩器的温暖感觉，微妙扭曲音频素材。

3. 强制限幅

“强制限幅”音频效果可以减弱高于指定阈值的音频，该效果可以在避免扭曲的同时提高整体音量。图9-21所示为“强制限幅”音频效果的“剪辑效果编辑器”对话框。

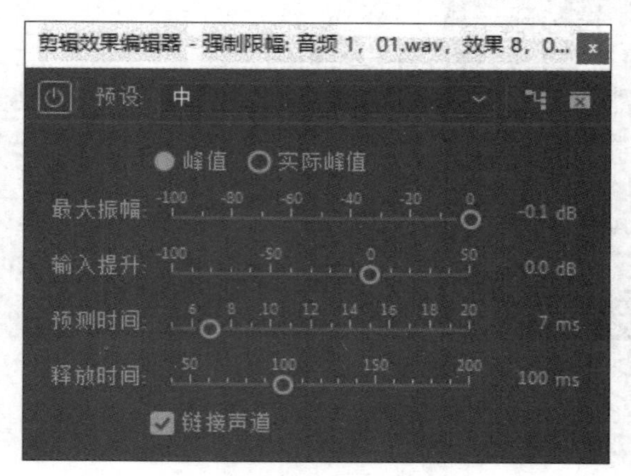

图 9-21

4. 单频段压缩器

“单频段压缩器”音频效果可以通过减少动态范围高度压缩音频。

5. 动态

“动态”音频效果可以增强或减弱一定范围内的音频信号。

6. 动态处理

“动态处理”音频效果可以增加或减少音频动态范围。

7. 增幅

“增幅”音频效果可以增强或减弱音频信号。

8. 声道音量

“声道音量”音频效果可独立控制立体声或5.1剪辑或轨道中的每条声道的音量。

9.3.3 滤波器和均衡器

滤波器可以去除某一频率的音频，而不伤害其他声音。均衡器可以分别调整各种频率音频信号。下面将对此进行介绍。

1. 带通

“带通”音频效果可以移除在指定范围外发生的频率或频段，适用于5.1、立体声或单声道剪辑。图9-22所示为“带通”选项。

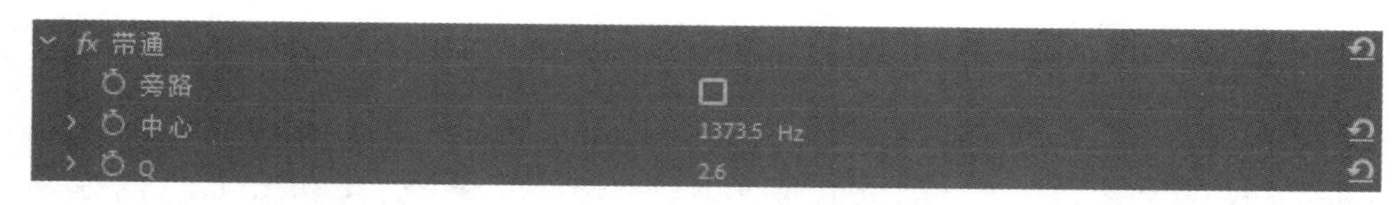

图 9-22

2. FFT滤波器

“FFT滤波器”音频效果可以设置音频特定频率的输出。图9-23所示为“FFT滤波器”音频效果的“剪辑效果编辑器”对话框。

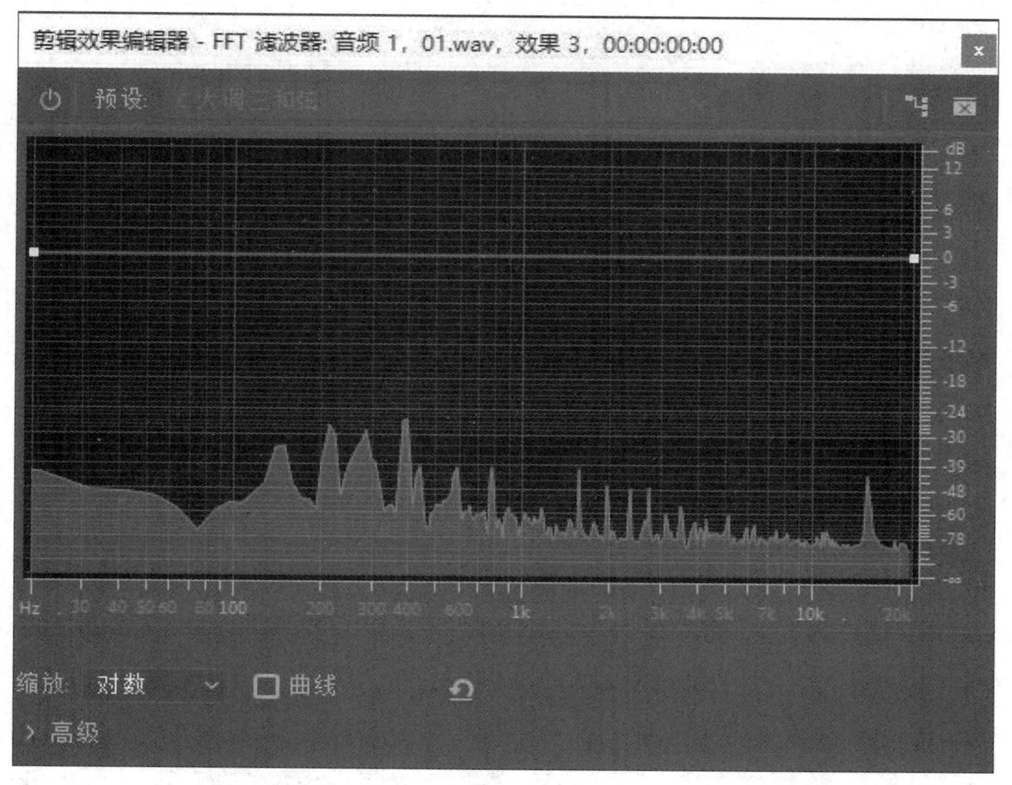

图 9-23

3. 低通

“低通”音频效果可以删除高于指定频率的频率，使音频产生浑厚的低音音场效果。

4. 低音

“低音”音频效果可以增大或减小低频。

5. 陷波滤波器

“陷波滤波器”音频效果可以去除音频频段，且周围频率保持不变。该效果最多去除6个用户定义的频段。图9-24所示为“陷波滤波器”音频效果的“剪辑效果编辑器”对话框。

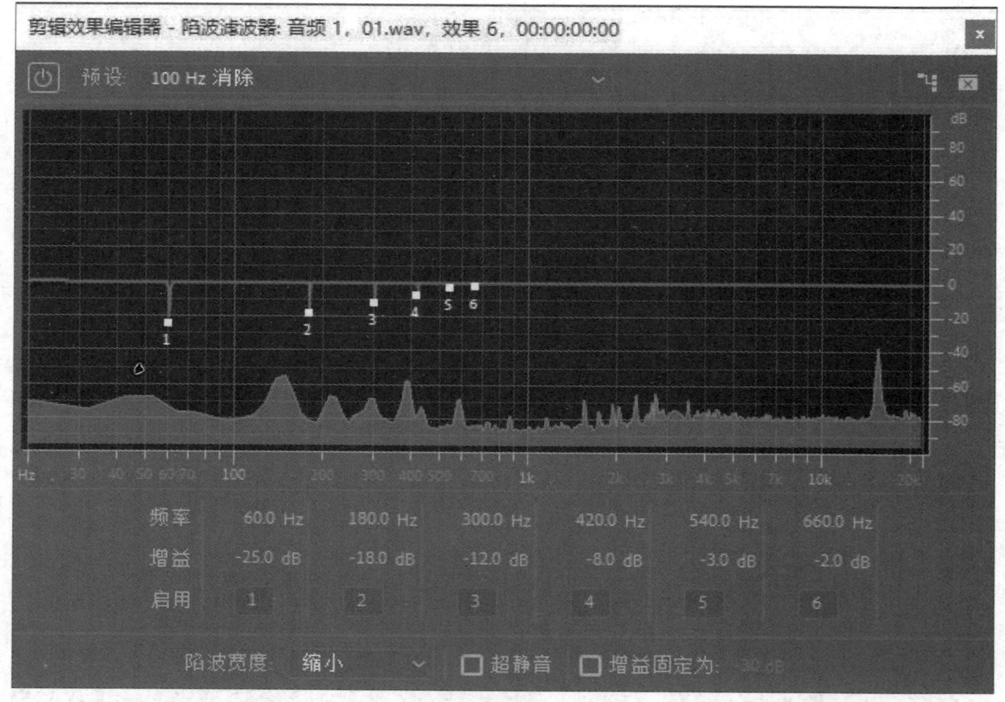

图 9-24

6. 参数均衡器

“参数均衡器”音频效果可以调整位于指定中心频率附近的频率。图9-25所示为“参数均衡器”音频效果的“剪辑效果编辑器”对话框。

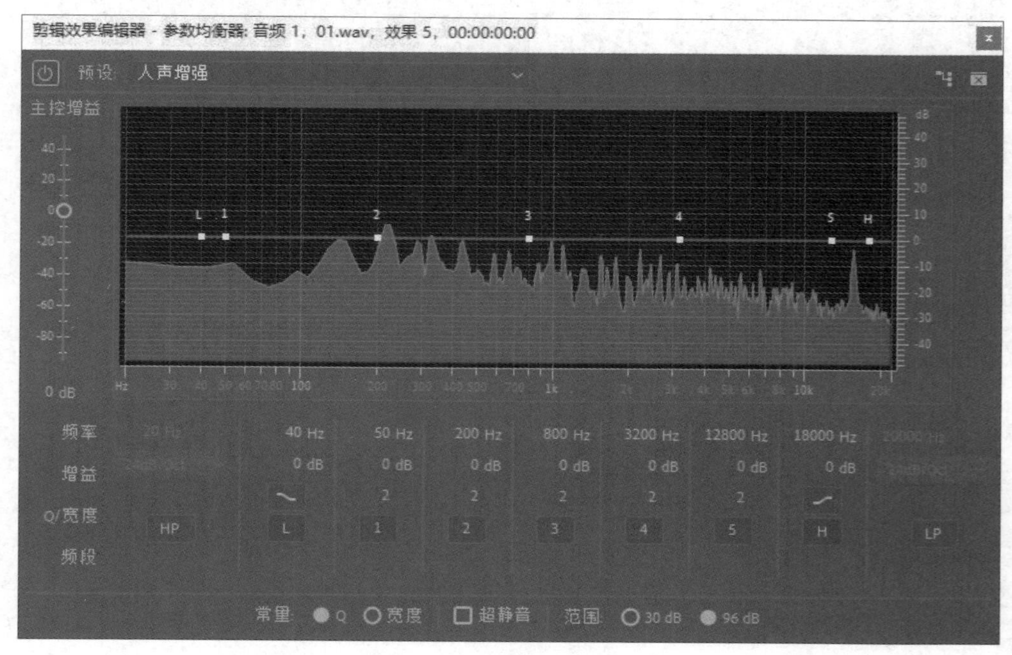

图 9-25

7. 图形均衡器（10段）

“图形均衡器（10段）”音频效果可以调整特定频段。

8. 图形均衡器（20段）

“图形均衡器（20段）”音频效果可以精准地调整特定频段。

9. 图形均衡器（30段）

“图形均衡器（30段）”音频效果可以更精准地调整特定频段。图9-26所示为“图形均衡器（30段）”音频效果的“剪辑效果编辑器”对话框。

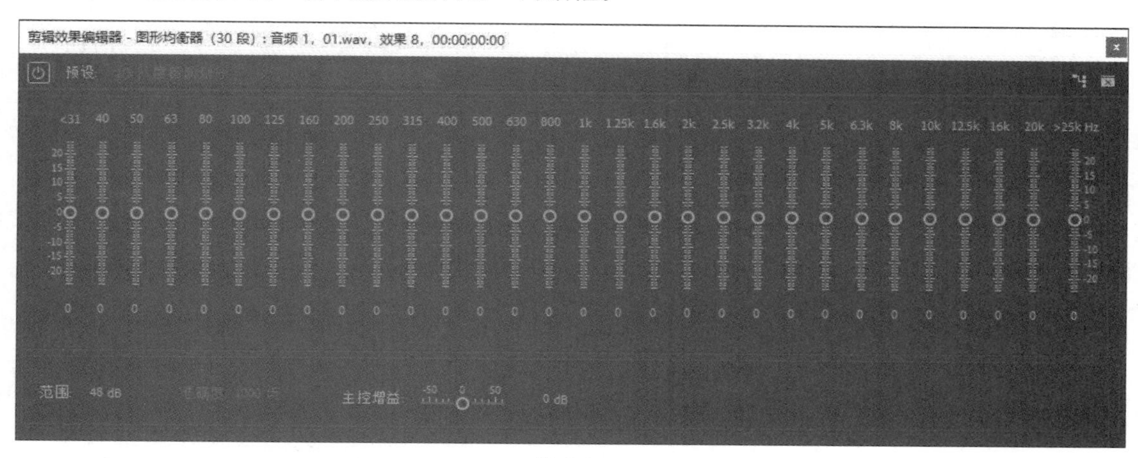

图 9-26

10. 科学滤波器

“科学滤波器”音频效果可以控制左右声道立体声的音量比，实现对音频的高级操作。图9-27所示为“科学滤波器”音频效果的“剪辑效果编辑器”对话框。

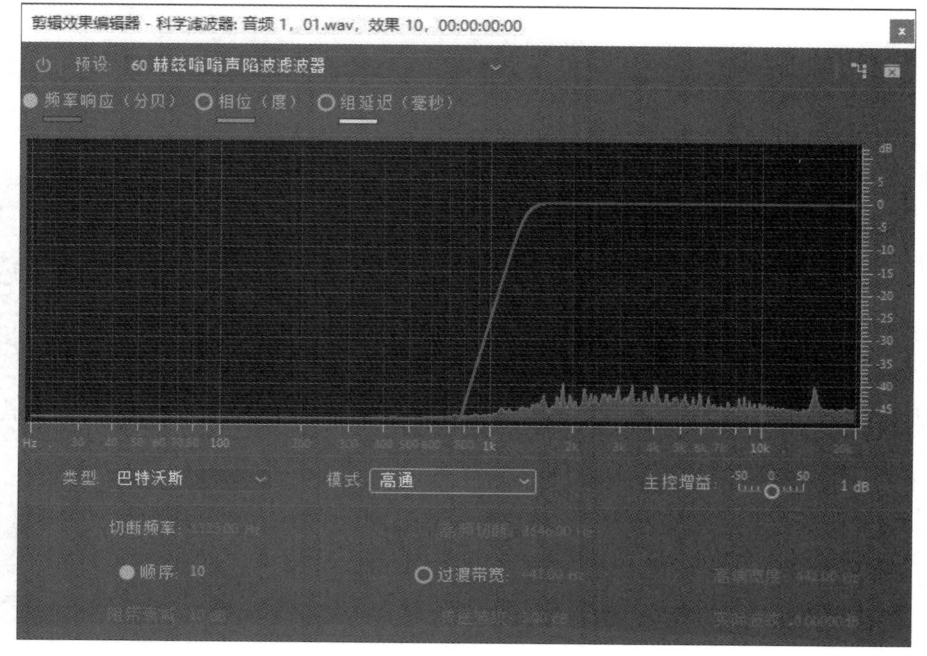

图 9-27

11. 高通

“高通”音频效果可以删除低于指定频率界限的频率。

12. 高音

“高音”音频效果可以增高或降低4 000Hz及以上的高频。

13. 简单的陷波滤波器

“简单的陷波滤波器”音频效果可以阻碍频率信号。

9.3.4 延迟

延迟可以制作音频延迟效果，从而制作回声。下面将针对Premiere软件中的几种延迟音频效果进行介绍。

1. 多功能延迟

“多功能延迟”音频效果可以为音频素材添加回声，最多4个。该效果适用于5.1、立体声或单声道剪辑。

2. 模拟延迟

“模拟延迟”音频效果可以模拟老式延迟装置的温暖声音特性，制作更微妙的回声效果。

3. 延迟

“延迟”音频效果可以制作指定时间后播放的回声和其他效果。图9-28所示为“延迟”选项。

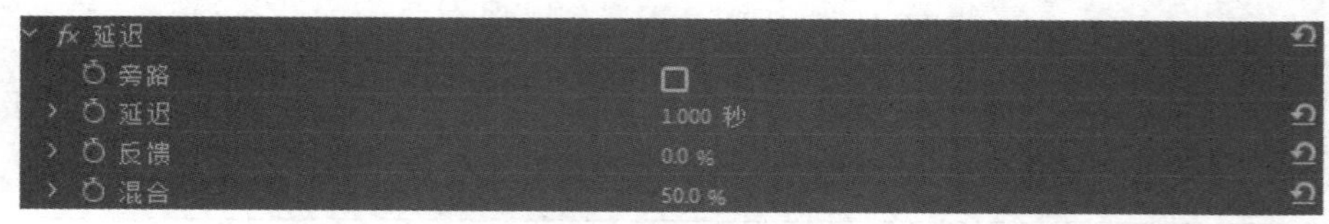

图 9-28

9.3.5 降噪

降噪可以去除音频中的噪音，使声音更干净。下面将对此进行介绍。

1. 降噪

“降噪”音频可以去除音频中的噪音。图9-29所示为“降噪”音频效果的“剪辑效果编辑器”对话框。

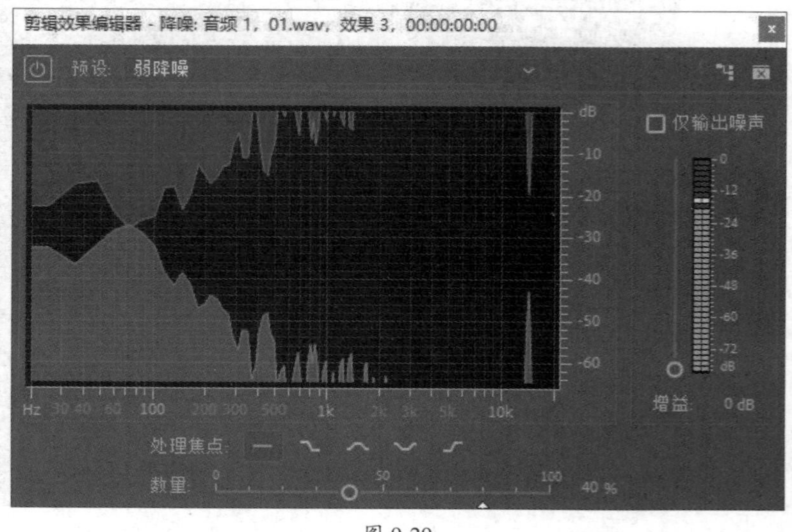

图 9-29

2. 静音

“静音”音频效果可以消除声音。

3. 消除齿音

“消除齿音”音频效果可以去除刺耳齿音和其他高频的声音。

4. 消除嗡嗡声

“消除嗡嗡声”音频效果可以去除窄频段及其谐波。图9-30所示为“消除嗡嗡声”音频效果的“剪辑效果编辑器”对话框。

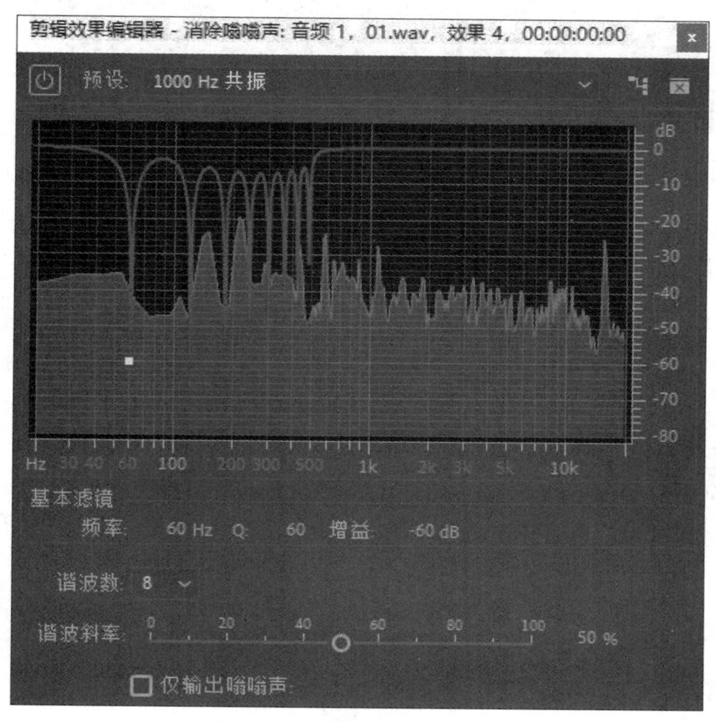

图 9-30

5. 自动咔嗒声移除

“自动咔嗒声移除”音频效果可以去除音频中的咔嗒声音或静电噪声。

9.3.6 混响

混响可以制作声波反射效果，即声源停止发声后仍然存在的声音延续现象。下面将对可以制作该种效果的音频效果进行介绍。

1. 卷积混响

“卷积混响”音频效果可以使用脉冲文件模拟声学空间，使之更加真实。

2. 减少混响

“减少混响”音频可以消除混响曲线，并控制应用于音频信号的处理量。图9-31所示为“减少混响”音频效果的“剪辑效果编辑器”对话框。

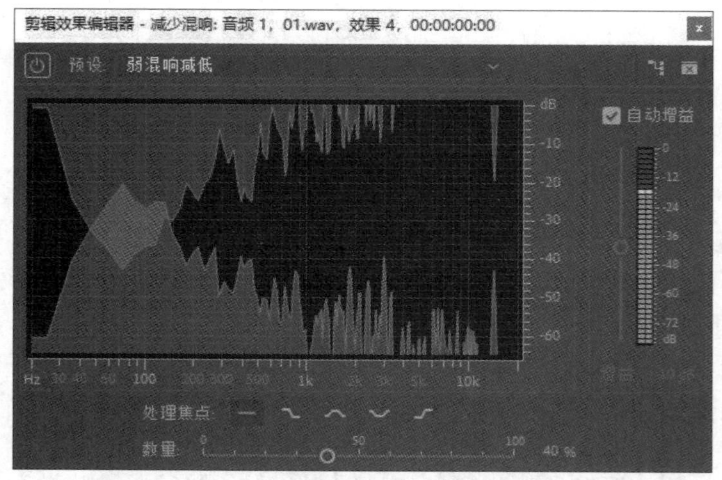

图 9-31

3. 室内混响

“室内混响”音频效果可以模拟声学空间。

4. 环绕声混响

“环绕声混响”音频效果可以模拟声音在房间中的效果和氛围，主要用于5.1音源。

9.3.7 音频美化

除了以上几种音频效果，Premiere软件中还提供其他一些音频效果对音频进行操作处理，下面将对这些音频效果进行介绍。

1. 吉他套件

“吉他套件”音频效果可以通过一系列优化、改变吉他音轨声音的处理器模拟吉他弹奏的效果，使音频更具表现力。为音频素材添加“吉他套件”音频效果后，在“效果控件”面板中单击“吉他套件”选项中的“编辑”按钮可以打开“剪辑效果编辑器”对话框，如图9-32所示。

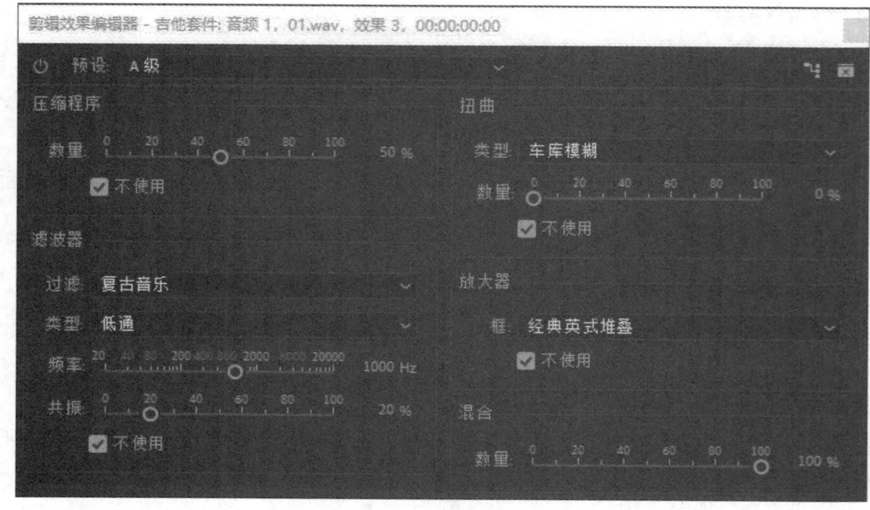

图 9-32

2. 用右侧填充左侧

“用右侧填充左侧”音频效果可以清除音频素材现有的右声道信息，复制左声道信息至右声道中。

3. 用左侧填充右侧

“用左侧填充右侧”音频效果可以清除音频素材现有的左声道信息，复制右声道信息至左声道中。

4. Binauralizer-Ambisonics

“Binauralizer-Ambisonics”音频效果可以设置Premiere软件音频效果中的原场传声器。该效果仅能用于5.1声道剪辑。

5. 扭曲

“扭曲”音频效果可将少量砾石和饱和效果应用于任何音频。图9-33所示为“扭曲”音频效果的“剪辑效果编辑器”对话框。

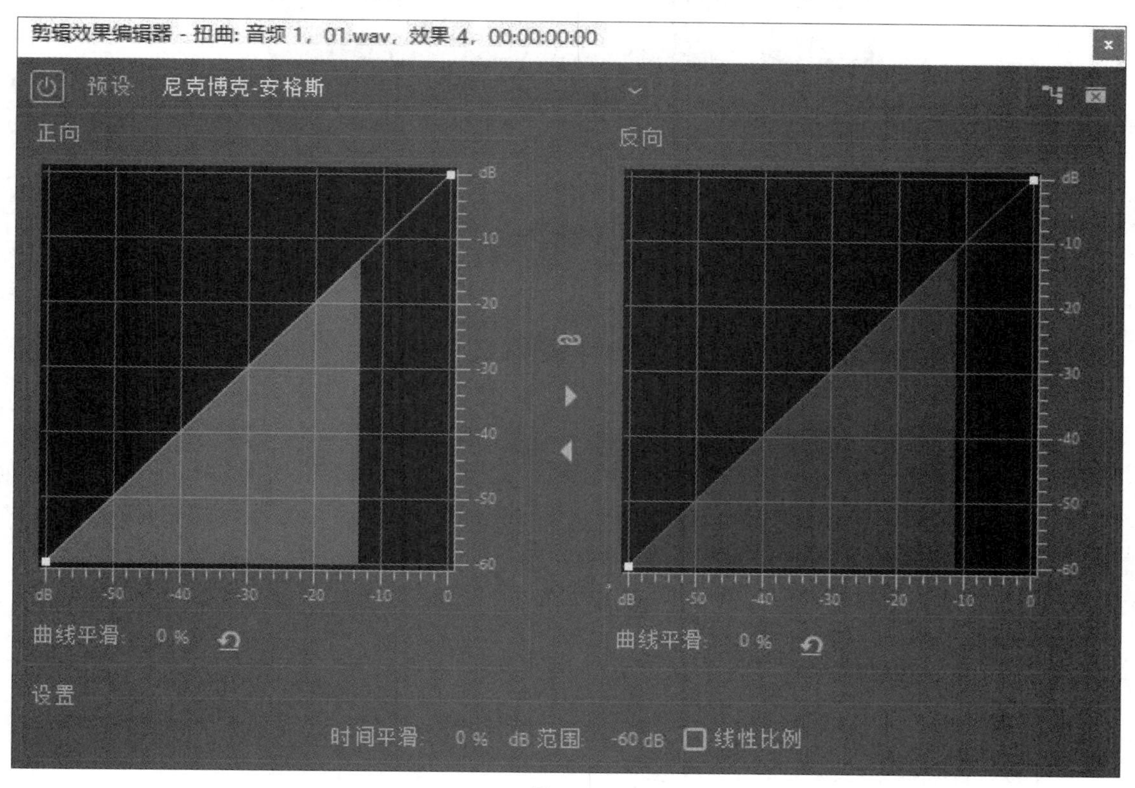

图 9-33

6. Panner-Ambisonics

“Panner-Ambisonics”音频效果可以调整音频信号的定调。该效果仅能用于5.1声道剪辑。

7. 平衡

“平衡”音频效果可以平衡左右声道的相对音量。

8. 镶边

“镶边”音频效果可以混合与原始信号大致等比例的可变短时间延迟。图9-34所示为“镶边”音频效果的“剪辑效果编辑器”对话框。

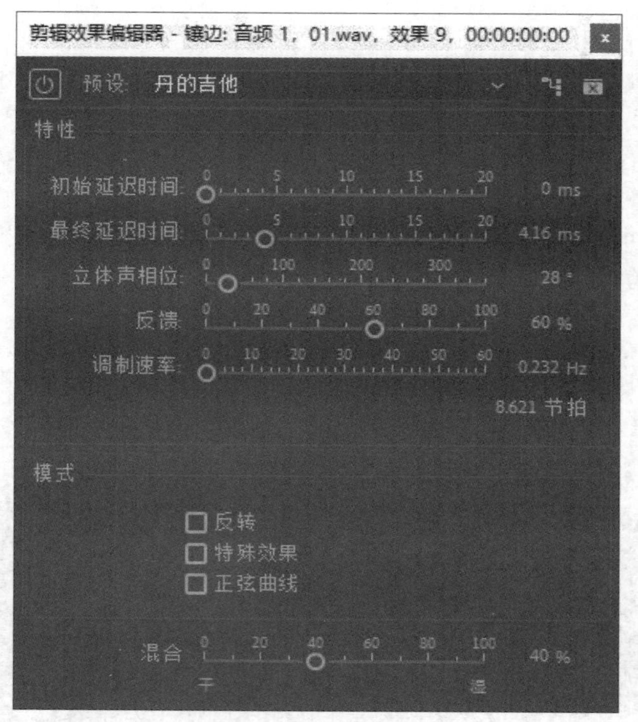

图 9-34

9. 简单的参数均衡

“简单的参数均衡”音频效果可以增加或减少特定频率邻近的音频频率，在一定范围内均衡音调。

10. 互换声道

“互换声道”音频效果可以交换左右声道的信息内容。

11. 人声增强

“人声增强”音频效果可以增强人声特点，改善旁白录音质量。

12. 反转

“反转”音频效果可以反转所有声道。

13. 和声/镶边

“和声/镶边”音频效果可以模拟多个音频或乐器的混合效果，制作丰富动听的声音。

14. 母带处理

“母带处理”音频效果可以描述优化特定介质音频文件的完整过程。图9-35所示为“母带处理”音频效果的“剪辑效果编辑器”对话框。

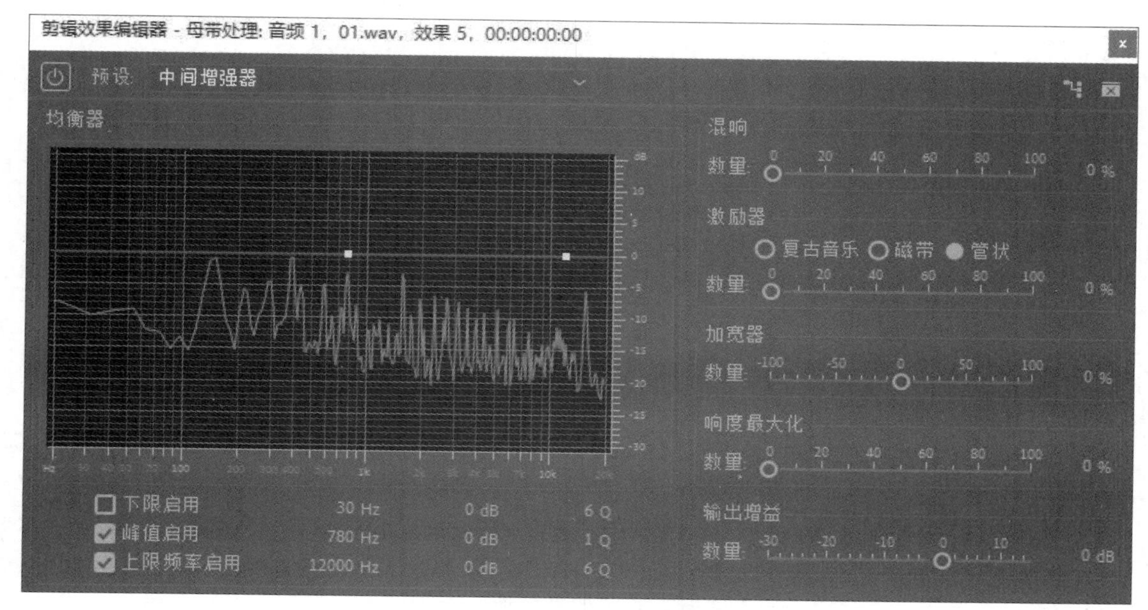

图 9-35

15. 移相器

“移相器”音频效果可以移动音频信号的相位从而改变声音，制作出超自然的声音。

16. 立体声扩展器

“立体声扩展器”音频效果可以定位并扩展立体声动态范围。

17. 雷达响度计

“雷达响度计”音频效果可以测量音频级别。图9-36所示为“雷达响度计”音频效果的“剪辑效果编辑器”对话框。

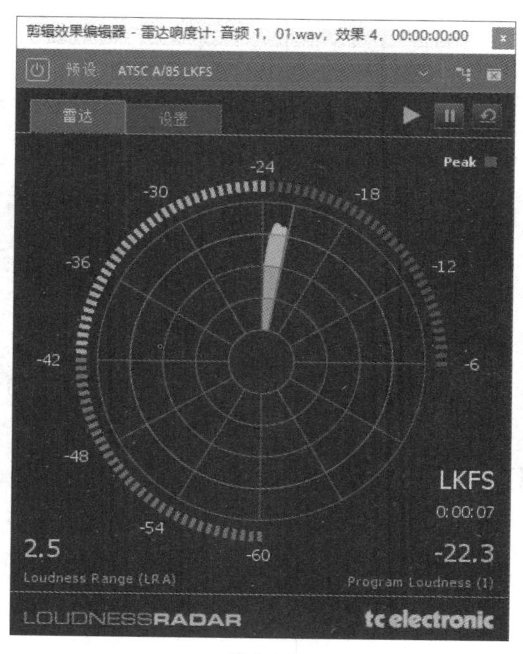

图 9-36

18. 音量

“音量”音频效果可以使用音量效果代替固定音量效果。

19. 音高换挡器

“音高换挡器”音频效果可以伸展音效，实时改变音调。

9.4 音频过渡效果

Premiere软件中包括“恒定功率”“恒定增益”和“指数淡化”3种音频过渡效果。通过音频过渡效果，可以使音频素材之间的过渡平缓自然。下面将针对这几种音频过渡效果进行介绍。

9.4.1 恒定功率

“恒定功率”音频过渡效果可以以交叉淡化方式创建平滑渐变的过渡，类似于视频剪辑之间的溶解过渡效果。图9-37所示为该效果的“效果控件”面板。

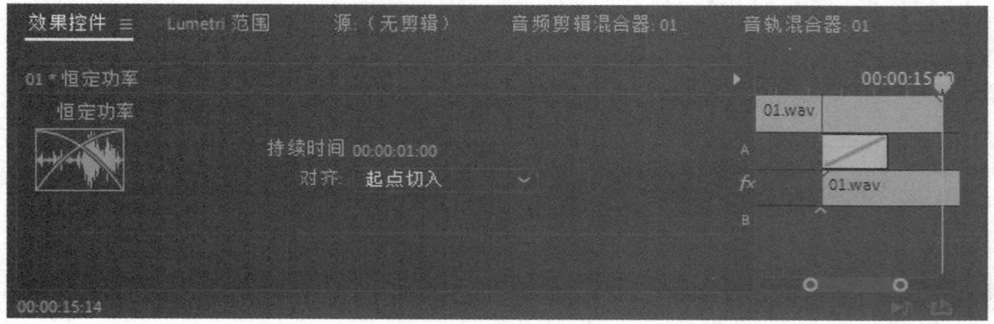

图 9-37

9.4.2 恒定增益

“恒定增益”音频过渡效果是在剪辑之间过渡时以恒定速率更改音频进出，但听起来会比较生硬。图9-38所示为该效果的“效果控件”面板。

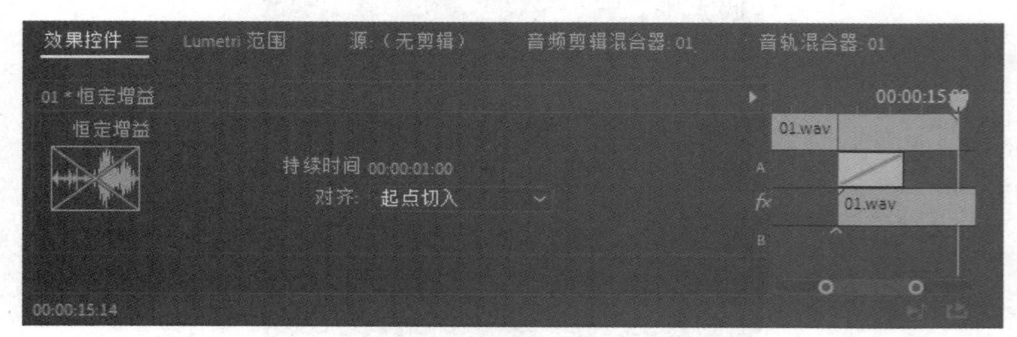

图 9-38

9.4.3 指数淡化

“指数淡化”音频过渡效果可以淡出位于平滑的对数曲线上方的第1个剪辑，同时自下而上淡入同样位于平滑对数曲线上方的第2个剪辑。通过从“对齐”控件菜单中选择一个选项，可以指定过渡的定位。图9-39所示为该效果的“效果控件”面板。

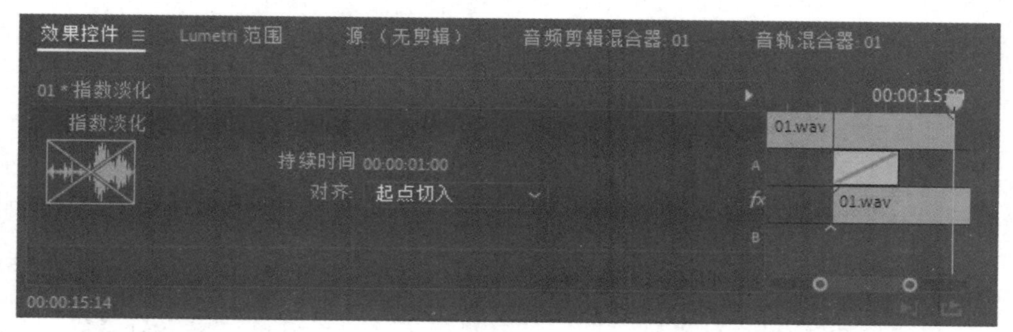

图 9-39

经验之谈 关于声音

在影视节目中，一般来说，语言表达寓意，音乐表达感情，音响表达效果，这是它们各自的特有功能。它们可以先后出现，也可以同时出现。当三者同时出现的时候，决不能各不相让、相互冲突，要注意三者的相互结合。

1. 声音的混合、对比与遮罩

（1）声音的混合。

声音的组合是指几种声音同时出现，产生一种混合效果，用于表现某种场景，比如表现大街的繁华可把车声、人声进行混合。但并列的声音应该有主次之分，要根据画面适度调节，把最有表现力的作为主旋律。

（2）声音的对比。

将含义不同的声音按照需要同时安排出现，可使它们在鲜明的对比中产生反衬效应。

（3）声音的遮罩。

在同一场面中，并列出现多种同类的声音，有一种声音突出于其他声音之上，将会引起人们对某种发声体的注意。

2. 接应式与转换式声音的交替

接应式声音交替与转换式声音的交替在一些电视剧或电影中比较常用。

接应式声音交替是指同一声音此起彼伏，前后相继，为同一动作或事物进行渲染，常用于渲染某一场景的气氛。

而转换式声音交替是指采用两种声音在音调或节奏上的近似，从一种声音转化为另一种声音。如果转化为节奏上近似的音乐，既能在观众的印象中保持音响效果所造成的环境真实性，又能发挥音乐的感染作用，充分表达一定的内在情绪。同时，由于节奏上的近似，在转换过程中可给人以一气呵成的感觉，这种转化效果有一种韵律感，容易记忆。

上手实操

实操一 去除噪音

本实操将通过“降噪”音频效果去除音频中的噪音。图9-40所示为“时间轴”面板中的音频文件。

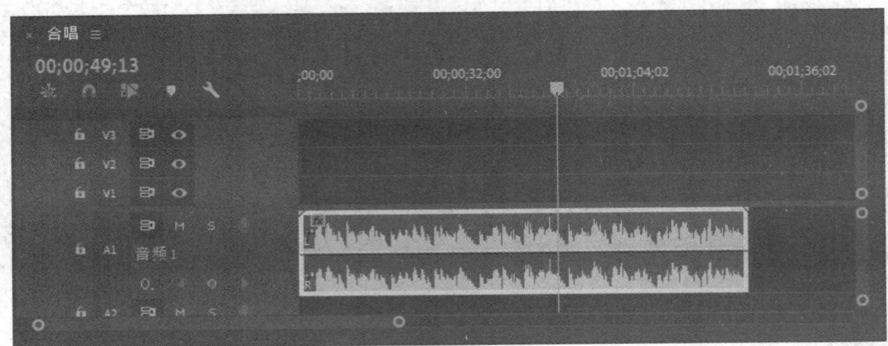

图 9-40

设计要领

- 启动Premiere软件，置入素材对象。
- 在“效果”面板中搜索“降噪”效果拖动至素材对象上。
- 在“效果控件”面板中调整参数。

实操二 制作超重低音效果

超重低音效果是影视中常见的一种效果，可加重声音的低频强度，提高音效的震慑力，在动作片和科幻片中经常使用。

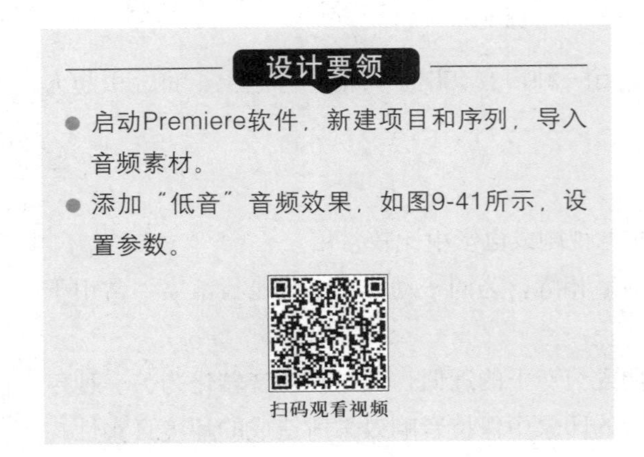

设计要领

- 启动Premiere软件，新建项目和序列，导入音频素材。
- 添加“低音”音频效果，如图9-41所示，设置参数。

扫码观看视频

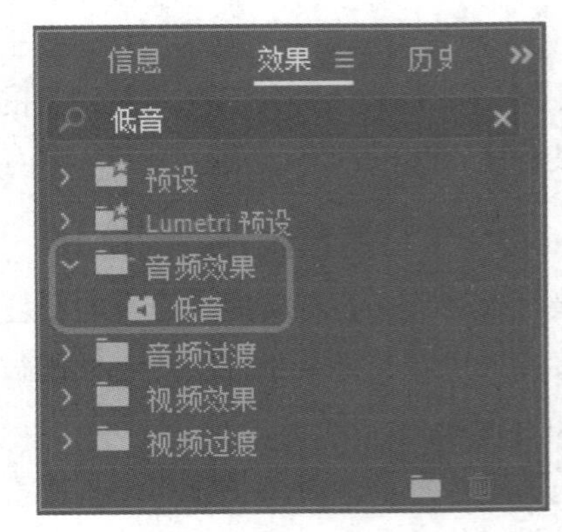

图 9-41

第10章 项目的渲染输出

内容概要

使用Premiere软件制作完成作品后，就可以渲染输出，以便于后期观看和存储。Premiere软件可以输出多种音频、视频、图像等模式，本章将介绍Premiere软件可输出的格式以及相关的导出设置。

知识要点

- 熟悉可输出的格式。
- 学会输出项目文件。
- 学会设置输出参数。

数字资源

【本章案例素材来源】：“素材文件\第10章”目录下

【本章案例最终文件】：“素材文件\第10章\案例精讲\制作并输出电影片头.prproj”

案例精讲 制作并输出电影片头

本案例讲解如何制作电影片头并输出。主要涉及的知识点包括字幕的创建、视频效果的应用、关键帧等。

扫码观看视频

步骤 01 启动Premiere软件，新建项目和序列，执行“文件”→“导入”命令，导入素材文件“交通.mp4”，如图10-1所示。

图 10-1

步骤 02 选中“项目”面板中的素材文件，拖动至“时间轴”面板中的V1轨道中，如图10-2所示。

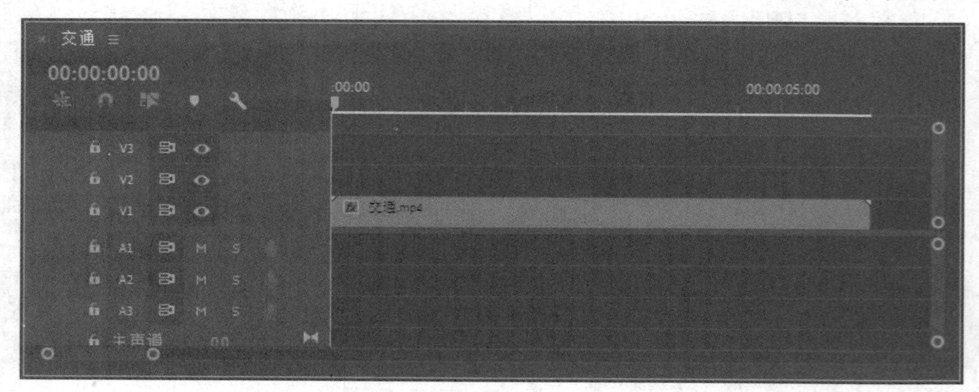

图 10-2

步骤 03 在“效果”面板中搜索“裁剪”视频效果，拖动至V1轨道素材中，移动时间线至素材起始位置，在“效果控件”面板中单击“裁剪”参数中“顶部”和“底部”前的“切换动画”按钮，添加关键帧，如图10-3所示。

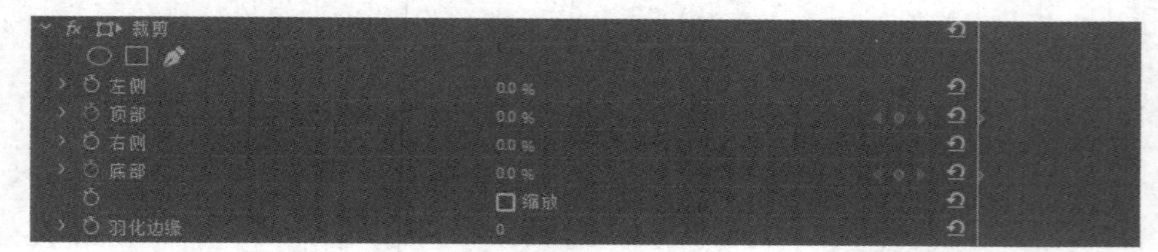

图 10-3

步骤04 移动时间线至3秒处，调整“裁剪”参数中的“顶部”和“底部”参数，再次添加关键帧，制作动画效果，如图10-4所示。

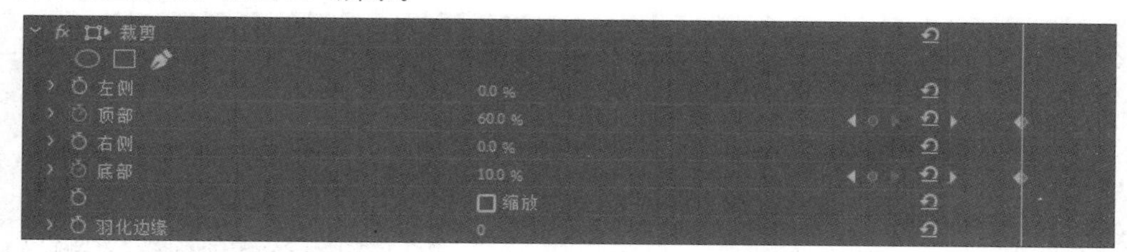

图 10-4

步骤05 选中“项目”面板中的素材文件，拖动至“时间轴”面板中的V2轨道中，如图10-5所示。

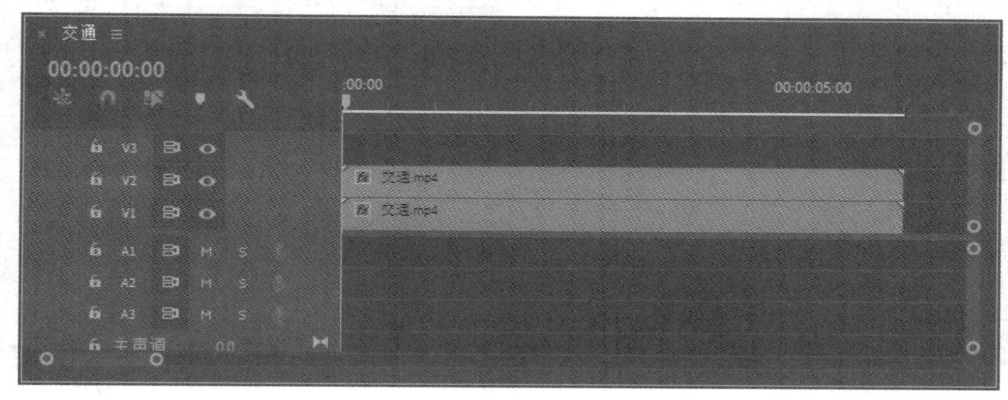

图 10-5

步骤06 执行“文件”→“新建”→“旧版标题”命令，打开“新建字幕”对话框，保持默认设置后单击“确定”按钮，打开“字幕”面板，如图10-6所示。

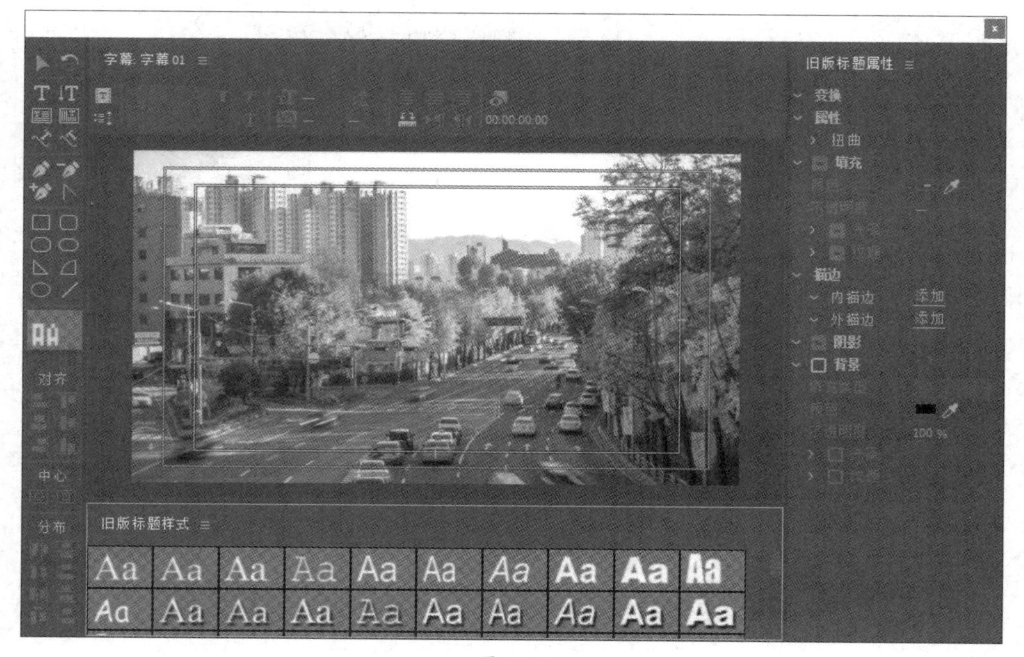

图 10-6

步骤07 单击“字幕”面板中的“文字工具”，在设计器中输入文字，如图10-7所示。

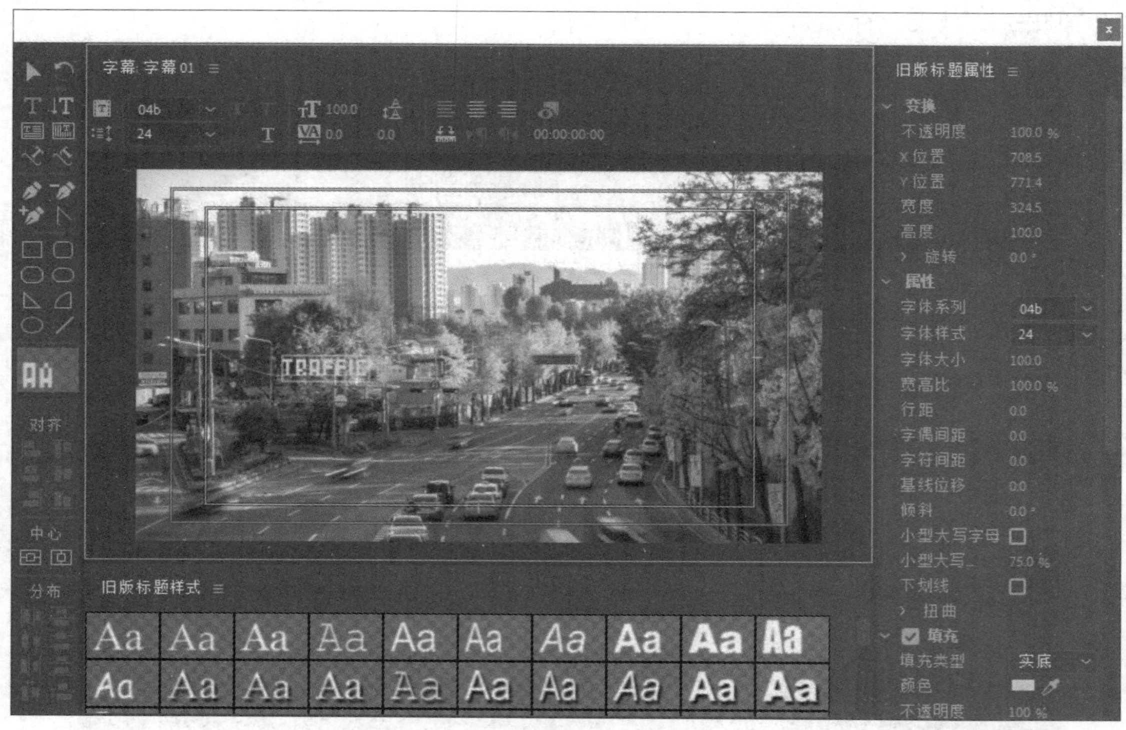

图 10-7

步骤08 选中输入的文字，选择合适的样式，并调整合适大小，如图10-8所示。

图 10-8

步骤 09 关闭“字幕”面板，拖动“项目”面板中的字幕素材至“时间轴”面板V3轨道中，如图10-9所示。

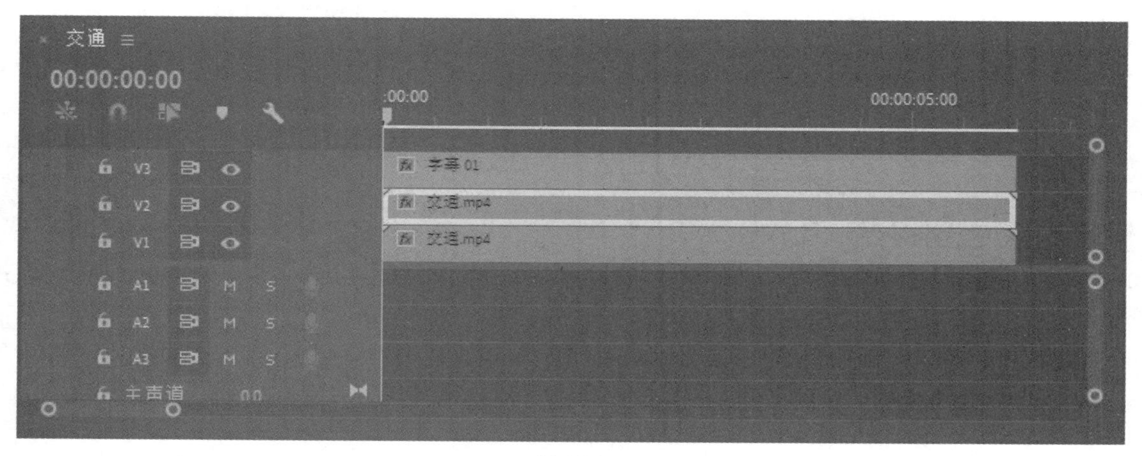

图 10-9

步骤 10 在“效果”面板中搜索“轨道遮罩键”视频效果，拖动至V2轨道素材中，在“效果控件”面板中设置参数，如图10-10所示。完成后效果如图10-11所示。

图 10-10

图 10-11

步骤 11 选中V2和V3轨道中的素材文件，右击，在弹出的快捷菜单中选择“嵌套”选项，嵌套素材文件，如图10-12所示。

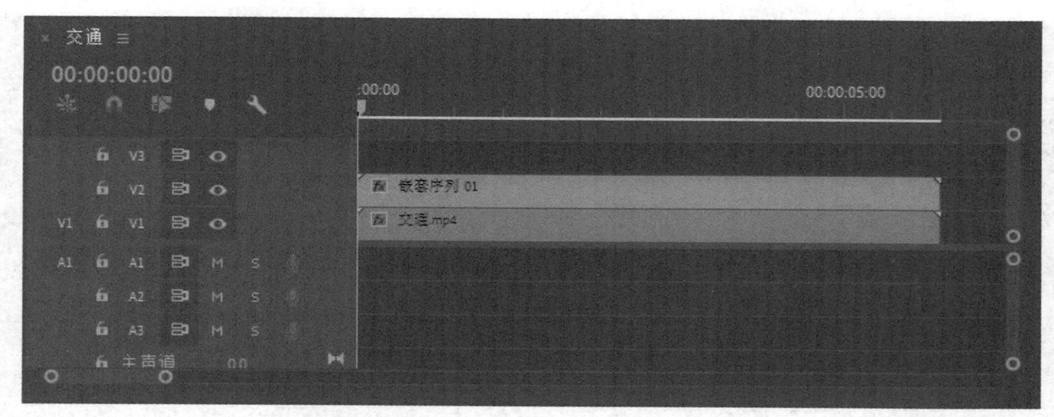

图 10-12

步骤 12 移动时间线至3秒处，使用“剃刀工具”在嵌套素材上单击，剪切素材并删除多余部分，如图10-13所示。

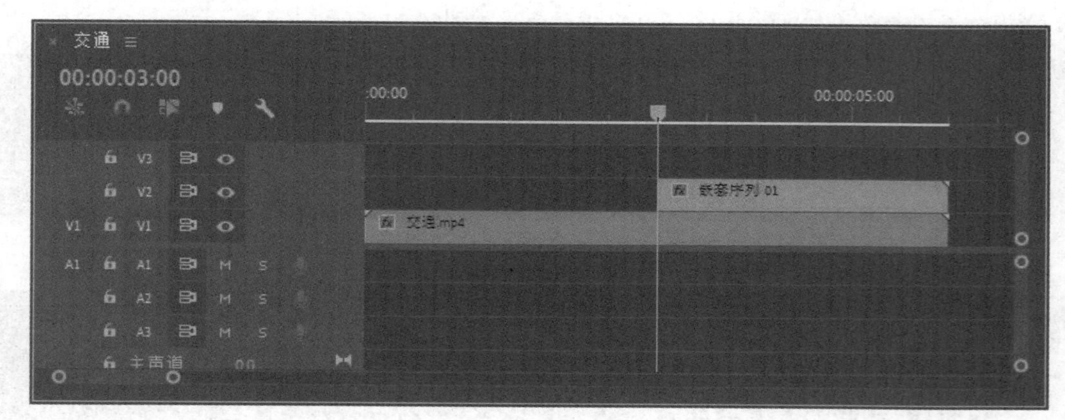

图 10-13

步骤 13 在“效果”面板中搜索“交叉溶解”视频过渡效果，拖动至嵌套素材起始处和末端，如图10-14所示。

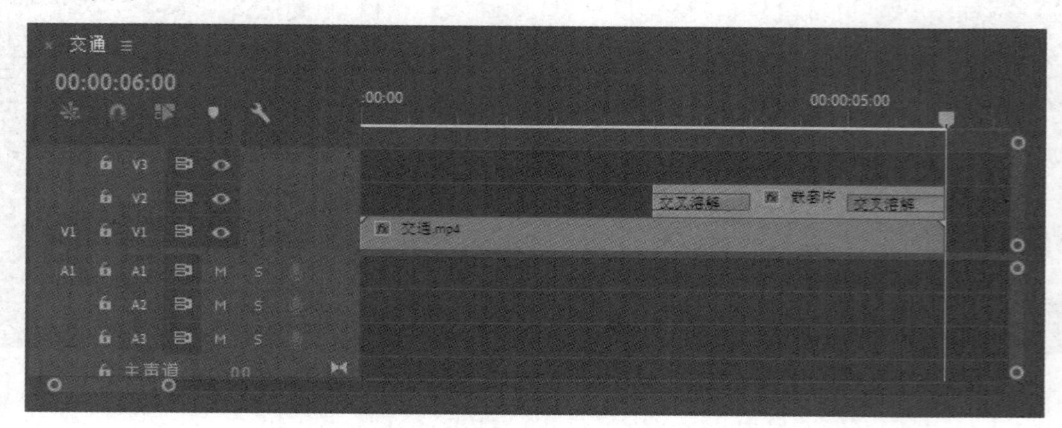

图 10-14

步骤14 执行“文件”→“导出”→“媒体”命令，打开“导出设置”对话框，选择格式为“H.264”，单击“输出名称”，在弹出的“另存为”对话框中设置文件名和存储位置，完成后单击“保存”按钮，如图10-15所示。

图 10-15

步骤15 然后在弹出的“导出设置”对话框中选择“视频”选项卡，设置目标比特率为6，如图10-16所示。

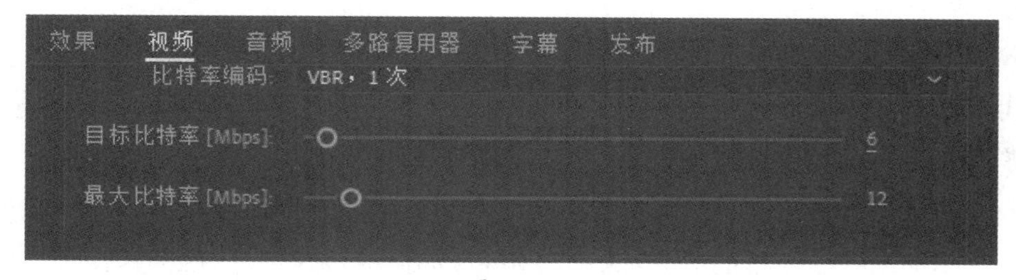

图 10-16

步骤16 完成后单击“导出”按钮即可输出影片。输出效果如图10-17所示。

图 10-17

到这里就完成了电影片头的制作。

边用边学

10.1 可输出的格式

在使用Premiere软件制作完影片后，可以将其输出。下面将针对Premiere软件可输出的格式进行讲解。

10.1.1 可输出的视频格式

Premiere软件中可以输出多种视频格式，大部分视频格式包括音频内容，下面将针对常见的视频格式进行介绍。

1. AVI格式文件

AVI格式文件为音频视频交错格式，该格式可以同步播放音频和视频。其采用帧内有损压缩的方式，但画面质量好、兼容性高，应用范围比较广泛。该格式仅用于Windows。

2. QuickTime格式文件

QuickTime格式文件为常见的MOV格式文件，该格式为一种音视频文件格式，出自美国苹果公司，可以存储常用数字媒体类型。与AVI格式相比，该格式画面效果较好。

3. MPEG4格式文件

MPEG是运动图像压缩编码国际通用标准，其中MPEG4是网络视频图像压缩标准之一。该格式压缩比高，对传输速率要求低，便于网上传输和播放。

4. H.264格式文件

H.264格式是MPEG4标准的第十部分，与MPEG等压缩技术相比，H.264具有更高的数据压缩比率，同时还拥有高质量的图像，网络适应性强，在网络传输中更为方便经济。

10.1.2 可输出的音频格式

除了以上介绍的音视频格式外，Premiere软件还可以输出单纯的音频格式，下面将逐一进行介绍。

1. MP3格式文件

MP3是一种音频编码方式，其全称是动态影像专家压缩标准音频层面1 024×576（Moving Picture Experts Group Audio Layer Ⅲ），简称为MP3。该格式可以大幅度降低音频数据量，减少占用空间，但会有些微损耗音质，适用于移动设备的存储和使用。

2. 波形音频格式文件

波形音频格式文件又称WAV格式，是最早的数字音频格式。该格式支持许多压缩算法，音质好，但其依照声音的波形进行存储，需要占用的存储空间较大，因此不便于交流和传播。

3. Windows Media格式文件

Windows Media格式简称为WMA，该格式在压缩比和音质方面都比MP3要好，它是以减少数据流量但保持音质的方法来提高压缩率，生成的文件大小只有相应MP3文件的一半。该格式仅用于Windows。

4. AAC音频格式文件

AAC是一种专为声音数据设计的文件压缩格式，中文名为“高级音频编码”。AAC格式的音质较佳，文件较小，但该格式为有损压缩，音质上有所不足。

10.1.3 可输出的图像格式

在Premiere软件中，常见的图像输出格式有以下几种。

1. BMP格式文件

BMP格式是Windows操作系统中的标准图像文件格式。该格式包含的图像信息较丰富，除图像深度可选外，不采用其他任何压缩，因此，该格式文件占用较大的空间。

2. 动画GIF格式文件

动画GIF格式采用了一种无损压缩算法，压缩效率较高，且GIF支持在一幅GIF文件中记录多幅彩色图像，并按一定的顺序和时间间隔将多幅图像依次读出并显示在屏幕上，形成一种简单的动画效果。

3. PNG格式文件

PNG格式即便携式网络图形，是一种无损压缩的位图格式。该格式体积小，压缩比高，支持透明效果、真彩和灰度级图像的Alpha通道透明度，一般多用于Java程序及网页中。

4. Targa格式文件

Targa格式是计算机上应用最广泛的图像格式，文件后缀为“.tga”，兼具体积小和效果清晰的特点，是计算机生成图像向电视图像转换的一种首选格式。

10.2 输出设置

了解完常见的输出格式后，就可以学习Premiere软件的输出设置了。下面将针对输出的一些准备和操作进行介绍。

10.2.1 渲染预览

渲染预览可以减少最终输出时间，提高输出速度，使预览更流畅。

在制作视频的过程中，添加效果后，添加效果的素材对应的时间线会变红。选中该时间段，执行“序列”→“渲染入点到出点的效果”命令或按Enter键即可对素材进行渲染，渲染后红色的时间线变为绿色。图10-18和图10-19所示为渲染前后的效果对比。

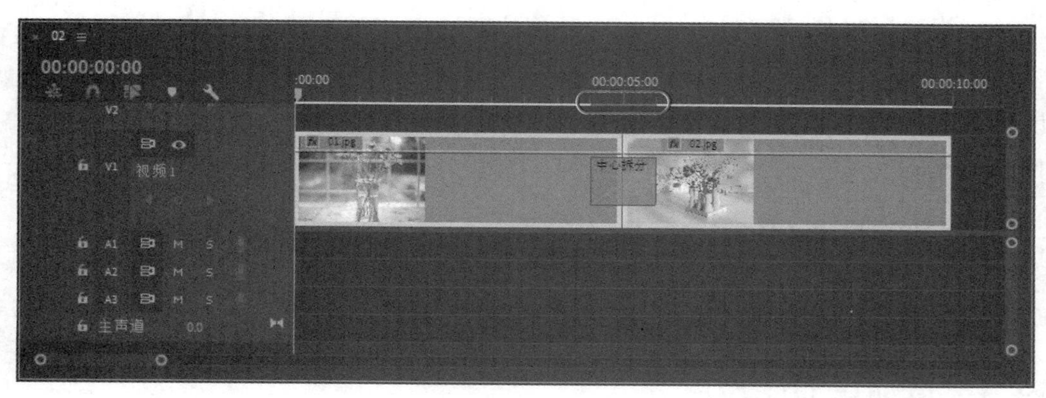

图 10-18

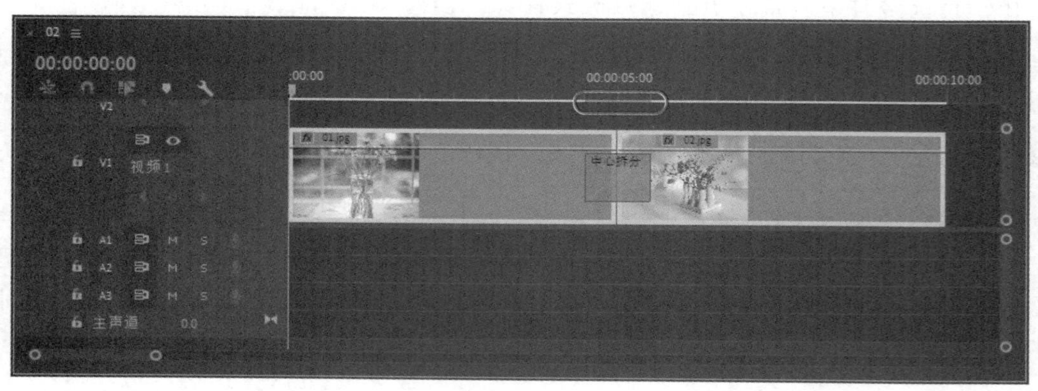

图 10-19

10.2.2 输出方式

预渲染后，执行“文件”→“导出”→“媒体”命令或按Ctrl+M组合键，打开“导出设置”对话框，设置参数，完成后单击“导出”按钮，即可输出影片。图10-20所示为打开的“导出设置”对话框。

图 10-20

10.2.3 “导出设置”选项

在“导出设置”对话框中可以对输出项目的格式、存储路径、输出名称等参数进行设置，图10-21所示为“导出设置”对话框中的“导出设置”选项。

图 10-21

“导出设置”选项中部分设置的作用如下：

- **与序列设置匹配：**选中该复选框后，将根据序列设置输出文件。
- **格式：**用于选择文件导出的格式。
- **预设：**用于选择预设的编码配置输出文件。
- **注释：**用于在输出文件时添加注解。
- **输出名称：**用于设置文件输出时的名称和路径。
- **摘要：**用于显示文件输出的一些信息及源信息。

10.2.4 “视频”选项卡

在“导出设置”选项下方，用户可以选择“视频”选项卡对视频参数进行更进一步地设置。图10-22所示为“导出设置”对话框中的“视频”选项卡。

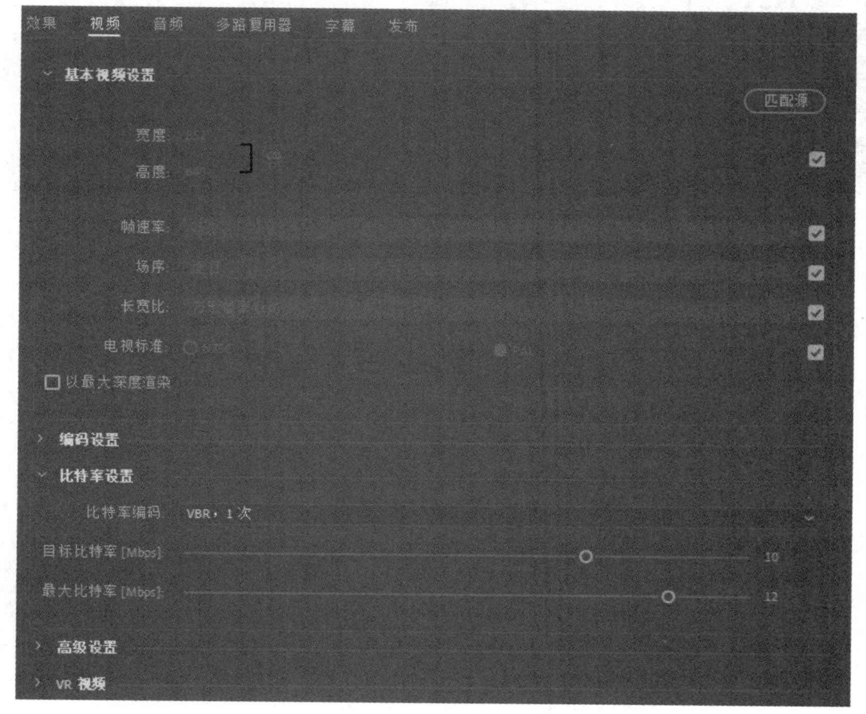

图 10-22

“视频”选项卡中部分设置的作用如下：

- **基本视频设置：**该部分可以对输出文件的宽度、高度、长宽比等基本参数进行设置。
- **比特率设置：**用于设置输出文件的比特率，比特率数值越大，输出文件越清晰，所占内存越大。
- **高级设置：**用于设置关键帧距离等。

10.2.5 “音频”选项卡

若要输出音频文件，也可以在“音频”选项卡中对音频参数进行更细致的设置。图10-23所示为“导出设置”对话框中的“音频”选项卡。

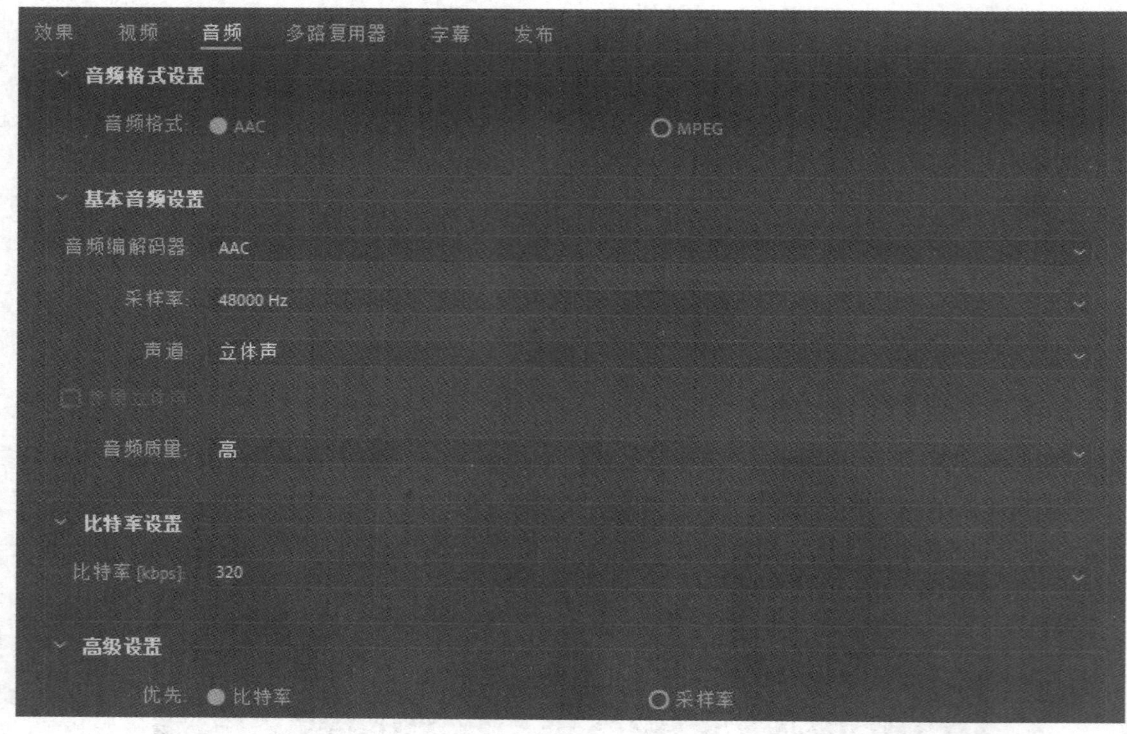

图 10-23

“音频”选项卡中部分设置的作用如下：

- **音频格式设置：**用于设置输出音频的格式。
- **基本音频设置：**用于设置音频的采样率、声道等基本属性。
- **比特率设置：**用于设置输出音频文件的比特率。

经验之谈 导出EDL（编辑决策列表）文件

EDL（编辑决策列表）文件包含了项目中的各种编辑信息，包括项目所使用素材所在的磁带名称和编号、素材文件的长度、项目中所用的特效及转场等。EDL编辑方式是剪辑中通用的办法，通过它可以在支持EDL文件的不同剪辑系统中交换剪辑内容，而不需要重新剪辑。

电视节目（如电视连续剧）等的编辑工作经常会采用EDL编辑方式。在编辑过程中，可以先将素材采集成画质较差的文件，对这个文件进行剪辑，这将降低计算机的负荷并提高工作效率；在剪辑工作完成后，将剪辑过程导出成EDL文件，并将素材重新采集成画质较高的文件，导入EDL文件并进行最终成片的导出。执行“文件”→“导出”→“EDL”命令，打开“EDL导出设置”对话框，如图10-24所示。

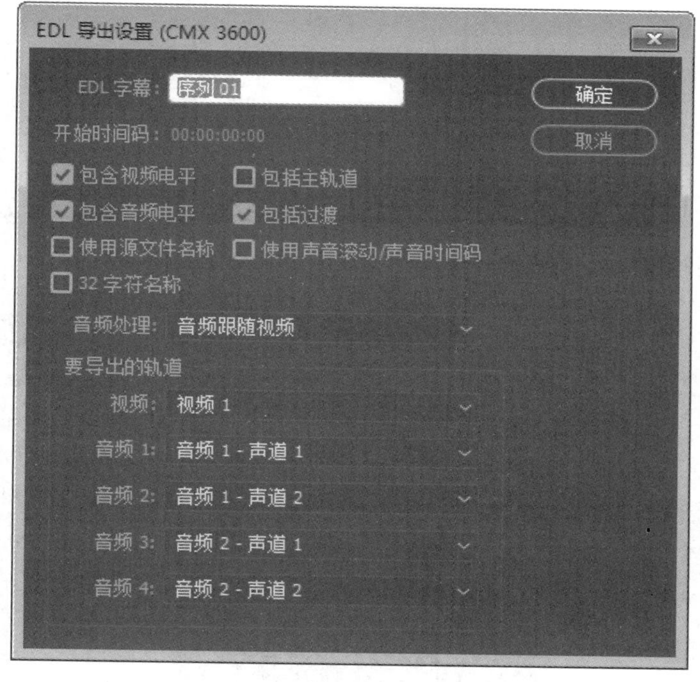

图 10-24

在该对话框中各选项功能介绍如下：

- **EDL字幕：**设置EDL文件第1行内的标题。
- **开始时间码：**设置序列中第1个编辑的开始时间码。
- **包含视频电平：**在EDL中包含视频等级注释。
- **包含音频电平：**在EDL中包含音频等级注释。
- **使用源文件名称：**使用源文件名称。
- **音频处理：**设置音频的处理方式，包括“音频跟随视频”“分离的音频”和“结尾音频”3个选项。
- **要导出的轨道：**指定要导出的轨道。

设置完成后，单击“确定”按钮，即可将当前序列中的被选择轨道的剪辑数据导出为EDL文件。

上手实操

实操一 输出MP3格式的音频文件

本实操将通过导出设置输出MP3格式的音频文件。完成后效果如图10-25所示。

图 10-25

设计要领

- 启动Premiere软件，导入素材文件。
- 按Ctrl+M组合键，打开“导出设置”对话框，设置格式为MP3。
- 导出MP3格式音频即可。

实操二 输出MOV格式的视频文件

本实操将练习输出MOV格式的视频文件。完成后效果如图10-26所示。

图 10-26

设计要领

- 启动Premiere软件，导入素材文件。
- 调整素材大小，添加视频效果并制作关键帧。
- 添加音频文件。
- 导出MOV格式即可。

扫码观看视频